The 米开朗基罗

SISTINE

西斯廷教堂

SECRETS

天顶画的秘密

Michelangelo's Forbidden Messages
In The Heart Of The Vatican

[美] 本杰明·布莱克（Benjamin Blech）

[美] 罗伊·多利纳（Roy Doliner）——著

郭立秋——译

重庆大学出版社

图书在版编目（CIP）数据

米开朗基罗西斯廷教堂天顶画的秘密 / (美) 本杰明·
布莱克（Benjamin Blech），（美）罗伊·多利纳
（Roy Doliner）著；郭立秋译. —— 重庆：重庆大学出
版社，2023.1

（艺术的故事）

书名原文：The Sistine Secrets: Michelangelo's
Forbidden Messages in the Heart of the Vatican

ISBN 978-7-5689-3337-7

Ⅰ.①米… Ⅱ.①本… ②罗… ③郭… Ⅲ.①教堂 –
建筑画 – 宗教艺术 – 研究 – 梵蒂冈 Ⅳ.①TU252②J219

中国版本图书馆CIP数据核字（2022）第098386号

米开朗基罗西斯廷教堂天顶画的秘密
MIKAILANGJILUO XISITING JIAOTANG TIANDINGHUA DE MIMI

［美］本杰明·布莱克（Benjamin Blech）
著
［美］罗伊·多利纳（Roy Doliner）

郭立秋 译

策划编辑：席远航

责任编辑：席远航 版式设计：席远航

责任校对：夏 宇 责任印制：赵 晟
*
重庆大学出版社出版发行

出版人：饶帮华

社址：重庆市沙坪坝区大学城西路21号

邮编：401331

电话：(023) 88617190 88617185（中小学）

传真：(023) 88617186 88617166

网址：http://www.cqup.com.cn

邮箱：fxk@cqup.com.cn（营销中心）

全国新华书店经销

重庆升光电力印务有限公司印刷
*
开本：890mm×1240mm 1/16 印张：10.375 字数：280千
2023年1月第1版 2023年1月第1次印刷
ISBN 978-7-5689-3337-7 定价：98.00元

序

相识是相知的最佳途径——相知是相爱的唯一途径。

当我翻开拉比·本杰明·布莱克（Rabbi Benjamin Blech）和罗伊·多利纳（Roy Doliner）合著的这本极为引人入胜的书时，这句智慧而古老的格言直达我的心声。

这句格言不仅是对人际关系的洞察，它或许更深刻地触及宗教之间的交流和各国之间的交往。要真正了解对方，就必须懂得如何倾听，而最重要的是要有倾听的意愿。

于我之见，本书富有开创性且硕果累累、意义非凡，其硕果之一就是条理清晰、说理透彻，并完成了这个任务——揭开了西斯廷教堂的神秘面纱，解开了参观者赞赏之余内心常常怀有的谜团，深入分析了其所持有的种种假设。尽管米开朗基罗（Michelangelo）对基督教之外的教义谙熟于心，但后人并非如此；因而作者通过弥补这方面认识的空白，让西斯廷教堂道出之前不为人所知的真相。

众所周知，教皇西克斯图斯四世（Pope Sixtus Ⅳ）想让西斯廷教堂的规模跟先知撒母耳（Samuel）在《圣经》的《列王纪·上》中所记载的所罗门圣殿一样。过去，艺术和宗教的专家们解释到，这样设计是有意彰显《圣经·旧约》和《圣经·新约》、《圣经》和《福音书》[1]、犹太教和基督教之间并不存在矛盾。

直到现在，通过阅读这本无与伦比的书，我才惊奇地发现为何犹太

1.《福音书》（*Gospels*）：指《圣经·新约》中的马太、马可、路加、约翰四福音书。——译者注

人视该建筑为大逆不道。作为一个艺术史学家，认识到这点令我感到惊讶，而作为一个天主教徒，我感到既尴尬又悲哀。《塔木德经》收集并阐释了希伯来的传统，里面明确立法规定任何人不得在耶路撒冷的圣殿山以外的任何地方另外翻建有"实际功用"的所罗门圣殿。

我们应该记得，这是发生在 6 个世纪前的事。在更近些时候，幸好很多过时的麻木无知已经被理解和相互尊重所取代。在此种情形下，教皇若望·保禄二世（Pope John Paul Ⅱ）于 2000 年 3 月访问耶路撒冷，在这次历史性事件中，教皇转向犹太人，首次以尊重和爱呼唤他们，称他们为"我们的兄长！"

2005 年 1 月，同样是这位伟大的教皇，他觉察到自己在尘世的时间已然不多，于是他做了一件史无前例且能青史留名的决定。他邀请了全世界 160 位拉比[1]和唱诗班领唱来到梵蒂冈。创途基金会负责组织这次见面，这个基金会是个国际跨宗教联盟，它创立的理念是要为犹太世界和基督世界架起桥梁并强化沟通。这次会面的目的是让教皇接受我们"兄长"的代表的最终祝福，同时加强两种宗教间的人文联系。

这次历史会面最后成了教皇沃伊蒂瓦（Pope Wojtila）[2]最后一次与团体进行的会面。三位犹太宗教领袖有幸成为世界上第一，也是唯一的以犹太之名给教皇祝福的拉比。本书的合著者之一——本杰明·布莱克，是叶史瓦大学的《塔木德经》研究领域的教授，世界著名的教师、演讲家、精神领袖，还是无数灵性书籍的作者，他的著作为全世界不同信仰的人所阅读。

我很高兴能在电影《耶稣诞生记》（*The Nativity Story*）全球首映那

1. 拉比：犹太人中的一个特别阶层，他们受过正规犹太教育，系统学习过《塔纳赫》《塔木德》等犹太经典，担任犹太人社团、教会精神领袖，或在犹太经学院中传授犹太教义者，主要为有学问的学者，是老师也是智慧的象征。——编者注
2. 教皇若望·保禄二世原名为卡罗尔·约泽夫·沃伊蒂瓦（Karol Józef Wojtyła）。——译者注

天与本书的另一位作者罗伊·多利纳私下见面。这是梵蒂冈首次把雄伟的观众大厅官方授权给一次艺术文化活动使用。

正因对犹太教义和历史有着深厚的了解，而且是《塔木德经》研究的著名支持者，罗伊被《耶稣诞生记》的制片人和导演凯瑟琳·哈德维克（Catherine Hardwick）选为了这部电影官方的犹太宗教历史顾问。因为这位历史顾问总是跟罗马和希律王的生活打交道，所以他们择友十分谨慎。我跟罗伊一起参与《耶稣诞生记》的制作，于是成了朋友。

这就是为何我和罗伊好几次能以一种很特殊的方式去西斯廷教堂参观——关门之后进去——每次参观都是一次以不同的新眼光欣赏米开朗基罗杰作的良机。

正是因为上述种种原因，当我接到介绍此书的邀请时，我欣然接受了。如今我已读完此书，不仅对作者的渊博学识肃然起敬，而且被书中大量有趣的历史、艺术和宗教的崭新观点所折服。

我之前一直在想，为何每次我走进西斯廷教堂，从来都没发现任何一个《圣经·新约》里的人物出现在那金碧辉煌的穹顶。最终，我在这本书里找到了最具说服力的答案。

两位作者带领我们开启了一次真正的旅程，让我们发现"其他"意义，寻找那些一直以来摆在眼前，如今却好像焕然一新的观察和理解的多元途径。

跟随他们的思路，我们开始意识到米开朗基罗为了传递众多信息，在西斯廷教堂施展了大量掩人耳目的妙法。这些信息尽管如被轻纱遮掩，却铿锵有力地传达着调和之道——理性与信仰、《犹太圣经》和《圣经·新约》以及基督教徒和犹太教徒之间的调和。我们难以置信地发现，这位艺术家是如何感到需要冒生命危险来传达这些危险的概念的。

米开朗基罗又是如何敢如此大胆的？作者们揭开了谜底：有时候，米开朗基罗会用部分隐藏起来的符号密码和象征性的隐喻；有时候，则会用特定宗教、政治或神秘组织才能解读的符号；还有些时候，你仅仅需要的就是摒弃先入之见，对新提议和新想法持开放包容之态，以此理解他的信息。当你发现这些象征和隐喻就连他的资助人——教皇都没认出时，是多么有趣。这些信息被大胆地隐藏起来，以减缓这位艺术家的挫败感，因为他无法公然发出自己的声音，只能以某种方式"宣告"他的信息。

　　本书几乎是手把手地引导我们，以纪实却引人入胜的风格，去解码这些隐藏的符号。我很高兴能加入他们当中，尽管我起初还是有点困惑。尽管那些伴随我们一生的确信之事能让我们心安理得，要重新审视它们断然不易。但我们不能闭目塞听，将那些从不同角度看待我们习以为常之事的人拒之心门之外。哪怕我也许不能认同书中所有有趣、迷人，有时甚至惊人的新观点，但我却可以肯定这是一本以全新视角看待西斯廷教堂的书。对宗教、艺术和文明史兴趣浓厚的读者自然会欣赏、珍爱此书。它将引发激烈辩论，在未来数年内都不会平息。

　　作者提醒我们，为了完全领略西斯廷教堂的妙处，参观者需要理解米开朗基罗的动机、背景：他青年时期在佛罗伦萨的美第奇宫时的才情发酵、他至今尚鲜为人知的事业沉浮，还有他对新柏拉图主义的着迷和对犹太教及其神秘教义的兴趣。

　　布莱克和多利纳以卓越的洞察力阐明了一个过去从未被人强调过的想法。尽管文艺复兴受古希腊和罗马神话影响，我们最终得承认犹太卡巴拉教[1]的炼金术和神秘传统对文艺复兴，尤其对米开朗基罗的显著影响。

　　彻底改变米开朗基罗人生的大事发生在 1488 年左右，那时他才 13

---

1. 卡巴拉（Kabbalah）是建立在对《圣经·旧约》的神秘解读基础上的古犹太神秘主义学说，原指相对于《圣经》而言的《旧约》其他两个组成部分《先知书》和《圣录》，其内容着重于精神和感觉。——译者注

岁，虽然完全没受过教育，却已然是个天才。当时洛伦佐·德·美第奇（Lorenzo de'Medici）很欣赏这位艺术奇才的天赋，于是邀请他到自己的宫殿，像对待自己的孩子一样待他，让米开朗基罗成为家庭的一分子，和他的孩子们一起接受教育。在庄严华美的美第奇宫殿里，年轻的米开朗基罗接触到了当时最伟大的思想家，如波利齐亚诺（Poliziano）、马尔西利奥·费奇诺（Marsilio Ficino）和皮科·德拉·米兰多拉（Pico della Mirandola）。他们的思想影响了这位年轻艺术家尚青涩单纯的思想，新柏拉图主义成了他的新理想。马尔西利奥·费奇诺懂希伯来语，是研究犹太传统的学者。皮科·德拉·米兰多拉不仅是一位人文主义者和哲学家，还深谙犹太语言和文化。从他们身上，米开朗基罗初次接触到犹太密教的概念，对《圣经》加深了理解，还对《犹太法典》《卡巴拉》《塔木德经》[1]的教义和阐释《圣经》方法的《米德拉什》有所了解。

作者极具说服力地展现在我们面前的这一切都能在西斯廷教堂找到强有力的应和之音。只有具备这些背景知识，我们才能充分理解米开朗基罗的意图和信息。米开朗基罗的巨幅壁画因几个世纪沉积下来的厚厚灰尘和误导的修复尝试而模糊不清，但经过完美地清洗之后，这一切都更清晰明朗了。只有在今天，我们才能充分品味到西斯廷教堂的美丽与真正内涵。

"清洗"不同于错误的"修复"，不仅让教堂恢复了原来的光彩，还能终止很多自修建之日起就从未停息的争辩，这些争辩往往起因于信息不明。好几次我被邀请爬上脚手架去看清洗工作，所以我能独自享受近距离欣赏壁画的快乐，我离壁画就只有 20 厘米。最重要的是，我可以在我的书中展示这些专业技术人员工作的准确性，他们全凭天赋和爱

1.《犹太法典》（the Torah）指《圣经·旧约》前五卷中的律法。——译者注

心来工作。你想想，一个 12 位专家组成的小组为了完成这项工作埋头苦干了 12 年！

天顶被清洗之后，我们得以证实，灰尘不仅掩盖了色彩，还掩盖了无数本已被刻意遮上一层面纱的信息，让这位伟大的佛罗伦萨画家的画作深深掩藏。现在我们能胸有成竹地说，西斯廷教堂的资助人教皇尤利乌斯二世（Pope Julius Ⅱ）建此教堂的原计划被蓄意推翻了。尤利乌斯的本意是想让西斯廷教堂成为教皇家族丰功伟绩的永恒象征，让教堂突出耶稣、圣母玛利亚、十二使徒，当然还有圣约翰（John）施洗者（天主教）。

这是西斯廷教堂历史上的首次，布莱克和多利纳让我们明白了米开朗基罗是如何颠覆整个工程，以隐秘地传播他自己的思想，尤其是那些跟人文主义、新柏拉图主义和博爱包容有关的思想的。

显然，他们解释了这位佛罗伦萨天才是如何画出天主教世界中最大的壁画的，其中没有一个基督人物，却设法只描绘除先知之外的《希伯来圣经》里的所有人物。更让人目瞪口呆的是，他们告诉我们艺术家是如何用自己的工作计划避开教皇固执己见的审查的。

还有一点很重要，西斯廷教堂不仅忠实于《希伯来圣经》，而且更忠实于卡巴拉教，卡巴拉是一种神秘且深奥的犹太教义。有些数世纪以来一直折磨着神学和艺术史的专家以及一般的研究者和狂热爱好者们的问题，我们却能在此书中找到大多数的答案。

例如，对于壁画《原罪》（*Original Sin*）[1] 的问题：

为何毒蛇会有手臂？

为什么禁忌之树不是苹果树，而是无花果树？

---

1. 该壁画全名为《原罪与驱逐出伊甸园》（*Original Sin and Expulsion from Eden*）。——译者注

　　在前一幅画中，为何夏娃看起来像是从亚当的"一侧"出现，而非来自他的肋骨？

　　对这些问题卡巴拉教义都给出了答案，而且本书中也有精彩的解释。

　　关于米开朗基罗对犹太人所持的情感，本书作者提出了另一种意见——虽然谈不上敬佩，但米开朗基罗对犹太人是有亲近感的。在最近的一次壁画清洗后，原本覆盖在黑烟和灰尘下的壁画原色显露出来。画中一个过去不为世人所知的细节，在我看来尤为精彩。我不想透露太多，这个细节是基督祖先之一亚米拿达（Aminadab）的斗篷（确切地说，是左臂）上的一个黄色圆圈，类似1215年第四次拉特兰议会命令犹太人缝在他们衣服上的黄色耻辱徽章。这个细节令人难以置信且史无前例，这些可以在第9章中看到照片。这幅亚米拿达的画像恰好位于教皇尤利乌斯二世宝座的正上方，似乎是为了使这个细节更加显眼。

　　几乎可以肯定的是，美第奇学校的一些讲师是拉比。他们向米开朗基罗解释了希伯来字母和每个字母的深奥含义。这些字母都隐藏在画中人物的手势和姿态中，充分展示了其背后的深奥含义。

　　即使在《最后的审判》中，犹太文化的影响也是非常明显的。巨大的壁画显然是摩西律法石板的形状。这不仅是因为教堂的形状所限，还因为米开朗基罗在创作《最后的审判》之前已经填实了两个窗户，就在祭坛之上的墙面上，占墙壁的很大一部分。米开朗基罗还在原来的墙上面重新建造了一面新墙。

　　一处绝妙的点睛之笔：很少有人注意到米开朗基罗把两个犹太人放在天堂里，非常接近强大的耶稣形象。如果你仔细观察，在圣彼得（St. Peter）和青年金发基督的肩膀上方，清楚地画着两个犹太人，在第15章开头的照片中就能看到。他们容易辨认，不仅因为其具有犹太人特有的面部特征，还因为第一个男人戴着典型的双尖帽子。中世纪时，犹太人被看作魔鬼的后代，头上长角。双尖帽是为了加强这一偏见，犹太男人被迫戴上的。第二个男人戴着黄色帽子，也是犹太人被迫在公共场合佩戴的。

在这段引人入胜的阅读体验结束时，读者会发现，布莱克和多利纳引领我们从全新的角度出发，不仅欣赏了西斯廷教堂，还欣赏了大部分米开朗基罗的作品。其中包括尤利乌斯二世纪念碑，著名的《摩西》（*Moses*）以及现分布在意大利各地的多种《哀悼基督》（*the Pietà*）雕像。

正如作者指出的，我们将领会到米开朗基罗的杰作传递出的真正信息是：他在犹太教和基督教这两种信仰之间架起了一座真正的桥梁，也在人类和上帝之间架起了一座真正的桥梁，同时也或许是最困难的，他在每个人和其自身的精神自我之间架起了一座真正的桥梁。

正如米开朗基罗在西斯廷教堂的作品永远改变了艺术世界一样，这本书也会永远改变我们观赏米开朗基罗作品的方式，从而真正理解他的作品！

里科·布鲁斯基尼（Enrico Bruschini）教授是全罗马和梵蒂冈博物馆最受尊敬的艺术专家之一。他是国际上著名的艺术史领域的讲师和顾问，在意大利艺术史方面著作颇丰，其中包括《教皇的脚步》（*In the Footsteps of Popes*）、《梵蒂冈的杰作》（*Vatican Masterpieces*）和《罗马和梵蒂冈》（*Rome and the Vatican*）——后两本书由罗马教廷负责出版。1984 年，他被任命为美国驻罗马大使馆终身官方艺术史学家，后来被任命为美术馆长、艺术策展人。1989 年，他被任命为罗马官方向导，并在杰拉德·福特（Gerald Ford）、比尔·克林顿（Bill Clinton）和乔治·W. 布什（George W. Bush）等三位美国总统对罗马和梵蒂冈正式访问期间负责接待他们。

前　言

梵蒂冈博物馆是世界上参观人数最多的博物馆建筑群之一。每年，来自世界各地超过 400 万的游客蜂拥而至。他们到访最主要的目的是来看基督教世界最神圣的教堂——西斯廷教堂。来这里的游客有基督徒、犹太人、穆斯林、无神论者、艺术爱好者，还有仅仅是出于好奇的人们。他们不仅惊叹于西斯廷教堂美学之美，而且还被其历史和精神教义所触动。毫无疑问，这里最受欢迎的是天花板上和祭坛墙上的远景壁画。它们美得无与伦比，由被公认为人类最伟大的艺术家之一的米开朗基罗创作。

但进入西斯廷的数百万观众中，只有极少数人知道，这座建于梵蒂冈中心的教皇的教堂是对位于耶路撒冷的所罗门古庙中的至圣所的全尺寸复制品。

他们也定会惊奇地发现，米开朗基罗本人在教堂的壁画里嵌入了秘密信息。更令人震惊的是，这些信息表露的观点直击教廷思想的核心。

大多数观众都不了解这一戏剧性的事实——这些壁画传达了一种消失的泛爱思想，这与米开朗基罗时代的教义相悖，但是却忠于圣经的原始教义，也符合当代的大多数自由主义基督教思想。

米开朗基罗在佛罗伦萨接受了私立且非传统的教育。在这段受教育经历中，通过接触犹太教著作以及学习卡巴拉教的思想，他逐渐认识到一些与当时被认可的基督教教义相抵触的东西。在这些真理的驱使下，他需要找到一种方式让到访教堂的人体会到他真正的信仰，因为他不愿让教会永远使他的灵魂沉默。教会不允许他公开传达的东西，米开朗基罗巧妙地通过一种方式将他的秘密信息传递给那些足够勤勉的观众。

遗憾的是，这些信息长达 5 个世纪都未被人们发觉。即使如此，这些信息也一定让那些把米开朗基罗这位天才定义为"永恒的耐心"而闻名的艺术家找到了一些慰藉。虽然他无法向梵蒂冈表达相悖意见，但仍希望最终会有人来"破解他的密码"，从而理解他真正想传达的思想。直到现在，得益于学者们勤奋的学术研究以及教堂大清洗后展现出的清晰的壁画原貌，这些信息才被重新发现和破译。米开朗基罗向教权坦述了真理，他巧妙隐藏在其作品中的见解，也终于可以为世人所知。

这一切都不是推理小说。但是，我们将确切地证明，这些是完完全全、令人难以置信的事实。

本书将首次揭示，并且有力展示这个令人吃惊和有争议的论点。这个论点会向我们展示米开朗基罗如何在他的宗教杰作中融入大量隐藏信息，向当时的教会表达不同见解。直到今天，这些信息仍与以下大胆的呼吁产生响应：呼吁理性与信仰之间的和解，呼吁《希伯来圣经》和《圣经·新约》之间的和解，以及呼吁所有那些真诚信仰真主的人们之间的和解。

准备好忘掉你所了解的关于西斯廷教堂和米开朗基罗杰作的一切。正如最近的大清洗清除了壁画上累积了几个世纪的污渍和晦暗一样，这本书将努力消除数百年来人们对西斯廷教堂这一世界上最著名和最受欢迎的艺术珍品之一所持有的偏见、所进行的审查和所表现的无知。

我们邀请您加入我们，一起开启难以置信的探索之旅。

本杰明·布莱克

罗伊·多利纳

目　录

Beyond the Ceiling

第一篇

起初

In the Beginning

第一章

什么是西斯廷教堂?

又当为我造圣所，使我可以住在他们中间。

——《出埃及记》

1564 年 2 月 18 日，文艺复兴时代结束。

米开朗基罗·迪·洛多维科·博纳罗蒂·西蒙尼（人们简称为米开朗基罗）（Michelangelo di Lodovico Buonarroti Simoni）在装饰简朴的家中（今位于意大利的威尼斯广场）逝世，享年 89 岁。他的遗体原计划埋葬于附近的圣使徒大教堂。今天，这个名为"最圣洁的使徒"（Santissimi Apostoli）的教堂，是一个融汇了多个年代和多种风格的混合建筑：它的最高层建于 19 世纪，中间层是 17 世纪的巴洛克风格；底层建于 15 世纪下半叶，是纯粹的文艺复兴风格。但关于米开朗基罗遗体原计划被埋葬的地点最有趣的地方，就是教堂最初建造的那部分，即 1564 年便存在的唯一部分，也正是由设计西斯廷教堂结构的巴乔·蓬泰利（Baccio Pontelli）设计的。该教堂成为米开朗基罗计划的埋葬地点也还有其他重要的原因。

在教堂地下一层，是使徒圣詹姆斯（Saint James）和圣菲利普（Saint Philip）的墓穴，他们在耶稣复活后回到了他的身边。如果允许我们自墓穴向下挖掘，很快便会发现古罗马帝国的遗迹。在这之下，是罗马共

圣彼得大教堂的屋顶视角下的西斯廷教堂（见插图 1）

和国。再往下深入，最后可能会发现青铜时代的罗马遗迹。

这样一来，这个教堂可被比作整个"永恒之城"：由一层又一层的历史和无数文化积淀而成的"永恒之城"，展现着神圣与亵渎之间、神圣与其他教之间以及多重隐密之间的对抗的"永恒之城"。

想要了解罗马就要认识到它是一个充满秘密的城市——承载着3000 年以上的奥秘。在罗马，没有比梵蒂冈秘密更多的地方了。

梵蒂冈城

"梵蒂冈"这个名字来源惊人。它既不是拉丁文也不是希腊文，也并非来自《圣经》。事实上，这个词来自其他宗教。在 2800 多年以前，甚至在罗姆鲁斯（Romulus）和雷穆斯（Remus）建立罗马之前，有一个被称为伊特鲁里亚人（Etruscans）的民族。大部分我们所熟知的罗马文化和罗马文明实际上来自伊特鲁里亚人。尽管我们仍在努力掌握他们难懂的语言，但我们已经对他们有了很多了解。我们知道，伊特鲁里亚人同希伯来人和罗马人一样，不把先人埋葬在城墙以内。因此，伊特鲁里亚人在其古城外的山坡上建立了一座非常大的墓地（这里注定要成为后来的罗马）。"瓦提卡"（Vatika）是负责守卫这个墓地（也叫"死亡之城"）的其他教女神。

在古代伊特鲁里亚，"瓦提卡"还有其他一些相关的含义。它是一种长在这个山坡上的野生苦葡萄的名字。农民将它酿成酒，这是古代世界最糟糕、最便宜的葡萄酒之一，名声很坏。此外，"瓦提卡"不仅是这种葡萄酒的名字，也被用来表示生产瓦提卡葡萄酒的斜坡。在坟墓边上生长的一种奇异杂草也叫作"瓦提卡"。咀嚼这种草时，会使人产生狂野的幻觉，效果很像仙人掌蘑菇；因此，"瓦提卡"也被用来表示我们今天所谓的"廉价的快感"。因为这一层含义，瓦提卡这个词演变为"先见之明"的同义词传入了拉丁文。

后来，这个斜坡变成了痴癫皇帝尼禄的马戏团或体育场的所在地。根据教会的传说，正是在这里，圣彼得被钉在十字架上而死，之后被埋在附近。君士坦丁大帝（the emperor Constantine）在成为半基督教徒后，在这里建立了一座神殿，罗马人继续称之为"梵蒂冈坡"，这里因此成为许多朝圣者的目的地。在君士坦丁大帝之后的一个世纪里，教皇们开始在这里修建教皇宫殿。那么，"梵蒂冈"今天的含义是什么？基于历史，这个名字有许多不同的含义。它可以指圣彼得大教堂；可以指有超过1400个房间的教皇的梵蒂冈宫；可以指有超过2000个房间的梵蒂冈博物馆建筑群；可以指全世界约1/5人口的精神领袖——在政治、社会、宗教等方面的等级制度；还可以指世界最小的官方国家——梵蒂冈。梵蒂冈这个地球上最小的国家，面积仅相当于纽约市中央公园的1/8，竟能容下世界上最大、最昂贵的教堂，世界上最大、最奢华的宫殿，以及世界上最大的博物馆之一，实在令人惊叹。

重建教堂

然而，最令人着迷的是梵蒂冈古城墙内的一个地方，其象征意义几乎所有游客都不知道。我们注意到其神学意义在于这里的天主教所倡导的都是犹太教明令禁止的。在《塔木德经》中，最伟大的犹太圣人们跨越 5 个多世纪做出古老而神圣的评论，明确立法规定，没有人可以在圣殿山以外的任何地方建造一个功能齐全的耶路撒冷圣殿复制品（麦格勒经卷，10a）。这是为了避免任何可能的血腥宗教分裂。例如后来发生在基督教（罗马天主教、东正教、希腊正教和新教之间绵延几个世纪的多败俱伤的内战）和伊斯兰教（逊尼派和什叶派的分歧）的宗教分裂。

但是，6 个世纪以前，一位不受《塔木德经》限制的天主教建筑师却这样做了。就在文艺复兴中期的罗马，他设计并制作了一个令人难以置信的全尺寸的内部圣地（也称至圣所或所罗门圣殿）的复制品。为了使尺寸和比例完全准确，这位建筑师研究了《希伯来圣经》中先知撒母耳（the Prophet Samuel）的著作。撒母耳在其中详细描述了第一圣殿，精确到腕尺单位（《列王纪》）。这个海希尔的（heichal）（也称第一神殿后部）大规模复制品保存至今，被称为西斯廷教堂（la Cappella Sistina）。每年有 400 多万游客来参观米开朗基罗的神奇壁画，并向基督教圣地致敬。

在建造这个犹太寺庙的复制品之前，在同一地址，中世纪时曾有一个教堂。这个教堂名为帕拉丁圣堂（la Cappella Palatina），也叫富丽堂皇的教堂（la Palatial Chapel）。由于每个欧洲统治者都有自己的皇室礼拜堂供皇室私下祷告，因此教皇也有必要在自己的宫里安置一座礼拜堂。这么做是为了显示教会的权力，它必须比任何世俗主权更大。"帕拉丁"这个词源自帕拉丁山——西方历史上最有权势的古罗马的其他教皇帝的家乡，这绝非巧合。根据罗马传说，公元前753年4月21日，罗穆卢斯在帕拉丁山创建罗马城。从那时起，罗马的每一个统治者都住在帕拉丁宫，一个接一个地建造起壮观的宫殿。另一方面，教会决心证明它是欧洲新的统治权威，并希望将基督教世界（即基督教帝国）扩张到全球。修建这座教堂是为了预示即将到来的胜利和荣耀，所以教皇希望它的华丽程度能够超过世界上任何其他的皇家教堂。

除了宏伟壮丽的帕拉丁教堂外，值得一提的还有尼克丽娜（Niccolina）。1450年，教皇尼古拉斯五世（Pope Nicholas V）命令建造这所私人教堂，这座教堂由伟大的文艺复兴时期画家弗拉·安吉利科（Fra Angelico）负责装饰。尼克丽娜是教皇宫殿旧区的一个小房间，只可容纳教皇和他的几位贴身助手。帕拉丁则包含了所有教廷，能容纳所有贵宾，这也正是它被冠以"主礼拜堂"（Cappella Maggiore）名号的原因。

谈及西斯廷教堂，首先要提到的就是西克斯图斯教皇，他希望把西斯廷建成一座比"主礼拜堂"更宏伟、更富丽的教堂。

西克斯图斯教皇的宏伟大计

西克斯图斯生于弗朗西斯科·德拉·罗韦雷家族（Francesco della Rovere），是意大利西北部的一个贫困家庭，离热那亚（Genoa）不远。年轻时的他就表现出不凡的才气，但家境贫寒，最后成了祭司。起初他是方济会（Franciscan）修道士，后慢慢在教堂里干起了教育和行政的工作。1467年，他成功当选为罗马枢机主教。召开秘密会议选举教皇时，由于选举团仅18位枢机主教，因此他又顺利当选为罗马教皇，人称西克斯图斯四世（Sixtus IV），这是上千年来首个拥有此称号的教皇。他上任之后的头等大事并非着手解决梵蒂冈面临的种种危机，而是让亲戚们发大财，得地产，谋福利。为了让形形色色的侄子们发横财，不是任命他们为枢机主教（其中一位仅 16 岁），就是让他们跟富贵家庭联姻。但这种做法并不罕见。在整个中世纪，文艺复兴时期，直至 18 世纪末，腐败的教皇都会让其颓废至极的侄子们做些不光彩的事，以使其整个家族的物质实力从"殷实"跃升为"腰缠万贯"，这种现象极为常见。中世纪意大利语中"侄子"一词是"nepote"，绝对权力和绝对腐败的体系叫作"nepoismo"，在如今的现代英语中被称为"nepotism"，即裙带关系。朱利亚诺（Giuliano）是西克斯图斯的侄子之一，也是后来的教皇尤利乌斯二世，逼迫米开朗基罗在西斯廷天花板上作画的正是他。

帕拉丁教堂坐落在梵蒂冈前伊特鲁里亚人的墓地斜坡上，那里土质松软，这座巨大的建筑物岌岌可危。1471 年，西克斯图斯四世即位时，教堂已经开始破旧散架。西克斯图斯接手时，这座教堂便是教会危机的完美标志。当时整个社会面临分裂，充斥着阴谋和丑闻。外国统治者，比如法国路易十一（Louis XI）正与梵蒂冈交战，争夺选择和指派枢机主教和主教的权力。意大利拒绝教皇统治。最为糟糕的是奥斯曼土耳其人（Ottoman Turks）也在游行示威。1453 年，君士坦丁堡落入奥斯曼帝国之手，标志着基督教拜占庭帝国的消亡，整个欧洲基督教为此遭受了冲击。1480 年，奥斯曼帝国入侵意大利半岛，夺取了东南海岸的奥特朗托市（Otranto），屠杀了帕拉丁教堂大主教和诸多牧师，强行改变了城镇居民的宗教信仰，800 名拒绝改变的教徒遭斩首，主教被锯成两半。之后，他们又袭击了其他几个沿海城市。许多人担心罗马会遭遇和君士坦丁堡一样的厄运。

尽管基督教世界（Christendom）面临铺天盖地的威胁，西克斯图

壁画《梵蒂冈图书馆的建立》，作者梅洛佐·达·弗利（Melozzo da Forlì）；1477 年绘于梵蒂冈博物馆美术馆分馆。壁画内容：西克斯图斯坐在皇位上，他喜爱的侄子们围在他身边，图书馆新馆长普拉蒂纳（Platina）跪在他跟前，脸色阴郁，面向教皇的是侄子朱利亚诺，即后来的尤利乌斯二世（见插图 2）

斯却致力于恢复罗马的光彩与辉煌，耗费了大量的金银珠宝。他重建教堂、桥梁、街道，创建梵蒂冈图书馆，开展艺术收藏，最终将其变成了卡皮托利尼博物馆（Capitoline Museum），也是今天世界历史上最古老的博物馆。但是，他最为突出的成就却是重建帕拉丁教堂。

西斯廷的许多历史似乎都是冥冥之中注定的。可靠消息称，在1475 年教堂的翻修工作就已经开始了。恰巧就在同一年，米开朗基罗在托斯卡纳的（Tuscan）小镇卡普雷塞（Caprese）出生。未来几年中，这两者的命运将结合得更加紧密。

该雕刻作品呈现了 1481 年献祭仪式上的西斯廷教堂的雄伟

新教堂

西克斯图斯决定不仅要重建破败的教堂，还要扩大和丰富它。他召来一位年轻的佛罗伦萨建筑师巴乔·蓬泰利。蓬泰利的特长是建造和加固堡垒，奥斯蒂亚（Ostia）和塞尼加利亚（Senigallia）的堡垒就是他建造的，至今还保存良好。西克斯图斯担心奥斯曼帝国和罗马天主教暴徒的入侵，因此对他而言建造教堂尤为重要。蓬泰利设计的这座大教堂规模超过了大多数教堂，顶部设有一个监视堡垒以保卫梵蒂冈。

究竟是谁想要将西斯廷教堂建成犹太圣殿的复制品，我们可能永远也无法得知。西克斯图斯曾读过圣经，他可能熟知《列王记》里先知撒母耳笔下所写圣殿的确切尺寸。他可能想要具体表达继承主义这一神学概念，继承主义是指一种信仰能取代之前不起作用的信仰，它在基督教思想中占据了举足轻重的位置。这个宗教术语所指与达尔文后来在进化论中所做的假设十分相似：尼安德特人（Neanderthals）取代了恐龙，而发展完全的智人（Homo sapiens）又取代了尼安德特人。而继承主义的教义是，犹太教取代希腊罗马异教哲学，而得胜的教会（Church Triumphant）又取代异教哲学，这种真实信仰使其他信仰全部黯然失色。梵蒂冈宣称，犹太人杀害了耶稣，拒绝耶稣的教导。故耶稣剥夺了犹太人的圣殿、耶路撒冷圣城和他们的家园，以此来惩罚他们。此外，他们还遭到诅咒：永远做个流浪鬼。这对任何可能拒绝服从教会的人来说是一种神圣的警戒。[1]

蓬泰利虽不是伟大的宗教学者，但他来自佛罗伦萨，那个意大利乃至欧洲最自由、最开放的城市之一。佛罗伦萨仅有数百名犹太人，但他们却在熙攘的知识和文化活动中受到了热烈欢迎，影响力十足。蓬泰利可能结识了许多习惯于在工作中融入犹太主题的艺术家和建筑师。

无论这种想法出自哪里，建立新帕拉丁教堂的目的都是取代古犹太人庙宇，使之成为新耶路撒冷、新世界秩序的新圣殿，而新耶路撒冷城从此将成为罗马的城市，基督教世界的首都。礼拜堂长134.28英尺[2]，宽43.99英尺，高67.91英尺，正好与所罗门庙（Soloman's Temple）的尺寸一模一样。公元前930年所罗门国王（King Solomon）和他的建筑

---

1. 值得注意的是，在1962年第二次梵蒂冈大公会议（the Second Vatican Council）上，该教义遭到了果断否定和禁止。——编者注
2. 1英尺=30.48厘米。——编者注

师提尔王希兰（King Hiram of Tyre）（黎巴嫩）完成的首座圣殿的背部长方形区域就叫作"所罗门庙"（the heichal[1]）。

更为明显却常常为游客所忽视的一点是，为效仿古耶路撒冷时期的圣地，这座新圣殿建立在两个水平面上。祭坛和教皇及其教廷的私人区域所在的西边比东边高出约 6 英寸[2]，东边原是为普通围观者而设的。这个高出的部分与最原始的圣所——至圣所（Kodesh Kodoshim）最深处的壁龛遥相对应，只有大祭司（High Priest）在每年一次的赎罪日（Yom Kippur）才能进至圣所。大祭司会象征性地通过福音书中称之为面纱的礼拜帷幕，为大众做宽恕和救赎的重要祈祷。为准确显示面纱在耶路撒冷圣殿所处的位置，其上还放置了一座巨大的白色大理石隔断栅栏，顶上还有 7 颗大理石"火焰"，与圣经时代光耀犹太人的神圣之地——犹太教灯台（Holy Menorah）（7 支烛台）刚好对应。

从天花板到地板

原始天花板上展示的是许多犹太教堂都会用到的简单主题：布满繁星的夜空。这一幕让人联想到雅各（Jacob）在逃离父亲不久后躺在星空之下，入睡后梦里的场景（《创世纪》）。雅各在梦里看见一个连通天地的梯子，神的使者在梯子上，上来又下去，他将那个地方命名为上帝之家[3]（Beit-El）。在犹太传统里，这正是建造圣殿的地点。通过象

---

1. 原文 the heichal 指的是"所罗门庙"，也称"第一庙"，是古耶路撒冷的神庙，古巴比伦王尼布甲尼撒二世于公元前 589 年围困耶路撒冷，导致该城及所属庙宇被毁，后来又修建了"第二庙"。——译者注
2. 1 英寸 =2.54 厘米。——编者注
3. 上帝之家，根据希伯来文，对应的原文是 Beit-El，也写作 Beth El 或 Bethel。希伯来圣经中将其描写为介于便雅悯（Benjamin）部落与以法莲（Ephraim）部落之间的城市，是由雅各命名的。在犹太人的统治下，该地起初属于便雅悯部落，后来被以法莲部落占领。——译者注

征性地提到这个故事，我们可以看到天花板表达了与耶路撒冷圣殿的另一种联系。为了让教堂变得更加独特，地板上也花了很大功夫。但成千上万的游客踩在上面，使画面变得模糊。普通游客因而常常忽视了地板这一惊世之作，转而去欣赏天花板上举世瞩目的壁画。这些 15 世纪建造的地板效仿了中世纪哥斯马特式（Cosmatesque）[1] 马赛克风格。12 世纪和 13 世纪，哥斯马特家族在罗马开创了这种独一无二的技艺。由彩色玻璃和大理石（其中大部分是其他教罗马宫殿和庙宇的"回收品"）切割成的几何状和漩涡状图画使得这种装饰风格极具梦幻感。在罗马和意大利南部一些最古老美丽的教堂里，就用了哥斯马特式地板和装饰来装点大教堂和回廊。13 世纪，最后一位哥斯马特工匠被带到伦敦，给威斯敏斯特修道院（Westminster Abbey）建造神秘的地板马赛克。

众所周知，这些特殊的地板不仅因其美观且色彩及材料（包括无价的紫色斑岩大理石）的丰富性备受喜爱，还因其深奥的灵性而广受推崇。神学家、建筑师甚至数学家写了很多关于这些马赛克的著作。马赛克可以让圣所呈现出部分空间感、节奏感和流动感。毋庸置疑，它们也是一种冥想设备，与中世纪教堂中流行的迷宫相似。西斯廷地板在哥斯马特地板的基础上作了一些变换，其实西斯廷地板的图案是在哥斯马特家族完成上一个项目 200 年之后设计出来的，该设计不仅继承了早期教堂中幸存下来的部分，还呈现出其特有的风格和意蕴。

西斯廷教堂的地板有四大功能。首先，它优雅别致，具有美化教堂的功能；第二，它既在建筑设计上有助于界定空间，又拉伸了空间，使其富有流动感；第三，在举办教皇宫廷大型活动时，它具有"导引"

---

1. 哥斯马特式镶嵌图案，即 Cosmatesque，也写作 Cosmati，是意大利中世纪时期尤其是拜占庭帝国时代的典型镶嵌石雕风格，呈现几何装饰特点，广泛用于装饰教堂地面、墙面、讲道坛及教皇御座。Cosmati 是罗马一个有名的从事大理石镶嵌图案手工制作家族的名称。大多数欧洲著名教堂都采用了这种几何装饰图案，如文中提到的威斯敏斯特教堂。——译者注

移动方向和仪式秩序的功能，比如指示教皇下跪的位置、吟唱诗歌和赞美诗时队列暂停的位置、司仪牧师所处的位置以及奉香的位置等；第四，也是一个最不为人知的功能，它是一种卡巴拉教派（Kabbalistic）的冥想手段，因此是联结古犹太精神源泉的另外一种方式。路面上有许多神秘的符号：生命之树、灵魂通路、宇宙空间，以及亚历山大里亚的斐洛三角形。"Kabbalah"的希伯来语字面意思是"接受"，指的是包含《犹太法典》秘密的神秘传统，而《犹太法典》秘密是指揭示对世界、人类和全能者本人最深刻认识的深奥真理。犹太人斐洛住在埃及亚历山大里亚地区，是一位神秘主义者，他在基督纪元1世纪就撰写了关于《卡巴拉》的文章。人们普遍认为他是希腊哲学、犹太教和基督教神秘主义之间的重要联系人。斐洛三角形的指上或指下，表示行动和接受、男性和女性、上帝和人类，以及上层和下层世界之间的能量流动。实际上，这种马赛克装饰的拉丁名字叫"亚历山大里亚作品"（opus alexandrinum），它蕴含着斐洛最初教授的卡巴拉教派象征主义思想。

这个拉丁名字让许多艺术史学家和建筑师误以为哥斯马特式地板最初来源于埃及的亚历山大里亚，或在15世纪晚期由教皇亚历山大六世博尔吉亚（Pope Alexander VI Borgia）推广而来。然而，没有证据可以证明，这种特殊的设计在古亚历山大里亚时期的任何地方出现过。说起与教皇亚历山大六世的联系就更加没有依据，亚历山大在哥斯马特风格达到鼎盛之后的200多年才出生。因此，最合乎逻辑的结论应当是，哥斯马特设计因与亚历山大里亚的卡巴拉之间的联系而得名。

哥斯马特设计与犹太教寺庙的另一个联系：所罗门封印在哥斯马特地板中反复出现，并贯穿于西斯廷的地板设计中，这一点十分引人注目。人们认为这个封印是古犹太人深奥智慧的关键。这个封印是由两个等边三角形相互叠加组合而成，分别指向上和下，今天我们称之为大卫王之星（Magen David）或大卫之星[1]（Star of David）。它是犹太教的普遍标志，如今被以色列选用为国旗上的标志。然而，在 15 世纪后期，它不是犹太人的象征，仅代表神秘的知识。就连拉斐尔（Raphael）在他巨大的神秘壁画《雅典学院》（the School of Athens）里也引用了所罗门封印。

封印是西斯廷教堂的一部分，但要了解它的深层含义还需要一些背景知识。考古证据显示，犹太人最早使用该符号是在公元前 7 世纪后期，约书亚·本·阿亚亚胡（Joshua ben Asayahu）题词时用到了该封印。有关封印与所罗门王之间（它的另一个名字是所罗门封印）的传说十分奇特，甚至相当虚幻。中世纪犹太教、伊斯兰教和基督教的传奇故事及阿拉伯之夜的故事中写到，六角形的所罗门印章十分神奇，据说只有国王才能拥有，这个印章能让他指挥魔鬼（或神灵），与动物沟通。一些研究人员做出了这样的推理，这个符号之所以在大多数情况下与大

这是一张罕见的照片，拍摄于夜晚，当时，西斯廷教堂对公众关闭，灯光很暗。但是，人们可以在西斯廷教堂的地板上清楚地看到所罗门封印（大卫之星）。选举新教皇时，壁炉里会烧掉选票放出黑烟和白烟来显示投票结果，这里正是壁炉所处位置

---

1. 大卫之星（Star of David），即大卫之盾，是人们联想到犹太教最常见的符号——六角星，由共用一个中心的两个等边三角形反向叠放而成。

浮雕内容：罗马人带着盗来的寺庙船举行胜利游行。绘于罗马提图斯凯旋门（Arch of Titus）内墙

卫王联系起来，是因为这个六角形代表的是大卫出生或被任命为国王时的占星图。但是最深刻，也几乎正确的是这样一个神秘的解释：围绕中心的 6 个点与数字 7 之间存在某种联系。

数字 7 在犹太教中有特殊的宗教意义。

回溯上帝创造世界之时，第 7 天，即安息日（用来休息的一天），被上帝称为神圣的一天，且被上帝赐予其其他 6 天所没有的非凡祝福。

每 7 年就有一次休假年，届时土地要休耕，而且每 7 个 7 年过去之后就迎来一次 50 年节，这时契约奴隶会得到自由，财产也会物归原主。

不过，这个被用于西斯廷大教堂马赛克地板的数字 7，最有助于我们理解其重要性的一点是其与古代神庙中使用的 "7 支烛台" 之间的联系。这种烛台从中心柱左右各分出 3 支，上方摆放一共 7 盏油灯。

有强有力的证据表明大卫之星（六芒星）成为犹太教教堂的标准符号正是因为他的结构是 3+3+1——上面三个三角形，下面三个三角形，还有一个中心部分——这与 "7 支烛台" 正好对应。

"7支烛台"就是提图斯凯旋门上的一个显著图案，这个凯旋门是为了纪念罗马帝国的胜利而建，它象征被打败的对手以后再也不会有任何消息。

但是，多亏了像考斯莫迪和米开朗基罗这样的艺术家，在他们最著名的作品中人们可以一次又一次地看到犹太教的标志。

世界上最典型的天主教教堂有一个更奇怪的秘密：那里巨大的马赛克镶嵌地板堆满了六芒星。

15世纪壁画最初的样子——眼见未必为实

新的教堂最引人注目之处并不是地板或者天花板，而是墙壁。

从教堂前部的圣坛开始，两列窗户玻璃延伸出来—— 一列是关于摩西（Moses）的生平，一列是关于耶稣的生平，很像是一组用四格漫画讲述的圣经故事。

整整一组15世纪顶尖壁画艺术家被找来，更准确地说是被派来完成如此耗费体力的壁画。这点之所以重要是因为派他们来的人的身份。他就是佛罗伦萨最有钱的人，同时也是该地区实际上的统治者，洛伦佐·美第奇。就是他后来发掘了米开朗基罗并把他当作自己的儿子一般抚养。

教皇西克斯图斯四世憎恨洛伦佐及其家族，多年来一直与他们作对。西克斯图斯想要控制思想自由的佛罗伦萨及其巨大的财富以便进一步控制整个意大利。1478年他计划以早期黑手党暗杀的形式除掉洛伦佐和整个美第奇家族。那个年代，即使是"教父"也不敢尝试这样非同寻常的阴谋。西克斯图斯计划在复活节弥撒期间就在佛罗伦萨大教堂的主圣坛前让人刺杀洛伦佐和他的弟弟朱利亚诺。

更加亵渎上帝的是"高举圣体"（圣餐面包）竟然是指示暗杀的

信号。就连冷血的职业杀手都拒绝了这个任务，因此西克斯图斯只好寻求一位神父以及比萨大主教的帮助。这两位和西克斯图斯最道德败坏的侄子吉罗拉莫·瑞阿里奥（Girolamo Riario）一起计划了此事的细节。

西克斯图斯不听他们汇报细节，假惺惺地说："做你们必须做的，只要不杀人就行。"但是他的确命令佣兵队队长费德里科·达·蒙特费尔特罗（Federico da Montefeltro）乌尔比诺公爵在佛罗伦萨城外的山上部署了 600 人的军队，等待洛伦佐被杀的信号。

这卑鄙的袭击按计划发生了……在一定程度上是这样。朱利亚诺·德·美第奇身中 19 处刀伤当场死亡。尽管洛伦佐也身受重伤，但他设法逃入密道活了下来。入侵佛罗伦萨的信号一直未被发出。

与教皇西克斯图斯所希望的正相反，愤怒的佛罗伦萨人不仅没有起义反对美第奇家族，反而处死了共谋者。洛伦佐亲自出面调停才阻止了市民们处死教皇的另一个侄子——红衣主教拉菲尔·瑞阿里奥（Raffaele Riario），他与这次阴谋行动毫无关系。

两年后，西克斯图斯教皇放弃抵抗，宣布梵蒂冈和佛罗伦萨休战。正是这时，新的教堂准备开始装修。那么洛伦佐为什么要派最富才华的画家去装饰一个教堂，以此来赞美那个杀害了他亲爱的弟弟而且还试图杀害他本人的教皇呢？官方旅行指南上称之为"求和"，一种表明宽恕与和解的举动。

但是官方解释并不正确。此举背后真正的原因就是理解壁画所传递信息的关键所在，这些信息可一点也不友好。

洛伦佐确实是派出了艺术家中的精英：桑德罗·波提切利（Sandro Botticelli）、柯西莫·罗塞利（Cosimo Rosselli）、多梅尼哥·基尔兰达伊奥（Domenico Ghirlandaio，他后来曾短暂地当过米开朗基罗的老师）以及翁布里亚画家贝鲁吉诺（Perugino，后来成为拉斐尔的老师）。

除了要在教堂的四面墙上都画满摩西和耶稣的生平，他们还有一个任务，就是在教堂前部两扇窗户之间的圣坛墙壁的上方增加一条区域画上最早的30位教皇的画像，并且绘出一幅巨大的圣母升天壁画。

由于壁画任务太多，这个团队又招募了画家平图里乔[1]（Pinturicchio）、路加·西诺雷利（Luca Signorelli）、比亚焦·德·安东尼奥（Biagio d'Antonio）和一些助手。以上名单介绍了15世纪意大利绘画中顶级的壁画艺术家。除了贝鲁吉诺和他的学生平图里乔之外，这些画家都是令人骄傲的佛罗伦萨人。

西克斯图斯教皇自己提出了一个具有象征意义的多层壁画设计。这样设计是为了向世界解释分离主义，证明基督教通过取代犹太教成为一神论的唯一真正的传承者。

为了达到这个目的，描绘摩西故事的每一块区域都与描绘耶稣故事的区域中的一块紧密相连。北面的一系列壁画按照基督教的顺序从左至右讲述了耶稣的故事。南面的壁画讲述的是摩西的故事——不过是按照希伯来人的顺序从右往左叙述。

因此出现了八对故事：

婴儿摩西在尼罗河被发现	耶稣在马厩中诞生
摩西之子接受割礼	耶稣接受洗礼
摩西的愤怒和逃出埃及	耶稣经受的诱惑
红海的分离	耶稣对水施神迹
耶和华在西奈山晓谕摩西	耶稣登山训众
可拉叛乱	耶稣赐予彼得天堂的钥匙
摩西最后的讲话和摩西之死	耶稣的最后晚餐
天使保卫摩西之墓	耶稣从墓中复活

1. 平图里乔（1454—1513，原名 Bernardino di Betto），意大利著名画家，以壁画的强烈装饰风格著称，尤其以表现教皇庇护二世生平的壁画而著名。——译者注

　　虽然其中一些"关联"需要丰富的想象力才能理解，但是这样做是为了表明摩西的一生只是为耶稣的一生做铺垫而已。西克斯图斯教皇还有一个目的，那就是强化对圣母玛利亚的崇拜。西克斯图斯四世想让这个教堂用于纪念"圣母蒙召升天"，天主教在教历8月15日这天庆祝圣母升天节。因此贝鲁吉诺在圣坛墙上绘出了圣母玛利升天的巨幅壁画，画面中西克斯图斯四世就跪在她的面前。西克斯图斯教皇的最后一个愿望——可能也是最接近他本意的愿望，就是美化和巩固他本人以及他所属的德拉·罗韦雷家族至高的权威。当时罗马教皇的权威还未从几个世纪以来的教会分裂、丑闻、反教皇情绪、阴谋和暗杀中完全恢复。

　　当时教廷重回罗马也不过区区50年，此前发生了所谓的"巴比伦流放"，教皇被转移到了法国的阿维尼农地区。教皇西克斯图斯急切想要证明的不仅是基督教地位高于犹太教以及教皇在基督教内部的神圣权威，更想证明他的个人地位高于此前所有的教皇。

　　这就解释了为什么在他的命令下，犹太教第一个大祭司亚伦（Aaron）和基督教第一任教皇彼得（Peter）都穿了代表德拉·罗韦雷家族纹章的、蓝色和金色相间的衣服。

　　这也是为什么在教堂里随处可见橡树和橡树子——这是他家族的纹章，德拉·罗韦雷的意思就是"来自橡树的"。同时，这也解释了为什么西克斯图斯把自己的画像放在前30位教皇的肖像之上——就在前部墙的中间，挨着圣母升天图。

　　考虑到这些，我们再回到那个问题：为什么洛伦佐会派出最优秀的艺术家到罗马为那个谋害他本人和他家族的人扩大权势呢？答案很简单，就是为了破坏西克斯图斯钟爱的礼拜堂，以下将会证明这一点。波提切利很有可能是该壁画项目中的带头者和团队协调者。西斯廷官方标准资料称带头的是贝鲁吉诺，但是很快地分析一下就知道这个团队里唯一的非佛罗伦萨人并没有参与这一密谋。

贝鲁吉诺的用色和风格与其他人负责的部分完全不同，他运用的象征符号没有任何反教皇的含义，而其他人则利用这个机会在整个礼拜堂里传递反教皇的信息。

柯西莫·罗塞利有一只白色的小狗，它成为托斯卡纳地区艺术家的吉祥物。我们不知道在画家们工作的时候这只小狗是否可以在教堂里玩，但是除了翁布里亚画家贝鲁吉诺之外，其他画家负责的壁画中都可以看到它跳跃的形象。在壁画《最后的晚餐》（*Last Supper*）中，这只小狗正在主人的脚边玩耍。在壁画《金牛犊》（*Golden Calf*）中，它正走下壁画，进入礼拜堂。

如果排除在神圣的教堂中出现了狗这种宗教仪式中不洁的象征，那么这也并非多大的侮辱。

但是为了和教皇算旧账，这些佛罗伦萨人在他们的作品中加入了情感更加强烈的意象。最感到愤愤不平的就是波提切利。此前袭击美第奇兄弟的共谋者被处死之后，波提切利曾经画了一幅壁画，描绘的是这些人的尸体被挂在大教堂外面示众。这幅画上有来自洛伦佐·美第奇本人的具有讽刺意味的文字。作为1480年梵蒂冈与佛罗伦萨正式达成的和平协议的一部分，西克斯图斯坚持要求彻底销毁这幅壁画。

波提切利肯定不会忘记这件事，也不会原谅教皇。所以在他负责的《摩西出埃及》（*Moses's Flight from Egypt*）这幅壁画中，波提切利在被摩西赶走的横行霸道的非基督徒头上画了一棵橡树——这是德拉·罗韦雷家族的标志。而在"无辜的绵羊"和"燃烧的树丛"这些神圣的象征附近画了一棵橘子树，结有椭圆形的橘子——代表佛罗伦萨的美第奇家族的家徽。

在《可拉叛变》（*Korach's Muting*）壁画中，波提切利让反叛的可拉穿着代表德拉·罗韦雷家族的蓝色和金色相间的衣服，背景的远处有两只船：一只罗马船破烂不堪，而另一只完好无损的船漂在水面，佛罗伦萨的旗帜在上面骄傲地飘扬着。

在《对基督的考验》（*Temptations of Christ*）中他把西克斯图斯珍爱的橡树加在了两个地方：一棵就在撒旦旁边，画中撒旦露出了真面目；还有一棵是被砍下的橡树，即将在神庙中被烧掉。

比亚焦·德·安东尼奥是一个骄傲的佛罗伦萨人，他不想被别的画家比下去。在他负责的《红海的分离》（*the Parting of the Red Sea*）这一壁画中，邪恶的法老穿着德拉·罗韦雷家族颜色的服装，而一栋看起来好像就是这个礼拜堂的建筑被汹涌的红海之水淹没。

新教堂仍然叫作巴拉丁的教堂，在 1483 年 8 月 15 日圣母升天节当天被奉为神圣。教皇主持了这个仪式，他感到很骄傲。他当天很高兴，完全不知道隐藏在教堂里的那满墙对他的侮辱。

西克斯图斯绝不是一个伟大的战略家或是外交家。他曾结交过许多既相互冲突又鲁莽的盟友。相比于加强教会的权威，他明显地更在乎积累更多的家庭财富和权利。

幸运的是，由于奥斯曼帝国的穆罕穆德二世（Mehmed II）在 1481 年的春天意外去世，奥斯曼帝国对意大利的入侵暂停，而西克斯图斯却把这归功于自己。

一年后西克斯图斯去世，当时他仍然不知道洛伦佐如何嘲弄他想要让这个礼拜堂满足自己极端自我主义的企图，这对他来说也是件好事。

回想起来让人惊讶的是，第一批艺术家在西斯廷教堂内部的艺术设计逃过了太多的惩罚。然而在隐藏信息方面真正的大师要在一代人之后才会出现，他要说的比这时多得多。

第二章

已失传的艺术语言

……而聪明人的聪明，必然隐藏。
——以赛亚

　　洛伦佐请来的艺术家们成功在西斯廷教堂实施的计划是许多类似事件中的典型例子，即使在现代，这类事情也屡见不鲜。

　　第二次世界大战期间，同盟国在太平洋战场上面临着巨大的威胁。日军密码破译专家在破译空军、海军和海军陆战队编制的密码时技术高超，无与伦比。英美同盟国似乎败局已定，不过后来他们想到了两个巧妙的解决办法。第一个办法就是找来一群美国纳瓦霍部落的原住民，即著名的"风语者"——让他们把所有无线电消息翻译成日本人完全不知道的土著语。

　　另一个办法是利用了日本人对美国文化小知识的不了解。传递数字密码时，说明的开头是："用杰克·本尼（Jack Benny）的年龄，然后……" 只有听着由这个著名喜剧演员主持的广受欢迎的广播节目长大的美国人才能明白密码所指的是什么。

　　众所周知，杰克·本尼的舞台形象是一个吝啬鬼、一个很糟糕的小提琴手，也是一个虚荣的人——尤其是对年龄。尽管当时做过杂耍演员的他已经步入中年，他却总是说自己只有"39 岁"。

日本情报处绞尽脑汁要查清这个"杰克·本尼"的身份，然后又试图确定其真实年龄，然而每个美国士兵一听就知道不论他的实际年龄如何，答案永远是"39 岁"。

谢天谢地，这两组密码都没有被日军破解。通过把至关重要的信息隐藏起来以便只有目标群体能够理解，一种几乎不为人所知的语言加上一点美国文化的"内部消息"就促成了第二次世界大战的胜利。

密码在艺术中的运用

在战争年代，密码的价值被多次验证。尽管隐藏信息在具有普遍意义的其他情景中发挥作用的方式不甚明显。在西斯廷教堂这里，隐藏信息不是为了欺骗敌人，而是为了加强神秘感，不是为了军事征服，而是为了获得更多赞美。

正是在艺术以及最著名的艺术作品中，我们很容易就能发现一个重要的事实：艺术界的天才们常常是在杰作中融入隐藏的信息，然后创造出了他们最伟大的作品。

艺术——至少是伟大的艺术，天然就有不同级别或者说是不同层次的含义。事实上，杰作之所以为杰作，是因为我们本能地，甚至是潜意识里就知道作品的内涵远不止表面看起来的那样简单。

我们爱蒙娜丽莎不是因为她的美丽（事实上，以今天的审美来评价，许多人会认为她相貌平平），而是因为她的神秘。这就是在过去的5 个世纪中她让人们着迷的关键所在。我们知道在表面之下、在微笑之下隐藏着某种东西，但是我们不太明白那是什么。

在文艺复兴与巴洛克（Baroque）[1]时代，人们理所当然地认为，艺术家总是在作品中融入多层含义。这种"理所当然"到了什么程度，我们21世纪的人很难体会得到。我们现在成天接触数不清的感官刺激，而那个时代则没有。我们应当认识到，在当时，艺术有怎样的功能。那时没有有线频道、卫星电视，没有录像机、DVD，也没有电影和网络，艺术家的创作就是一项长存的事物，一次又一次为人们带来欢愉和灵感，年复一年，永不过时。如果一位拥有列奥纳多·达·芬奇（Leonardo da Vinci）或米开朗基罗般才华的艺术家接受高额报酬为私人创作，那么这样的作品将会使购买者在余生中一直感到快乐、受到鼓舞，往往还会成为传家宝。如果艺术家受政府委托创作，那么作品则应当成为当时社会思潮与价值的不朽化身。正如上一章所说，像教皇西克斯图斯四世这样的人，之所以出高额酬金赞助艺术家原创西斯廷教堂的装饰画，一个主要动机是：当时出资支持艺术创作事实上也是一种权力与财富的体现。

当然，整个文艺复兴和巴洛克时期，为艺术创作出资最多的是天主教堂。但对于神职人员来说，艺术还有另一个功能——教堂艺术并不只为赞美这神圣之地，或激励信众，还有一个目的是教化几乎不识一字的普通民众。所以，"启蒙愚民"需要将福音书中的重要故事绘成吸引目光的无字图像，需要告诉他们圣徒的生活是怎样的。这也是为了把基督教世界的行为方式与历史教导给下一代。这就解释了为何众多中世纪和文艺复兴时期的教堂中都有色彩丰富、复杂多样的壁画群，有时甚至可

---

1. 巴洛克起源于17世纪早期的罗马，迅速传至法国、意大利北部、西班牙、葡萄牙、奥地利及德国，是一种高度华丽、奢侈的建筑、美术或音乐风格，介于文艺复兴风格与新古典风格之间，采用对比、动感、浓密细节，塑造宏大、惊异场面达到令人拍案叫绝的效果。天主教堂大力提倡这种风格，反对新教主张的简约风格。1730年代后，衍变为更加艳丽的洛可可风格，出现于法国和中欧地区直至18世纪。——译者注

以把一整本《圣经》的故事传达出来。（讽刺的是，很多人认为这种传统是当今连环漫画和漫画小说的源头。）

　　和当今世界上很多身处偏远地区的人一样，对于当时的人们来说，去参加弥撒，除了履行自己作为信徒的义务之外，还是进行社交和娱乐活动的唯一途径。甚至在思想自由的佛罗伦萨，也是青年米开朗基罗成长的地方，人们都会成群结队地在教堂聚集，聆听颇有才能又受人欢迎的演说者的布道，并欣赏最新的艺术作品。当时的宗教仪式相当漫长。一场弥撒，尤其是由教皇主持的弥撒，往往可以持续几个小时。如何稳定住合适的气氛，不让信众昏昏欲睡呢？答案就是艺术。但不只是那种只需轻瞥一眼的漂亮图画。这种艺术需要在宗教氛围中作为一个需要不断探索、令人着迷的元素。这就是米开朗基罗时代艺术如此复杂的另一个原因——这种艺术必须经得起长久的、数百次的观赏。观赏者不得不相信，他们总是有可能在艺术中发现新的含义和见解。

　　所以，一代又一代，艺术——无论是私人求作还是公开作品——变得越来越复杂，含义越来越丰富。莎士比亚的作品中充斥着直白的故事情节、性、暴力和粗俗笑话，这些是为"土地上的乡巴佬"（即没接受过教育的农民，总是站在或坐在土地上）而写的，但同时，莎士比亚也为上层富人和接受良好教育的赞助人创作了精美绝伦、意蕴深刻的诗篇。和莎士比亚一样，米开朗基罗时代的艺术家创作的绝美作品能与学识智力不同的各个层次的人对话。普通民众一边看精美的画作和雕像，一边听牧师解读其含义。但是对于那些学识足够丰富的人来说，钻研每件作品都可以获得更多的宝藏。

　　文艺复兴时期的艺术作品的每一个组成部分都有内在的意义：主题与主要人物的选择、作品中不同人物的面孔、使用的颜色、呈现的花或树的种类、描绘的动物种类、图画中人物的位置、人物的姿态、人物的手势，甚至是场景位置和地形本身——都有隐藏的含义。像达·芬奇和米开朗基罗这样的创作天才无穷无尽，所以每一幅新出现的作品都是极其令人振奋也令人筋疲力尽的旅程，一个深入画作本身，从而深入他们自身灵魂的旅程。

但是，如果艺术家知道自己的思想是不被正统接受甚至是被禁止的，由于恐惧，艺术家认为必须要把自己真正想传达的信息隐藏起来，那么最大的挑战就产生了。在那个不甚包容还有宗教迫害的时代，艺术往往并不能大胆地公开表达艺术家迫切想要表达的内容。代码、暗指、符号，以及只有少数同行理解的秘密引用方式，这些都是破坏当时传统教条的艺术家的唯一救命绳——如果艺术家知道他的想法对于赞助人和权威来说是诅咒，情况则尤其如此。

如此我们将会看到，正是这一点使米开朗基罗和他在西斯廷教堂的作品显得尤为迷人。作品兼具完美美感和思想教化功能的伟大艺术家中，米开朗基罗可算是典范了。他极其想要创作能够长久流传的艺术品，长久流传不仅仅是因为作品本身的华美，也是因为那些教堂内外的人们发出的大胆言论——在当时则被视为危险言论。尽管米开朗基罗知道当时的大部分人不会透过表层看深意，但他相信，他的"编码"暗指一定会以某种方式被勤勉的学者所破解。米开朗基罗确信历史会不厌其烦解读他的真意——因为他的很多同侪都这么做，在作品中隐藏危险的想法，这种做法自古以来就已有之。

从《圣经》到文艺复兴

艺术作品中藏有信息，第一个有记录的例子要追溯到近 4000 年前，是《圣经·创世纪》中记载的故事。最后一位主教雅各的继承人、他的爱子约瑟夫（Joseph）被满怀嫉妒的兄弟们卖到埃及为奴。之后兄弟们密谋，把约瑟夫那件色彩斑斓的华丽斗篷撕碎、蘸入血中，并告诉父亲雅各，约瑟夫已被野兽吞食。而约瑟夫因为有上帝赐予的才华和智谋，长大后成为法老的维齐尔[1]，也就是当时世界上"一人之下，万人之上"的人。故事的最后，约瑟夫与兄弟重聚，并将法老装饰华丽的皇家四轮马车和货车送到迦南，把珍贵的礼物送给挚爱的父亲，并将父亲和其他家人声势浩大地送到埃及。自从约瑟夫"死"后这么多年，雅各一直沉浸在悲伤中，不仅未对约瑟夫的生还抱有任何希望，而且还曾反抗强大的埃及精锐大军。这时，原文如此写道："（约瑟夫的兄弟们）告诉他（雅各）说：'约瑟夫还在，并且当上了埃及的宰相。'雅各心里冰凉，因为他不信他们。他们便将约瑟夫对他们说的一切话都告诉了他。他们的父亲雅各又看见约瑟夫打发来接他的车辆，心就苏醒了。雅各说：'罢了！罢了！我的儿子约瑟夫还在，趁我未死，我要去见他一面。'"（《创世纪》）

古时的犹太注释者指出，雅各一直保持怀疑，只有在看到货车的时候才最终相信儿子约瑟夫还活着并在统治埃及。为什么呢？因为雅各明白了约瑟夫用货车上的艺术装饰发出的暗号。那时法老的马车当然用其他教的埃及艺术装饰。多彩的雕刻和绘画，描绘的是那些狂热崇拜死亡的教徒所供奉的众神，而这群教徒掌管着埃及。《米德拉什》是犹太教中与《圣经》相关的口头知识，其中提到，约瑟夫在皇家马车上涂抹从而破坏了这些其他教的图画。这向他的父亲传达了两条隐秘的信息：一、只有拥有最高权力的人才敢破坏国王马车上的图案；二、这个人一定是他的家人，只相信他们唯一的神，正是这个人隐秘地破坏了这些概括古埃及艺术的异端符号。

从《圣经》中约瑟夫的马车到20世纪的喜剧演员杰克·本尼，有

---

1. 维齐尔（vizier），源于阿拉伯语中的 wazir，转入土耳其语拼写为 vezir。伊斯兰教国家高官，相当于中国历史上的宰相。在其指导下国家官员征税、协调水利工程以提高农作物产量，征用农夫开展建筑工程，建立司法系统维护和平与秩序。——译者注

数不清的靠文化引用编码的例子，这些代码只为创作者即"局内人"所了解，所传递的重要信息的接收对象只是固定被选中的少数人。

严肃学者越来越意识到，文艺复兴和巴洛克时期（尤其是 15 世纪晚期至 17 世纪中期）最为著名的作品都充满了隐藏的含义和密码。其中一部分轻易就可以解开。例如，并不用费太多功夫，我们就可以发现伟大艺术家引用的希腊罗马神话和中世纪传奇，就可以观察出艺术家使用了掌管意大利和梵蒂冈的权贵家族的纹章颜色和饰章，甚至可以在艺术家的壁画中辨别出当时著名人物的面孔。

而更加难以捉摸的，居然是委托艺术家创作的赞助人要求添加的秘密符号。文艺复兴和巴洛克艺术充满了这种隐藏信息：作品中经常描绘的是赞助人和家人，或者恰巧在耶稣诞生日和受难日拜访的亲近的人。有些作品中，家族饰章作为装饰出现在沿袭古罗马风格的建筑细节上，甚至有的与赞助人的名字双关。例如，米开朗基罗出生的1475 年，波提切利画了洛伦佐·德·美第奇，在画作《三博士的朝圣》（*Adoration of the Magi*）中，洛伦佐·德·美第奇参加了朝圣并且是见证人。很久之后，米开朗基罗仿照波提切利，用由橡树叶和橡子做成的花环来装饰西斯廷教堂的天花板，以提醒世人，是教皇西克斯图斯四世赞助修建了这座教堂，而备受争议的教皇尤利乌斯二世是他的赞助人。两位教皇是舅甥关系，都来自德拉·罗韦雷家族，这个家族名字的意思就是"橡树的"。

加密的反抗与羞辱

然而更迷人的是艺术家自己在作品中嵌入的秘密符号。这种符号并非来自赞助人的授意，赞助人也不知情。在文艺复兴和巴洛克时期，相较于赞助人授意的符号，这种符号很少出现，因为这显然是危险的行为，出钱的人有权有势，可能会因此生气。尽管很危险，这种密码也并不鲜见。

问题来了，为什么杰出艺术家会冒这种惹怒赞助人的风险呢？答案有很多。

首先，很多才华四溢的天才在赞助人面前不得不唯唯诺诺，他们的心里有怒气，至少是愤愤不平。在那个时代，人们都认为艺术家仅仅是被雇来帮忙而已。国际知名艺术史学家费德里科·西利（Federico Zeri）是意大利文化遗产全国委员会副主席，也是著名的巴黎美术学院的学者，他在自己的书中谈到提香（Tition）的画作《神圣和世俗的爱》（*Sacred and Profane Love*），他说："人们须记得，在 16 世纪，意大利文艺复兴中期，人们认为，画家——甚至是伟大的画家，都不过是随时待命的画匠而已：收入不少，但是却被剥夺了拒绝做这种活儿的自由，这种活儿在今天看来是有损人格的。"[1] 第一个打破这一切，并成为自己的主人的艺术家正是米开朗基罗，他真正地拒绝赞助，甚至还拒绝教皇本人的赞助。而且，和其他不被善待的艺术家一样，米开朗基罗在需要释放被压抑的挫折感时，总是会在作品中加入性暗示或对赞助人无礼的侮辱——赞助人显然不知情。我们之后要更加完整地讨论西斯廷教堂的秘密，后面将会涉及这些内容。

这一时期的艺术家受限于很多禁令。其中最重要的一条是不能在自己的作品上签名。但是，出资求作的赞助人却可以要求将自己的名字、形象或家族标志放在作品显眼的位置上。因此，很多艺术家总是能用一些方法把自己的形象嵌在作品的某一处。有时候这种嵌入很明显，比如波提切利和拉斐尔的作品，因为他们获得了赞助人的允许。但有时候就不那么明显了。米开朗基罗偶尔把自己的形象嵌入作品中，有时十分大胆，但更多时候只是作为一种抗议的秘密标志。随着我们继续解读西斯廷教堂天花板的秘密和他后来的其他作品，这种情况会不断出现。

壁画《雅典学派》，拉斐尔·桑齐奥创作，梵蒂冈博物馆（见插图 3）藏

　　尽管拉斐尔在他很多著名的作品中，都获允把自己的形象清晰地嵌在其中，但他也依然不被允许签上自己的名字。因此，当他完成自己最著名的大幅壁画杰作《雅典学院》（这幅作品藏有太多秘密，有很多书整本对此作了解析），他最后加了一个小细节。在壁画右前方下侧，伟大的智者欧几里得（Euclid）正弯腰看一块石板，向他的学生解释他提出的几何原理。仔细查看，在他绣金边的衣领后，有四个大写字母：RUSM，是 "Raphael Urbinas Sua Manu" 的首写字母。"Raphael Urbinas Sua Manu" 是拉丁文 "厄尔比诺的拉斐尔亲手之作" 之意。（顺便说一句，打扮成欧几里得的正是拉斐尔在梵蒂冈的 "教父"，建筑师布拉曼特（Bramante）[1]，他十分善于谋划。这一点之后也会展开……）

---

1. 卜拉曼特的全名是 Donato Bramante（1444—1514），意大利建筑师，他将文艺复兴建筑设计风格介绍到米兰、罗马，其圣伯多禄大教堂设计规划构成米开朗基罗的设计理念基础。——译者注

隐藏被禁的知识

文艺复兴时艺术家面临的另一个强大束缚是禁止解剖尸体。科学家希望解剖被处死刑的罪犯的尸体，这样能丰富对解剖学的认识，也可以拾回失传的先辈关于医学的知识。艺术家希望竭尽所能了解人体的内部结构，这样才能赶上古希腊、古罗马艺术家在表现人体上的水平。然而，教廷禁止所有解剖，因为教廷认为人体是神圣的秘密。另外，教廷也猜疑，对于人体和神话人物的完美表现，可能会导致某种精神上的不断犯罪，还可能会返回到对其他教的崇拜。这也就是为什么中世纪的人体画和古典艺术及文艺复兴艺术相比，看起来特别平坦而不自然。在中世纪和文艺复兴时期的意大利，唯一允许偶尔进行科学解剖的是博洛尼亚大学。但是，有些雄心勃勃的艺术家去不了博洛尼亚大学，或者这种偶尔进行的解剖满足不了他们，沮丧之下，他们经常寻求非法途径。他们雇佣专业的盗尸者。盗尸者是很常见的罪犯，他们会将刚处决的新鲜囚犯尸体从坟墓中偷出，并在夜色的掩盖下偷偷送到艺术家的秘密实验室。艺术家在实验室里，点着蜡烛，解剖探索尸体，尽可能地描绘细节，并在黎明之前销毁证据。

1513 年，新教皇利奥十世（Leo X）将文艺复兴中的杰出天才列奥纳多·达·芬奇带到了梵蒂冈，委托给他一系列任务，让他为教皇和他家庭的荣誉创作。待在教皇宫殿 3 年，列奥纳多走遍了罗马，但在艺术创作上却几乎毫无建树。愤怒的教皇决定出其不意地对性情多变的达·芬奇摊牌，迫使他完成一些作品。一天夜里，几个威风凛凛的瑞士卫兵包围了达·芬奇的私人宫殿，教皇突然冲了进去，试图将他从熟睡中摇醒。但是，他却惊讶地发现达·芬奇醒着，同时还有两个盗墓贼，他们正在教皇自己的宫殿里解剖一具刚偷的尸体。教皇不顾身份大喊了出来，命令士兵立刻将达·芬奇的行李和他们一行三人一起扔了出去，丢到梵蒂冈城墙之外，永不得返回。不久之后，达·芬奇因为健康原因离开了意大利，前往法国，并在法国度过了余生。正因为如此，达·芬奇最久负盛名的油画作品（包括《蒙娜丽莎》）都在巴黎卢浮宫博物馆。

即使是在米开朗基罗之前的几十年，最受佛罗伦萨美第奇家族喜爱的艺术家桑德罗·波提切利尚且不被允许公开探索人体。他在自己最为著名也最为神秘的一幅讽喻画作《春》（Primavera）中隐藏了许多秘密。仅以拉斐尔的《雅典学院》为例，许多人就此画作写了很多书，每个人对于这一杰作都有不同的解读。《春》画面背景是一片神秘森林里的空地，场景从右到左，首先是传说中的西风之神（即春神），他把森林女神克洛里斯（Cloris）变成了象征春天和生机的春之女神。然后中间位置，在树冠上方两个奇怪缺口前的是爱之女神维纳斯（Venus）。在她上方，是蒙着眼睛的丘比特（Cupid），他正要将自己的箭射向美惠三女神中间那位，也就是卡里忒斯（Chastity）。最后一位与众神分开，站在最左边的是智神墨丘利（Mercury），他正在鼓动风云。前人从未讨论过该作品中间树冠之上那些奇怪的缺口，但是波提切利此幅画作中最大的秘密恰恰隐藏在这些缺口上，这对理解整幅作品至关重要。仔细研究这两个缺口的形状、角度和位置，会发现一个十分清晰的解剖学影像，在秘密的文艺复兴实验室里做非法解剖时也能看到的影像，那就是人的肺部。

这幅画作是一个结婚礼物，旨在庆祝生命循环，犹太教和卡巴拉教认为，这幅作品最初是由"ruach HaShem"即神圣之风或者神圣气息所创造的（神圣气息也同样创造了第一个人类亚当）。将这幅画的边框去掉，卷起来放到一个圆筒里，让首尾相合，就会发现墨丘利／赫尔墨斯（Hermes）在左边鼓动的风云会变成在右边的西风之神，意指神圣之风、生命气息没有开始，亦没有终点。在正中间围住维纳斯和她血红色

壁画《春》，桑德罗·波提切利创作，1481 年，佛罗伦萨乌菲齐美术馆藏

垂饰的"人体的两肺"，旨在重申爱和生命是相互联结的。这幅杰出的作品是新柏拉图主义神秘意象的早期代表作，这种思潮在当时由美第奇家族（这幅画作的赞助方）统治的充满自由思想的佛罗伦萨逐渐成型。

解读奥秘

文艺复兴作品神秘意象的另一类别即是通过使用一些仅有少数人知道的"神秘知识"，包括影像、符号和编码等，传递一些不想让大众知道的神秘信息；这一类别对于破解米开朗基罗隐藏在西斯廷教堂的信息极为重要。其中一些信息已被后人揭露，例如莫扎特（Mozart）曾在自己的歌剧《魔笛》中使用了共济会意象；17 世纪巴洛克风格建筑师博罗米尼（Borromini）在自己位于罗马的圣伊沃大教堂中采用了共济会和卡巴拉意象。除此之外，还有其他没有被破解的，例如莎士比亚十四行诗《黑女士》（*dark Lady*）和爱德华·埃尔加（Edward Elgar）的交响乐《谜语变奏曲》（*Erigma Variations*）。

最近破解知名艺术品隐藏信息的案例是我们西方人所说的东方挂毯图案。这些复杂精细而又美丽异常的挂毯在整个古丝绸之路沿线都可以看到，从土耳其到印度直至中国。2005 年，相关纺织研究所在罗马和纽约的"石榴花园"展览及其目录中公布了其相关发现，这一发现认为1492 年，受神圣宗教法庭迫害而出逃的犹太人，当时正在寻找一种可以延续卡巴拉教神秘知识和传承其神秘冥想的方式。这些犹太人在东方找到避难所之后，他们发现了挂毯编织的艺术。自那之后不久，由犹太人设计委托他人制造抑或是犹太工匠自己制造的挂毯与之前相比焕然一新。这种新样式将石榴、雅各的天梯、伊甸园和生命之树编入挂毯上，以此来传递被禁止的卡巴拉教智慧。同时可以将这种新挂毯用于卡巴拉冥想。这些挂毯尽管不被大众理解，却很受人重视，经常在一些意想不到的地方出现。因此，印度北部的莫卧儿统治者将这些卡巴拉挂毯挂在宫殿里；中国信奉儒家的皇帝同样也在故宫中心使用那些带有神秘意象的挂毯来装饰皇家亭阁。

聋哑人使用的口语也是少数人进行秘密沟通所利用的神秘知识之一。如今为大多数人所不知的是，文艺复兴时期意大利的艺术家与听力受损的朋友、同事一起工作时可以无障碍交流。即使是在今天，特别是在意大利北部，依旧有通过手势、面部表情和肢体等非言语方式进行沟通、表达的传统。达·芬奇在当时曾鼓励其他艺术家向有听力障碍的人学习如何更好地表达。

我们知道文艺复兴时期在意大利有两位著名的有听力障碍的艺术家，一位是平图里乔。自 15 世纪起他的壁画就总是出现在罗马最有名望的地方，包括西斯廷教堂。另外一位是克里斯托福罗（Cristoforo），他和自己有听力障碍的同父异母的兄弟安布罗吉奥（Ambrogio）一起工作，研究手语。他们两兄弟也是达·芬奇在 1483 年搬去米兰时最早欢迎他的人。他们对达·芬奇影响很大，同年，达·芬奇在米兰完成了自己第一幅作品，他想用手语来感激这两兄弟（达芬奇开始逐渐钦佩他们的语言）。

有些艺术史学家甚至认为安布罗吉奥事实上曾和达·芬奇合作过一幅作品，也就是《岩间圣母》（*The Madonna of the Rocks*），这幅作品现在收藏在法国卢浮宫。这幅画的场景是圣母玛利亚置身于一个阴暗的洞穴，脚边是两个婴儿，他们通常被人们认为是婴孩圣约翰和婴孩耶稣。她正抱着右边的婴儿，左手正在祝福左边的孩子。在她左手边是一个神秘的天使，正在保护着那个孩子，同时手指着圣母另外一边的婴儿。在圣母和天使手掌下的婴儿正举起自己的手，两指合着向另一个婴儿祝福。显而易见，达·芬奇对于发现手语这件事很激动，在这幅作品中加入了许多手语手势。许多观察这幅画的人，甚至一些艺术专家都不知道达·芬奇给这幅作品署名时用的是手语。

画作右侧三只手呈竖直排列，依次是圣母、天使和婴孩耶稣。圣母的手是老式手语字母表中的 L。天使的手是 D。婴孩耶稣的手是 V。LDV 也就是达·芬奇全名的首字母缩写。对圣母的手代表字母 L 有任何疑问的人只要看一看华盛顿特区林肯纪念堂的巨大雕塑就可以消除疑虑。这座雕塑是由丹尼尔·法兰奇（Daniel French）创作的，托马斯·加劳德特（Thomas Gallaudet）的雕塑也是由他创作而成的。

托马斯·加劳德特在华盛顿以自己的名字创办了一所聋哑人学校，用这个手势教一个小姑娘手语字母表。法兰奇创作的林肯雕塑中，人物的手（左手和右手）分别代表林肯手语名字的首字母，也就是 A 和 L，这和达·芬奇几个世纪之前所用的方法一样。

壁画《岩间圣母》，列奥纳多·达·芬奇创作，1483年。巴黎卢浮宫藏

雕像《林肯》，丹尼尔·法兰奇创作，1920年。华盛顿特区林肯纪念堂藏

特效魔力

　　另一种解读文艺复兴作品的方法涉及环境特效。这些信息以天才般的方式插入作品之中，只有站在艺术家想让观看者看到的特定地方才能够明白画者的真实意图，这经常是由从窗口射入的阳光照射到画作上所决定的。阳光照亮画作，也是在解读画作。达·芬奇在自己的壁画《最后的晚餐》中就使用了这样的手法。17世纪时，卡拉瓦乔（Caravaggio）[1]

---

1. 卡拉瓦乔（1571—1610）是意大利画家，1590年代之后活跃于罗马，那不勒斯、马耳他、西西里等，其画作巧妙融合现实观察与光影运用，注意刻画人的身体与情感状态，对巴洛克绘画的形成具有影响。——译者注

以这种特效闻名世界。之后我们会看到米开朗基罗雕塑《摩西》的所有构思、设计和修改都是基于在已确定的背景中与光源进行互动。

另一种相似的手法称为"歪像"。这是一项十分神奇的技术，当观看者从不同角度观看时，图像会发生改变。只有拥有顶尖技艺同时精通光学的艺术家才能创造出这样的作品。当然达·芬奇就是这样一位人物。达·芬奇的早期作品《天使报喜》（*The Annunciation*）现在收藏在佛罗伦萨的乌菲兹美术馆。之前人们一直认为这部作品存在严重缺陷，因为圣母的右手长得不成比例，她的腿似乎和凳子混在一起，坐姿看起来十分奇怪，图中天使和圣母距离很远，看上去就像是两幅不同的画作。事实上，正常观看或者在印刷书籍中观看，整幅画作似乎有点不协调。只有少数人意识到达·芬奇多运用了"歪像"技术，这足以证明这是一幅特殊的大师之作。在乌菲齐美术馆新的观赏指南中，弗朗西斯卡·马里尼（Francesca Marini）指出：只有考虑到这幅画在最初创作时，必须要在右下方观看，那些不协调才会消失，才能看到整幅作品中视角信息和观看位置之间关系的协调，当然这在当时研究甚少[2]。

只有与这幅画作展开互动，才能看到达·芬奇想表达的意思。站在画作的右边，尽可能靠近墙，用眼角余光去看，整幅画作就会变得栩栩如生。圣母的手变成正常长度，天使也跟圣母靠得更近，圣母的双腿是并拢的，她的肚子也显得更小、更平坦。换句话说，这个角度看到的是真正的圣母。从右向左走，会发现她的双腿逐渐分开，肚子渐渐鼓了起来。走到最左边时，看到的景象是天使已经远离圣母，看上去怀孕的女人的裙子像是马槽里粗糙的婴儿床。之后我们会看到米开朗基罗如何在西斯廷的神秘信息中使用"歪像"技术。

我们要谈的最后一种特效是错视画，也就是"欺骗眼睛"。简单地说，这是一项高难度技巧，它可以使二维图像，例如画作或壁画看起来像是三维的。错视画可能是一种欺骗性的观景视角，使观看者的视觉略

壁画《圣母报喜》，达·芬奇创作，1472 年。佛罗伦萨乌菲齐美术馆（见插图 4）藏

过画作表面，进入更广阔的空间之中，直至无限。15 世纪西斯廷教堂的装饰画都采用了这种光学错觉。事实上，当许多参观的人知道这些并不是建筑手段时，都感到十分吃惊。

错视画也可以造成突出的错觉，使图像看起来似乎从墙或者洞穴中突了出来一样。这就更难实现了，因此只有少数实例。成功运用这种手法的作品有米开朗基罗的《约拿》（Jonah），它被置于西斯廷教堂一处神圣的位置。这种技巧不能被复制，复制之后观察不到原有的效果，只有在教堂内才能看到这幅画的奥秘。

当我们谈论西斯廷犹太人的秘密时，会再谈论这幅画的内容以及米开朗基罗创作这幅画的原因。

这些特效的使用需要额外的时间和精力，所以艺术家通常会用它们来创作，而不单单只是炫技。仔细研究总会发现隐藏在这些画作中的出人意料的信息，当然这是对那些知情人而言。有时候这些隐秘的信息隐藏在艺术家的签名、爱人图像、性暗示或笑话、对赞助者或当权者的冒犯中，有时候会是一个意义深远的声明，这通常是禁止的，所以也伴随着极度的危险。

我们探索艺术的密码世界的主要原因是想证明米开朗基罗是追随着波提切利、达·芬奇和许多其他同时代艺术家的步伐，用神秘的符号完成了自己的作品。米开朗基罗有很多理由去隐藏他那些危险的想法和极具煽动性的大胆信息，这些原因我们都清楚。然而，使得这一切更加吸引人且与我们的主题密切相关的，是他隐藏信息最多的地方，也是进行这类颠覆性行为所最意想不到、最危险的地方，那就是梵蒂冈教皇的私人礼拜堂——西斯廷教堂。

这里（西斯廷教堂）成为米开朗基罗证明自己天赋的最佳场所。对于普通大众来说，他的壁画展现的是无与伦比的美（今天亦是如此）。但是，只有那些有足够观察力的人能够看到他多层次作品中隐藏的信息，他们有望获得超乎想象的回报。

第三章

叛逆者诞生

我在上帝的圣光下爱与生活。
——米开朗基罗

　　是什么使得出生在15世纪意大利的一个孩子，成为那个时代最具革命性的艺术家和最具艺术性的革命家？究竟是家庭使然，名字使然，还是占星术早已谱好的命运？

　　那些强调遗传的人必须承认，有时候，果子是会掉落在离树很远的地方的。在博纳罗蒂家族中，从来就没有过任何有艺术细胞的人。他们的老祖宗中，有一位是佛罗伦萨的市议员，另一位是多米尼加僧侣，还有一位是放债人。他们的曾祖父西蒙尼·迪·博纳罗蒂（Simone di Buonarrota）是一位羊毛商兼银行家。这位西蒙尼可能是整个博纳罗蒂家族中最具名望的人，他非常富有，社会地位也很高，因借与佛罗伦萨政府资金，从而为家族赚足了荣耀。但是他的儿子莱昂纳多，却成为家族的祸根，他经商无道，还生下很多女儿，给女儿们的嫁妆钱或多或少导致了家族的破产。这样一来，他们在佛罗伦萨名望尽失，而莱昂纳多为了还债，不得不去到远离时尚的佛罗伦萨的小乡村，做一名身份低下的地方法官。他的儿子，洛多维科（Ludovico），不仅继承了他的霉运，还继承了他那不会经商的头脑，他的身份更低，在更远的卡普雷塞做一名地方法官。卡普雷塞坐落于阿雷佐旁多岩托斯卡纳山脉的高处，意为"满是山羊"，因为这个地方的山羊可能比居民还要多。这也标志着一度富裕的博纳罗蒂家族的陡然衰落。

而就是在这儿，在这崎岖的山石之间，斯多葛派石匠辛苦劳作的地方，洛多维科的夫人，弗朗切斯卡·迪·内里（Francesca di Neri），在一个冬日的黎明前，诞下了他们的大儿子。洛多维科，这位曾经严谨的公务员，认认真真地写下了如下的文字："今天，1474 年 3 月 6 日，我的儿子诞生了，我为他取名为米开朗基罗。据佛罗伦萨历法，也就是从上帝化身成基督来到人间那天算起，今天是 1474 年 3 月 6 日，而要是根据罗马历法，从耶稣诞生那天算起的话，今天就是 1475 年。"尽管刚刚成为父母感到欢喜是再正常不过的事情，洛多维科显然还是很在意他"高贵"的佛罗伦萨之根。

当时，对于历法，佛罗伦萨人和罗马人总是持两种非常不同的观点，但是在中世纪文艺复兴时，这种分别尤为明显。当时，佛罗伦萨人行使上帝化身基督的历法，该历法基于教会的传统，相传圣母玛利亚受圣神感召而怀孕，因而在子宫中孕育了耶稣。罗马历法则是和今日一样，是基于耶稣的诞辰制定的。在米开朗基罗那个时代，这种对两种思考方式的隐喻是合适的，一种称文艺复兴时期的佛罗伦萨是一个包容的、充满人文主义哲学的地方（比如说它是"神圣与子宫肉欲的结合体"），而罗马则是排外的、至上的教条主义中心（说它是"分娩，是婴儿与子宫的分离"）。刚刚出生，米开朗基罗就已经处于这两座城市、两种思想之间了。

洛多维科在他的日记中甚至都没有提到他的妻子，米开朗基罗的母亲。过去，大部分母亲生产的过程都是非常困难的，显然，米开朗基罗的诞生也不例外。他的名字也暗示了这一点。在天主教的传统中，大天使米迦尔（Michael）被视为治愈天使，他的手中拿着掌握生死的钥匙。

给他取名米开朗基罗（在佛罗伦萨方言中则是"Michelangelo"）就意味着他母亲的健康，甚至是她的生命出现了问题。而洛多维科可能不知道的是，犹太传统中"Mikha-el ha- Malakh"，也就是大天使米迦尔，则是在致命死敌面前保护犹太人的捍卫者。毫无疑问，米开朗基罗后来在佛罗伦萨了解到这些，我们也看到，这对他后来的人生产生了极为深刻且彻底的影响。

洛多维科很快就把孩子交给了奶妈，当地一个石匠家的年轻村妇。就算过了几十年，米开朗基罗还是会和他的朋友，既是作者又是艺术家的乔尔乔·瓦萨里（Giorgio Vasari）打趣说："乔，但凡我有那么一点天赋，也是从你的家乡阿雷佐清新的空气中得来的，要么就是我在奶妈的奶水中用凿子和锤子刻出来的。"[1]

米开朗基罗的成长受到自己家庭的影响微乎其微。他的爸爸冷漠无情。他的妈妈身体虚弱，而且在他6岁时就去世了。对幸福家庭生活的渴望缠绕了他的一生，他从未从情感上走近他的父亲、继母和兄弟姐妹。他们之间唯一的联结就是他所听说的自己家族祖上荣耀这个故事。这也就导致了他和父亲直接的矛盾——争夺家族的主导权，这也是一直以来他们父子之间摩擦不断的源头。

据瓦萨里所说，甚至连当时的星象都表明米开朗基罗命运注定不凡。他笔下描写米开朗基罗的传记开头和福音书中对耶稣诞辰的描述几乎如出一辙。据瓦萨里的描写，上帝看向人间所有的艺术家、作家和建筑师，认为他们的所作所为都是错误的，他便仁慈地决定要为人间降下一个集真理、天赋和智慧于一身的灵魂，来告诉他们正确的做法到底是什么。无疑，在16世纪，人们所谈所写都离不开"神圣的米开朗基罗"这一字眼。他还说，米开朗基罗的诞生星是木星（双鱼座），上升星则是水星和金星。犹太人口口相传的传统中也包括对星座和星象的传说。据哈加达，也就是关于圣贤的传说，在一周中第二天（也就是米开朗基罗诞生的周一）降生的人脾气不好，因为是在上帝创造的第二天，河水分流，也就象征着争吵和仇恨。他还说，在木星（又名泽德克，在希伯来语中也叫作"正义"）守护下诞生的人，将会成为一名正义的追寻者。金星带来了财富与肉欲，而水星带来的则是智慧与洞察力。这对米开朗基罗的一生命运的预测和职业的预测非常准确：他脾气火爆，经常为弱者鸣不平；他雕刻出的性感的裸体雕塑（通常是男子）则为他带来了名与利。除此之外，他还能感受那些极难理解的精神方面的真理。

还有两个重要的线索帮助我们了解米开朗基罗的内心。他有着非凡的过目不忘的记忆力（现在我们称这种能力为照片式记忆），还有坚如磐石般的坚韧性。他的性格则让他成为一位忠诚的朋友、一名热忱的艺术家和一个长期煎熬的多情之子。《塔木德经》和《卡巴拉》都有写到，几乎所有事都有积极和消极的一面。古代圣贤经常说，"一方面……另一方面……"这样的话。而对于米开朗基罗来说，一方面，他在人事、观点方面的坚定足以使他成为一位空前的艺术家和终其一生探寻真理的智者；而另一方面，这样的坚定也使他变成了孤独、忧郁、执迷不悟的神经病。

在他仅仅 13 岁的时候，米开朗基罗就和他父亲在想法上产生了争执。洛多维科希望他学习语法和算数，这样他就可以去佛罗伦萨羊毛丝绸工会工作了——这不是什么有野心的工作，但却能让家庭受到尊重。但是米开朗基罗的兴趣已经锁定到了石匠的手艺上，他整天在教室里面画素描，不做任何语法和数学题。洛多维科经常对他又打又罚，但却毫无作用。小米开朗基罗一心只想成为一名艺术家。他讨人厌的爸爸最终放弃了，并把他带到了佛罗伦萨。米开朗基罗成为多梅尼科·基尔兰达伊奥（Domenico Ghirlandaio）在博特加（或者叫艺术家工作室）的一名学徒，当时多梅尼科·基尔兰达伊奥已经是教皇西克斯图斯四世的新西斯廷教堂壁画创作小组的成员之一了。洛多维科唯一的慰藉就是他的儿子能够在3年的学徒期得到24枚金币（弗罗林），其实他在送儿子去博特加的第一天就得到了一笔小小的收入。这好比是一种带薪劳役，至少他那拒绝学习"有用专业"的儿子可以给家里赚来一点收入。

犹太男孩在13岁的时候需要开始承担作为一个成年人的宗教责任，年轻的天主教徒米开朗基罗·博纳罗蒂的童年就此结束了。在接下来的几年中，他一直在磨颜料、混石膏、修刷子、拉梯子，做老师叫他做的一切事情。他的家庭因为几个小钱就把他赶出了家门，然而万幸的是他此时来到了佛罗伦萨。在15世纪的欧洲，他来到了世界文化、艺术和思想的真正中心，他进入了文艺复兴的心脏。一方面，他的旅程才刚刚开始；而另一方面，他真正地回到了属于自己的家。

第四章

极特殊的教育

我还在学习。
——米开朗基罗

2000 年前，古罗马人偶然发现了发源于罗马北部两条河流之间的一块低洼的地区。流淌的河流给周围的地区带来了丰茂的植被，人们将它命名为"弗洛朗蒂亚"，意思是"繁荣"。在米开朗基罗来到这里之前的很长一段时间，这个名字就演变成了"翡冷翠"，也就是我们今天在英文中所说的"佛罗伦萨"。

英文用一个特殊的词语描绘这两条流淌的河流：汇合。《韦氏大辞典》中，汇合有两个主要的释义：

①一同流淌、相遇、汇集于同一交点（例：天气和风景的美好交汇）。
②a.两条，或是多条河流。b.两条河流相遇的地方。c.汇合点处汇集的河流。

这两种解释都恰当地描述了中世纪佛罗伦萨的特别之处。确实，准确地讲，这两条河流——穆尼奥内河和更著名的阿诺河——其实并没有在佛罗伦萨相遇。然而，在同一座城市，一度汇集了众多伟大的思想和天才，它们的汇合激发了西方文明的重生，也就是文艺复兴。

佛罗伦萨的历史中心区太小了，从新圣母玛利亚教堂到圣十字区，你只需 20 分钟就可以漫步全城。然而，就在这么个小地方，偶然汇集了那么多伟大的人物，他们带来艺术、科学、哲学的繁荣至今还在影响我们的世界。

无法预测的很多事件的汇集，在历史上留下了一个非凡的瞬间。这真是个令人着迷的故事。但要说也够奇怪，其中的重要一环也源自罗马。

教皇的放逐与回归罗马

据可靠的报道，1304 年，教皇本尼迪克特十一世（Pope Benedict XI）因吃下一盘下了毒的无花果而死。下毒者是一个男扮女装、面容俊朗的小男孩。如果这个故事是真的，那么那些无花果很可能是法国国王查尔斯二世（Charles II）送来的。一段时间里，法王都尝试拿下天主教堂，从而理所当然地统治所有的基督教徒。我们能够非常确切地了解的是，下一任教皇，克莱门特五世（Clement V）立即就把教皇的教廷搬到了法国。他在阿维尼翁（Avignon）修建了新的宫殿，也就在之后的 73 年内，阿维尼翁成为教会的权力中心。这一时期也被意大利人称为罗马教廷的"巴比伦流放"。

诗人但丁·阿利吉耶里（Dante Alighieri）对于意大利的背叛感到十分愤怒。在他的史诗《地狱》（*Inferno*）中，他把克莱门特和其他法国教皇都写入了地狱。在诗中，他将克莱门特描述为"un pastor sanza legge"，也就是一个私生子牧师，他的拥护者们也时刻准备好"puttaneggiar coi regi"——为国王出卖自己。事实上，但丁将克莱门特教皇比作詹森，一个私生子、一名统治者。

　　阿维尼翁的教皇统治时期是教堂历史上发展最为低迷的时期。当时的教堂被各种惊人的丑闻、暴力事件、阴谋诡计和暗杀行动破坏得遍体鳞伤。最终，在1377年，教皇格雷戈里十一世（Gregory XI）把天主教会带回了罗马。然而，法国皇家却极力要求将教堂送回阿维尼翁，直到15世纪中期，他们都一直在实行他们的政治诡计，开展投毒暗杀并选举法国教皇（也被罗马人称为伪教皇）。除此之外，瘟疫、丑闻以及奥斯曼土耳其帝国的膨胀，也严重威胁到了罗马教廷的未来。

　　后来教皇尤利乌斯二世的叔叔，也就是教皇西克斯图斯四世德拉·罗韦雷重拾希望，开始重新修建罗马。尽管西克斯图斯四世的目的是给自己和家族荣光，并且洗净家族中那些不干净的资产。自千年前罗马帝国衰落之后，他也是第一个开始正式重建罗马的人。继西克斯图斯之后，毫无疑问，世人就将罗马看作天主教世界的中心了。

　　正是在这一疯狂修建的时期，许多古罗马非基督徒的珍宝偶然间被再次发掘。就在一个新的挖掘地，人们发现了两座无价之宝：《贝尔韦代雷裸体雕塑》（*Belvedere Torso*）和《贝尔韦代雷·阿波罗雕像》（*Belvedere Apollo*），这两座雕像注定给年轻的米开朗基罗带来了无比巨大的影响。随着这些遗失的雕像重见光明，罗马的重建也为西方世界带回了古典艺术。很快，在富人和官员之间，掀起了一股古希腊罗马的热潮。接下来，去寻找能够尽可能还原原作之美的有才之士就非常合理了。但这并不表示人们能够接受基督教的思想。

拜占庭的衰落

　　中世纪罗马帝国最后的残垣是君士坦丁大帝建立的君士坦丁堡（也就是今天土耳其的伊斯坦布尔）。公元313年，君士坦丁大帝称基督教是国家支持的宗教，当时他重新统一了帝国，并且成为毫无争议的国王。除了教会的传说，根据大量基督教历史中的记载，君士坦丁大帝自己从来就没有成为完完全全的基督教徒，直到公元337年他去世接受洗礼时，还保留有其他信仰。讽刺的是，他的君权统治在某种程度上反映了他精神分裂般的宗教信仰。他将其永久地分为了：基督徒的西方，精神上由罗马和教皇统治；其他宗教徒的东方，在政治和军事上有自己的新基督教中心城市君士坦丁堡（以他自己命名）。不到一个世纪之后，野蛮的游牧民族在公元410年急剧蔓延到了罗马。罗马一直就没有从这一创伤中恢复过来，人们一直担惊受怕，这一混乱一直延续到公元476年的9月才完全结束，当时，游牧民族的领袖强迫年轻的皇帝退位。在罗马的建立者之后上位的这位年轻的国王名叫罗姆鲁斯（Romulus），他是罗马的最后一位国王，其命运充满曲折却又极为讽刺。也正是因此，罗马的历史在13个世纪的轮回后又重新回到了原点。

所幸，尽管在东方也发生了很多内战和政治阴谋，但君士坦丁堡还是留存了下来，保住了西方文明的火焰，使其能够得以延续。东方的帝国则接受了"拜占庭"这个名字。该名字是为了铭记这段痛苦的历史。而时至今日，每每想要描述充满政治阴谋的巨大沦陷时，我们都会用到"拜占庭式的"这一形容词（自然，这个词语也时常用来描述米开朗基罗时期的梵蒂冈教廷）。奇怪的是，正是教会亲自给予了君士坦丁堡基督教最强烈的打击。13世纪初，第四次十字军东征中的西方骑士在教皇英诺森三世（Pope Innocent III）的独断统治下，洗劫并粉碎了整个君士坦丁堡，这也是梵蒂冈教皇绝对统治世界的计划之一。罗马分裂后，拜占庭帝国的君士坦丁堡再也无力抵挡1453年奥斯曼土耳其的侵略。历史又一次在主人公的名字上玩起了文字游戏。征服拜占庭的首领叫穆罕默德二世（Mohammed II），而最后一位基督教皇帝是另外一位君士坦丁。

土耳其人对城市的洗劫持续了多天。对基督教徒的侮辱和残害让西方人感到深深的恐惧。在 20 世纪和 21 世纪东欧的某些地方，这仍是挥之不去的记忆，甚至是一种嘲讽。几乎每一个知识分子、科学家和艺术家，能逃往西方的都逃走了，而且带走了无价的文献和至关重要的古老文件，后来这些都被认为是古典思想的最佳藏品。

其中有两本书，多亏了有人冒险，更多的是因为贿赂，把它们从奥斯曼土耳其帝国里带出来，后来对文艺复兴及其艺术产生了巨大的影响，也包括我们今天看到的西斯廷教堂。在这些被抢救下来的书中，有一本叫作《赫尔墨提斯文集》（*Corpus Hermeticus*），它记录了古埃及神秘的赫尔墨斯神智学；另一本则是古希腊伟大的哲学家柏拉图的著作。花了大价钱买下这两本书，将它们走私到意大利的人，正是当时欧洲最富有的人——柯西莫·德·美第奇（Cosimo de' Medici）。美第奇家族的崛起和成就是下面要阐述的佛罗伦萨米开朗基罗时期的内容。

走近美第奇家族

一方面，美第奇家族和米开朗基罗，也就是博纳罗蒂家族有很多相似点。他们都是佛罗伦萨的老牌大家族，虽然家族史上没有高贵的血统，但双方都倾向于相信他们是高贵家族，也非常渴望能被上流社会接受。另一方面就很不同了。博纳罗蒂家族在商业和金融方面不是很得心应手，而美第奇家族很快就从羊毛经销商做到了借贷人，又做到那个时期最顶尖的银行家。确实，据很多人回忆，美第奇是当时整个欧洲最富有的家族。家族财富的建立者是老柯西莫，他让家族"非正式地"统治了佛罗伦萨，同时收集和赞助了很多伟大的艺术作品。

米开朗基罗的家族从来就没有学会如何掌舵高层社会，而且除了米开朗基罗本人，家族里的其他人都将艺术看作是轻浮的、浪费时间和金钱的玩意儿。而老柯西莫本人则发掘了著名的艺术家多纳泰罗

《三圣贤之旅》细节图，贝诺佐·戈佐利（Benozzo Gozzoli）画，1459 年（收藏于佛罗伦萨美第奇·里卡迪宫）。柯西莫穿着贵族的紫色衣服，像耶稣一样谦恭地骑着驴，但身旁全是异国情调的男仆和随从。他朝着遗迹方向前进，身后跟着洛伦佐、朱利亚诺和他们的老师，还有几个有地位的犹太人（见插图 6）

（Donatello）和波提切利，也赞助了杰出但怪异的建筑家布鲁内莱斯基（Brunelleschi）和圣母百花大教堂（600 年后仍被视作一项工程奇迹），还买了前文所述的两本古籍，把它们带到了佛罗伦萨。

柯西莫招揽了年轻的学者马尔西利奥·费奇诺（Marsilio Ficino），委托他把买来的两本书翻译成拉丁语。费奇诺不仅帮柯西莫做了这件事，他还成为拥有独立思想的哲学家，在佛罗伦萨建立了自己的柏拉图学院，也就是"雅典学院"，而所有一切都是美第奇家族赞助的。

柯西莫还有一项伟大的功绩，如今不为人知，但在他的时代却受到极大的争议。它对佛罗伦萨产生了巨大的影响，为这座城市的思想氛围和内容注入了活力，最终也为米开朗基罗创造了教育条件。这件事就是柯西莫把犹太人带进了佛罗伦萨。

文化的交融

在柯西莫·德·美第奇家族之前，佛罗伦萨共和国都禁止犹太人在此工作、生活，只有一些内科医生和翻译人员除外。富有的基督教借贷家族，如斯特罗兹（Strozzi）和帕兹（Pazzi），把犹太贷款人都赶出了城市。这不仅仅是因为宗教信仰的偏见，还因为害怕竞争。由于教会不赞同高利贷，专注于贷款的托斯卡纳基督教银行家族只能借钱给外国贵族或是用于国际商业来往。这给犹太人敞开了大门，他们就可以借钱给普通人和穷人。佛罗伦萨上层社会的人没有兴趣和"小人物"做生意，但他们也不希望其他人能和这群人做生意。

1437 年，柯西莫接管了城市，没有动用武力，而是动用资金和人格魅力。表面上，他说佛罗伦萨仍然是由富裕的高贵家族和大协会（比如羊毛商人）管理的共和国，但实际上，柯西莫以温和的"贤君"之道统治着这座城市，就像柏拉图在他的乌托邦式著作——《理想国》（*The*

Republic）里刻画的一样。

把犹太人放进来后，柯西莫赢得了普通民众的心。他们现在可以跟"大亨"一样拿到贷款，犹太人给了他们梦寐以求的机会去还清债务、买房、创业、拓展业务，或是投资别人的业务。而对犹太人来说，从这时起，他们的命运和美第奇家族紧密相连。有两次，美第奇家族被敌人（梵蒂冈支持的一方）赶出城市之时，犹太人也离开了佛罗伦萨。而当美第奇家族重新接管城市后，犹太人又会和他们一起回来。

除了让普通人能够方便地借款外，犹太人还带来了一项更为长久的礼物，那就是他们的文化和深奥的智慧。正如柯西莫跟费奇诺以及他们的智囊圈子非常渴望研究柏拉图一样，他们也非常渴望接触远远早于柏拉图的深奥智慧。不仅如此，他们还希望从其现实文化生活的代表身上学习犹太人的精神和玄奥智慧。相比翻译年代久远的古籍，这种方法更令人激动和鼓舞。

很快，犹太人都在学习柏拉图，而且能把柏拉图的思想和犹太教的思想完美融合，就像三百年前迈蒙尼提斯（Maimonides）学习亚里士多德的思想一样。佛罗伦萨的基督教教徒开始学习希伯来语、《犹太法典》《塔木德经》《米德拉什》和他们最爱的神秘的《卡巴拉》（犹太教神秘体系）。正如罗伯托·G.萨尔瓦多（Roberto G. Salvadori）教授叙述犹太人在佛罗伦萨的历史时说的："最近的研究展现了一段时间以前隐藏的或不为人知的历史：犹太文化的活力和多样性，对 15 世纪和 16 世纪的意大利城市产生了很大的影响，而在佛罗伦萨则达到了鼎盛……佛罗伦萨的人类学家，尤其是聚集在柏拉图学院的这些人，被犹太主义和希伯来语深深吸引，他们由此认为这是非常重要的价值手段。"[1]犹太人在私人教学领域非常吃香：比如公开辩论、沙龙、聚会、演讲和智力交锋等活动。佛罗伦萨的道明会修道院和罗马的梵蒂冈教廷非常愤慨，现在又有了更加充足的理由要置整个美第奇家族于死地。

　　基督教的著名画师和建筑师也传播了犹太人的智慧，尽管事实上，遵循《犹太法典》教导的犹太人并没有创造过那种艺术。最近一部著名的艺术史丛书，在引言部分这样写道："15世纪和16世纪的标志性印象不仅仅受到古希腊－罗马神话的影响，还受到柏拉图哲学、起源于犹太人卡巴拉体系的神秘传统的影响。"[2]这种激烈的文化融汇与发酵变成了艺术、科学、精神哲学和无限创造力的交融，进而改变了世界。400年后，也就是1860年，著名历史学家雅各布·布克哈特（Jacob Burckhardt）将这个惊人的时代命名为"文艺复兴"。

"杰出的"洛伦佐

　　柯西莫·德·美第奇去世之后，他的儿子"痛风"皮埃罗（Piero）除了举办过几次丰盛的晚宴外毫无贡献。对整个家族的未来而言，幸运的是，皮埃罗5年后也去世了，当然死因是痛风。家族的银行体系和其他业务全都被他抛在身后，一团乱麻。家族还树了一堆致命的敌人，比如老牌的佛罗伦萨大亨斯特罗兹和帕兹家族，他们多年前曾试图暗杀柯西莫，但以失败告终。所有的问题和责任都落在了皮埃罗长子洛伦佐肩上。

　　洛伦佐当时只有20岁，更喜欢聚会或写诗，但他很快就明确了自己一家之主的身份，也承认了自己是"佛罗伦萨教父"一说。他确信自己的大门永远为普通人敞开，永远给朋友提供帮助。这是一项政治和安全投资，会在将来发挥作用。他继承了祖父的传统，置身于伟大的艺术和艺术家之中。洛伦佐很快和罗马的一个贵族克莱瑞斯·欧斯尼（Clarice Orsini）结了婚，因此提高了美第奇家族的社会地位，得到了上层的政治、商业甚至是军事支持。此次婚礼非常奢华，很符合罗马帝国的风格，因此也加强了公众对美第奇家族作为佛罗伦萨"皇室家族"

《洛伦佐和他的官廷艺术家》，作者奥塔维欧·瓦尼尼（Ottavio Vannini），1685 年绘于佛罗伦萨皮蒂官。即使身边围绕着当时最杰出、最智慧的老师、哲学家、画家、工程师和科学家，洛伦佐的视线只聚焦在年轻的米开朗基罗身上，他正给洛伦佐献上一尊农牧神的半身雕像

的认知。这对年轻夫妇引人注目、温文尔雅、时尚大方、魅力十足，受到其思想现代、生气勃勃、经验丰富的家庭成员的拥戴，聚拢了欧洲一群最好的"皇室"艺术家、思想家和作家。他们给佛罗伦萨塑造了一种黄金年代的感觉，与 500 年后美国肯尼迪家族带给华盛顿的"卡米洛城"[1] 之感相似。

---

1. 卡米洛城对应的英文是 Camelot，该城堡与传说的阿瑟王相联系，首度出现在 12 世纪的法国冒险故事中，逐渐被描写为阿瑟王国的奇幻之都、宗教中心，成为阿瑟世界的象征符号。——译者注

　　然而，佛罗伦萨有两大群体对美第奇家族的崛起感到不满。一个是老对手帕兹家族；另一个家族首领是狂热的多明我会修士，该家族位于圣马可修道院，距美第奇家族没几步远，这个自由开放又充满乐趣的家族坐落在城市中央。两大家族都对洛伦佐和他的家庭、朋友圈投下了一层阴影。

　　1471 年，洛伦佐代表美第奇家族和佛罗伦萨去给新加冕的教皇西克斯图斯四世道贺，而这位教皇就是西斯廷教堂的建造者。在教皇的宫殿，洛伦佐不仅被宗教仪式震撼到，同时还惊叹于教皇收集的一系列非基督徒罗马雕塑作品。教皇为了让这位年轻的"佛罗伦萨王"更加震撼，送给了他两座虽然破碎但是美丽无比的雕像。

　　洛伦佐回家后，采纳了费奇诺的建议，在圣马可花园里建造了一个艺术家工作坊（工作室），就在多明我修道院隔壁。在那儿，洛伦佐任命了一名年长的雕像画家贝尔托多·迪·乔万尼（Bertoldo di Giovanni）作为掌门人，他是柯西莫时代的大师多纳泰罗的关门弟子之一。这座花园里陈列着其收藏的许多古老艺术品，洛伦佐还把教皇给他的两座雕像也放在里面。几年之后，这些雕像会激发一位年轻学徒的灵感，他的名字叫米开朗基罗·博纳罗蒂。

　　雕塑工作坊又名"圣马可学苑"，不久就成为洛伦佐为人熟知的印象之一，佛罗伦萨人称他为"华丽者"。这个地方和教皇或政治权力毫无关系，只是托斯卡纳人"慷慨"的多样表达，意味着人得知道怎样花钱，怎样成为一个伟大的慈善家或艺术赞助人。不久后，工坊成为艺术家、哲学家、诗人和科学家聚集的重要场所，成为自由、智慧活动的温床。最伟大的思想家经常去花园里演讲，而且演讲内容和雕塑没有任何关系。如今，研究文艺复兴的历史学家们在圣马可学苑实质的问题上还有很多争论：它究竟只是一个教雕塑的工作坊呢，还是一个秘密的、颠覆性质的学校，用来研究那些被罗马贬低或打压的作品，比如柏拉图

（教廷崇尚亚里士多德的思想）和犹太教的智慧及其神秘主义？最近有一本书，罗斯·金（Ross King）提到了洛伦佐的花园工作坊，他认为洛伦佐在此训练他精挑细选的艺术家们，同时教他们"雕塑和文学"[3]。事实上他们学的文科类的东西就在宗教裁判所眼皮底下，所以学校的实质教学必须要保密。正如法国文化部长杰克·朗（Jack Lang）所写，美第奇家族对佛罗伦萨的影响堪称一场"文化革命"[4]。

就像卡米洛城的繁荣从未维持长久，洛伦佐的美好梦想——"亚诺河旁的新雅典"在 1476 年堕入了黑暗：西克斯图斯教皇试图毁掉美第奇家族，销毁了梵蒂冈与其交易铝的合同（这是一大笔收入，那时，铝在造纸业、皮革业和染布业中都是极为关键的原料）。教皇把这笔大合同给了美第奇家族的死对头——帕兹家族。1478 年，由西克斯图斯组织的暗杀活动（通常以为是帕兹阴谋，但实际上不是）导致洛伦佐珍爱的弟弟朱利亚诺在他的眼前被杀死。10 年后，洛伦佐的妻子克莱瑞斯也去世了，留下他一个人照顾年纪尚轻的孩子们。洛伦佐全心投身于修复家族的经济、国际关系网和精神面貌当中。他加大了对艺术的投资，既收集古老的珍品，也扶持新作品的诞生。

1489 年，他发现有名年轻的学徒在基尔兰达伊奥手下干活。这个来自山上的少年似乎比其他任何成年人都雕刻得更加出色。洛伦佐意识到这可能是个可塑之才，于是从基尔兰达伊奥手下带走了这名叛逆的学徒。有个故事讲的是米开朗基罗为洛伦佐雕刻的第一座雕像是一个年老的、露齿笑的农牧神（森林的神秘化身）。洛伦佐惊异于该作品的巧夺天工，他只不过是无意中提到农牧神年纪大了，牙齿应该有所缺损。洛伦佐刚离开，米开朗基罗立即凿掉了农牧神的一颗牙齿，并在它牙龈上钻出一个洞，使半身塑像看起来更加栩栩如生。洛伦佐看到这些改动后大笑起来，自豪地向家人和朋友展示这尊笑脸农牧神像。他非常喜欢这个男孩，虽然这个少年举止粗野，但他还是收养了他，安排他住进美第奇宫，而不用跟其他学生挤在一起，这一切都做得很低调。因此，在十三四岁的时候，米开朗基罗突然发现自己与欧洲最富有的后代一起成长、一起用餐，同意大利最好的私教一起学习。在他漫漫一生中，这是最快乐的时光，并将永久改变他对上帝、宗教和艺术的看法，最终也会对他在西斯廷教堂天花板上的杰作要传达的寓意产生深远的影响。

米开朗基罗所受的教育

意大利语中，"formazione"代表教育，即"塑造"年轻人的思想。用这个词来形容年轻的米开朗基罗在洛伦佐的关照下所受的训练再合适不过。他早年在佛罗伦萨的经历确实塑造了他的才华和思想，对他的余生和职业都产生了决定性影响。他当过艺术学徒，有幸接触过宫廷私教，遇见过当时最伟大的天才们，在美第奇宫度过的每一天都是美好的，他所受的教育是如此广博，不仅在当时是独一无二的，就是在现在也绝无仅有。这些都为他在西斯廷教堂的画作提供了文化来源和参考价值。那些壁画精美绝伦，我们花了 5 个世纪来弄明白他要表达的含义，其中一大原因可能就是他接受的教育太包罗万象了。

基尔兰达伊奥是米开朗基罗遇见的第一位大师。尽管米开朗基罗多年后称，这位杰出的画家什么都没有教他，但我们自然可以想见，至少他教会了这个男孩制作和混合颜料、颜色和构图以及透视法的基本知识。15 世纪，透视法在佛罗伦萨的艺术作品中得到了极大的发展。有趣的是，基尔兰达伊奥当时画的壁画中没有一幅是"米开朗基罗式的"。米开朗基罗后来转去了圣马可学苑，贝托尔多教了他一些雕塑艺术的基础知识，但这位天才很快就超越了大师。米开朗基罗确实从过去的大师中吸取了经验，他们的作品遍布佛罗伦萨，随处可学：弗拉·安吉利科（Fra Angelico）和马萨乔（Masaccio）的壁画、多纳泰罗的雕塑，布鲁内斯基和阿尔贝蒂（Alberti）的建筑。最重要的是，他爱上了其他宗教的希腊－罗马艺术和设计，爱它的简洁灵动，爱它对男性裸体肌肉线条的颂扬。徜徉于公园里与美第奇广场上的雕塑之间，寻遍镇上的杰作，米开朗基罗将他无穷无尽的好奇心与过目不忘的记忆力发挥到极致，直到他生命的尽头。

随着艺术能力的不断发展，米开朗基罗也受到了很好的人文教育，并且进步神速。在 15 世纪的佛罗伦萨共和国，全面发展的教育对每个年轻人来说都至关重要。米开朗基罗的上代人中，佛罗伦萨"文艺复兴人"的终极典范就是莱昂·巴蒂斯塔·阿尔贝蒂（Leon Battista

壁画《贤士的崇拜》，桑德罗·波提切利创作，1476—1977 年，佛罗伦萨乌菲齐美术馆藏

在左下角，我们看到骄傲的洛伦佐被波利齐亚诺拥抱，乔凡尼·皮科·德拉·米拉多拉和他们俩说话。在对面的角落里，凝视着我们的正是波提切利本人

Alberti，1404—1472），他是建筑师、画家、作家、运动员、音乐家和律师。阿尔贝蒂写道："当今社会的艺术家不仅仅是工匠，而且是在各学科和领域都有所准备的智者。"洛伦佐坚信这点，愿意不惜金钱让他年轻的雕塑神童享有最好的教育。洛伦佐的孩子在很小的时候就师从伟大的人文主义诗人、蒙特普恰诺的古典学者安吉洛·安布罗吉尼（Angelo Ambrogini），也就是波利齐亚诺（Poliziano）。波利齐亚诺年幼时成了孤儿，被带到佛罗伦萨，后被美第奇家族收养照料。他深深依恋着整个家族，一生中大部分时间都和族人待在一起。不过，正如波提切利《三圣贤之旅》佐证的那样，他最爱慕的还是洛伦佐。画中在洛伦佐的宫廷可以看见基督诞生场景，波利齐亚诺几乎就搭在洛伦佐身上，多数艺术书籍将此场景描述为"伟大友谊"的象征。

波利齐亚诺在当时是优雅的拉丁语诗人，同时也是古希腊语的权威专家。他声称自己在该语言上像亚里士多德和苏格拉底一样流利，而当代的报告似乎证明了这并非空话。这些天赋使这位年轻的学者成为向美第奇后代传授古典文化的最佳人选。在那个时期，拉丁语课程是任何一位绅士或淑女接受教育时都不可缺少的一部分。一些艺术历史学家认为波利齐亚诺也曾是米开朗基罗的主要导师；然而，青少年时期的米开朗基罗进入宫殿时，洛伦佐的孩子们也都是青少年，从1475年开始就一直和波利齐亚诺一起学习。当米开朗基罗于1489年到达时，他们已经准备好去找其他学科的教师。尽管波利齐亚诺会向他推荐一些阅读文献和艺术方面的资料，但米开朗基罗对希腊或拉丁语言学的研究兴趣不大，对哲学和精神学科的兴趣却非常浓厚。这就解释了为什么米开朗基罗的拉丁语从来没有达到标准，为什么他用托斯卡纳意大利语写诗。事实上，他只是在隐藏多年之后才对但丁进行了研究。

米开朗基罗的两位大师级老师

说起对米开朗基罗的教育，比波利齐亚诺更有影响力的是两位杰出的学者，他们被公认为佛罗伦萨最伟大的哲学大师：马尔西利奥·费奇诺（Marsilio Ficino）和神童乔凡尼·皮科·德拉·米拉多拉伯爵（Count Giovanni Pico della Mirandola）。这两位老师给米开朗基罗的许多日常作品带来的影响是显而易见的。

费奇诺的翻译作品、他关于柏拉图和新柏拉图主义的教义及他的柏拉图学院，在米开朗基罗师从他以前就享誉全欧洲了。米开朗基罗从费奇诺那里吸收了哲学学派的大胆思想。但是，正如我们将看到的，是年轻的皮科·德拉·米拉多拉在米开朗基罗的成长中扮演了最重要的角色。皮科魅力四射，他在古代神秘主义、希腊哲学、犹太教和基督教之间建立了一座智慧和神学的桥梁。他激发了全世界的自由思想家们，激怒了罗马教廷，并深深影响了热情敏感的米开朗基罗。事实上，20年后，米开朗基罗会神不知鬼不觉地将西斯廷教堂的天花板变成一个永久的证据，来证明皮科独特而又异端的教义。

第一位大师级导师是马尔西利奥·费奇诺，他是柯西莫·美第奇的医生的儿子。柯西莫得到柏拉图和赫尔墨斯的古代著作之后，他发现20岁的马尔西利奥在翻译方面大有可为。因为他已经有了这位学者的父亲作为他的私人医生，所以雇佣他儿子也不难办到。马尔西利奥的希腊语和拉丁语的研究得到了柯西莫的资助，柯西莫也在费奇诺的指导下出资为一个柏拉图学院奠基。柯西莫对他的非贵族出身很敏感，他希望自己被视为新梭伦（Solon），带领佛罗伦萨进入举世闻名的黄金时代。

费奇诺在美第奇宫、美第奇家族的乡下别墅和圣马可学苑建立了他的"雅典学院"。其作为研究柏拉图的首席专家的声望越来越高，加上美第奇的名望和资助，他很快就吸引了一批知识分子、艺术家、哲学家、教师和自由思想家。不久后，他与全欧洲的大思想家们进行了大量的思想交流。柯西莫很高兴，因为这在全世界给他带来了比任何商业贸易都要多的名声。

在西克斯图斯四世登上教皇宝座后，费奇诺成为了一名牧师。据说，他是因为大病痊愈才选择皈依的。更有可能的是，这是美第奇家族的建议，这样一来，教廷的任何行动都能与他有效关联。同时，基于柏拉图主义、新柏拉图主义和人文主义，马尔西利奥也在发展他自己的哲学体系。

很显然，我们无法通过寥寥数页详述此学派，但我们至少可以强调其中的一些要点，尤其是因为它们有助于理解米开朗基罗的西斯廷壁画。从本质上说，费奇诺的哲学提升了人文科学和自然科学的研究地位，也提升了个人的中心地位，通过美与爱，实现灵魂永生的救赎。他的哲学理论教导我们，在人类的变化和扭曲之外存在着绝对的理念，其中包括绝对的善、绝对的爱和绝对的美。

几乎可以肯定这是米开朗基罗在晚年的时候所想到的，他解释道："每块大理石上我都仿佛清晰地看到一座雕像站在我面前，姿态和动作恰到好处、完美无缺。我只需凿掉那些禁锢着可爱幽灵的粗糙墙壁，把我眼中的它展现给其他人。"[5]对米开朗基罗来说，这是一种柏拉图式的思维方式，艺术并不是创造出来的，而是预先存在的，是发现隐藏着的绝对美。"我在大理石上看到了天使。"他说，"我要一直刻下去，还他自由。"[6]

新柏拉图主义者也相信，人类的各种思想，如果追溯至一个源头——也就是列奥纳多·达·芬奇所说的"原动力"——将会指向精神启迪，最终归于上帝。这和费奇诺正在翻译的神秘文本，使他试图融合所有神秘的信仰：从希腊的诺斯替教[1]，到埃及的诠释学，到基督的宇宙哲学，再到犹太教的卡巴拉。

《生命之泉》（*Fons Vitae*）是影响到费奇诺的著作之一，也是欧洲首批新柏拉图式的文献之一，作者是一位西班牙11世纪的哲学家，名叫阿瓦斯布隆（Avicebron）。费奇诺不知道，这是从伟大的犹太诗人所罗门·伊本·加维罗（Solomon Ibn Gavirol）（卒于1058年）所写的希伯来语原文的阿拉伯译文翻译过来的著作。费奇诺一心想着将一神教与柏拉图式的思想统一起来，于是他尝试建立一种普遍的信仰，让所有的人类都可以实现个人救赎。当然，由于犹太人刚刚获准在佛罗伦萨定居，他很渴望把犹太思想融入他对宇宙的总体规划中去。费奇诺确实同犹太人研究了希伯来语，如伊莱贾·德尔·马西戈（Elijah del Medigo）和约哈南·阿莱马诺（Jochanan ben Yitzchak Alemanno），但是他的希腊语和拉丁语天赋这次似乎并没有帮到他。在他的著作中，他受限于一些（有时是错误的）希伯来圣经引文（并且受到一些伟大的评论家的影响），如拉希（Rashi）、迈蒙尼德（Maimonides）、吉尔松尼德（Gersonides）和萨蒂亚·哈加昂（Sa'adia Ha-Gaon）。

然而，费奇诺确实从犹太思想中领悟了人类爱的神圣性和它更接近神性的能力。《希伯来圣经》讲到亚当和夏娃的第一次性接触，说"亚当知道"他的伴侣。值得注意的是，希伯来语"l-da'at"，字面意思是知道（to know），意为"爱"或"做爱"。性，在最深层次上，超越了肉体，意味着心灵的结合。看似肉体的行为被赋予尊严和神圣。性爱的最高境界是真正的亲密——不仅仅是相互缠绕的身体，而是相互理解的

---

1. "诺斯替教"（Gnosticism）是一个现代术语，来源于希腊词gnostikos（即knower，指一个拥有诺斯或"秘密知识"的人），是对起源于一二世纪犹太－基督社会文化中各种宗教思想和体系的总称。这些系统认为物质世界是由至高无上的上帝释放能量所创造，上帝将神圣火花置于人的身体之内，只有神秘的知识可以解放神圣火花，往往与西方神秘主义相联系。——译者注

灵魂。在这一层面上的亲密关系是"了解"对方的本质——他或她的神圣形象——这是另一种与上帝更亲近的方式。从这个角度来看，性爱不仅仅是为了生育，正如当时教会所教导的那样，还是为了培养这种终极的认知感。正如卡巴拉所指出的，当一对夫妇在一次浪漫的性行为中达到精神统一，相互"认识"对方时，他们实际上也同天堂连在了一起。

费奇诺将这一概念传播到他的圈子里，称之为"柏拉图式的爱"，这种爱不仅是身体的，也是灵魂的。"柏拉图式的爱"在后来才表示一种避免性内容的深层关系。由于费奇诺的新柏拉图主义强调男性中心和欣赏男性的美，所以他的学院很自然地受到喜爱同性的男人的欢迎。异性恋者和同性恋者的分类只是人为建立的——事实上，在 19 世纪末的德国，这些词才被创造出来。

尽管如此，罗马还是被这一切吓坏了。梵蒂冈"基督教化"了亚里士多德的教义，而非柏拉图。它宣扬救赎只能通过一个教会来实现。这些关于个人，关于艺术和科学，关于普遍性，关于希腊和犹太爱情的佛罗伦萨思想是诅咒和亵渎……但它们都深深地在米开朗基罗的脑海中产生了共鸣。最后，他找到了一种哲学，可以证实他对美、对艺术、对性的神圣性，以及对人类完美体格的感觉，尤其是那些身体形态吸引他的男人。

然而，教会很快发现自己更关心米开朗基罗的另一位老师的观点。乔凡尼·皮科·德拉·米兰多拉伯爵和米开朗基罗一样都是神童。除了杰出才能、语言天赋和永不满足的好奇心之外，皮科是一个富有的王室家族的后裔；换句话说，他就是我们今天所说的信托基金宝贝。到十三四岁时，他已经开始在博洛尼亚学习教会法规，然后转到费拉拉、帕多瓦和帕维亚的其他学习中心进行学习。1484 年，年仅 21 岁的他最终来到佛罗伦萨，加入了由波利齐亚诺、费奇诺和洛伦佐·美第奇领导的圈子。

　　当时，费奇诺正通过试图贬损亚里士多德和阿威罗伊的哲学来推广他所钟爱的柏拉图的研究。而皮科在费奇诺的普遍化信仰的概念上，试图协调它们。皮科还想添加并强调自己最喜欢的思想——犹太智慧和神秘主义。借助家族的钱，皮科花了很短的时间，找来意大利最聪明的犹太人教他希伯来语和阿拉姆语，帮助他遨游在犹太智慧的海洋里，读《犹太法典》《塔木德经》《米德拉什》和《卡巴拉》。他的犹太老师和亲密朋友包括伟大的思想家和作家，如伊莱贾·德尔·马西戈、约查纳·阿尔曼诺，以及神秘的拉比·亚伯拉罕（Rabbi Abraham），等等。与波利齐亚诺或费奇诺不同的是，皮科将这些语言说得非常流利，对犹太教也深刻洞悉。他的著作和学说充满了犹太人的思想。举个例子，在他所著 Heptalus（创世纪的七种诠释）中，他以一种完全卡巴拉式的解释来叙述圣经故事中有关创造的经文。

　　年轻的米开朗基罗求知若渴，欲将一切美景尽收眼底。这个充满自由思想和高谈阔论的世界令他目不暇接、兴奋不已，他完全沉浸于其中。这种环境之所以让他倍加兴奋还有其他原因：他成长于一个冷漠的家庭，成长环境缺少温暖，家人对艺术和知识追求并无兴趣；但在这里，他却被欧洲最精致的宫廷所接纳。另外，他才刚刚意识到自己对其他男人在情感和身体上的吸引力。这是因为他的父亲态度冷漠，亦或因为他的母亲年纪轻轻就过世，还是因为他的天性，已无从知晓。可以肯定，在他所处的城市、他的社交圈，男人之间的爱慕非常普遍，并且被人广为接受，当然，教会除外。事实上，由于男性之间的性行为和爱慕如此普遍，以至于意大利其他地区的人将同性恋倾向称为"佛罗伦萨倾向"。我们也知道，很多与洛伦佐的柏拉图学院和圣马可学苑联系紧密的人都喜欢男人，波利齐亚诺、费奇诺和皮科无不如此。1491 年，波利齐亚诺和皮科在数周内因神秘疾病相继死去，死因不明。从他们的症状看，他们很有可能是那年侵袭佛罗伦萨的梅毒的首批受害者。可以确定的是，皮科·德拉·米兰多拉和他的长期伴侣——诗人吉罗拉莫·本尼维尼（Girolamo Benivieni）像夫妻一样埋葬于一个双人墓中。他们的坟墓位于圣马可大教堂之中，而旁边坟墓里的狂热多明我会修道士毫无疑问会因为震惊而感到头晕目眩。

这种知识分子汇集的盛况必定令少年米开朗基罗兴奋不已，究其另外缘由，则是这种汇聚的"原罪"造成的。当时的宗教法庭极力消灭犹太文化，比如《塔木德经》和卡巴拉派的书籍《光明篇》（The Zohar），而这些书的内容正是米开朗基罗的老师所传授给他的知识。此外，罗马教廷想极力隔离犹太人和基督徒，而佛罗伦萨希望将他们联合起来。1487年，离米开朗基罗到达洛伦佐宫大约仅仅一年，皮科·德拉·米兰多拉编纂了超过900首他创作的诗歌以证明埃及神秘主义、柏拉图哲学和犹太教都指向天主教会所崇拜的同一神祇。他主动提出自己掏钱，在梵蒂冈举行一个国际会议，讨论信仰之间的统一与和谐。梵蒂冈阅读了他的作品后，立刻宣布这些作品亵渎了上帝，并下令以宣扬异端的罪名将其逮捕。皮科被迫公开宣称放弃自己的观点，但是之后不久他又否认放弃，不得不逃到法国。梵蒂冈的长手伸到了那里，皮科由此被逮捕，多亏洛伦佐的钱袋子和在国际上的关系，皮科才得以被释放，并且回到了佛罗伦萨，心存感激的他在美第奇家族的庇护下度过了其短暂的余生。

艺术、爱情和禁果，一连串的冲击让年轻的米开朗基罗感到头晕目眩，在他的身上留下了不可磨灭的印迹，老师的影响在其余生中都一直存在。我们接下来将会看到这种影响是如何渗透到了他的作品的方方面面，并且在西斯廷大教堂的壁画中达到了顶峰。

第四章 极特殊的教育 | 067

米开朗基罗到底学到了什么？

一般情况下，佛罗伦萨年轻人启蒙阶段会学习意大利语、拉丁语还有维吉尔和但丁的诗歌，有时也会学希腊语。希腊、罗马神话也是教学内容，其中一部分内容基于奥维德（Ovid）的《变形记》（*Metamorphoses*），一部分依靠口口相传。基督教圣徒的故事和教会的教义同样依赖于口头传播。《旧约》中的犹太人故事也会有描述，但只是作为《新约》真实性的依据。上流阶层的年轻人尤其是贵族会接受剑术、骑术、音乐、演讲和舞蹈方面的指导。总之，他们要为战争、上流社会和担任未来的领导人做准备。

此外，当时也极为流行学习一本作者署名为福西里德的古希腊书籍，作为伦理指导。这部初级伦理读本是一部包含了 250 句诗歌和格言的史诗。大部分学者都认为这部诗集是希腊化时期一个犹太人所写。这个犹太人伪装成一位备受尊崇的希腊哲学家，用轻易就可识破的伪装技巧引用希伯来先知和《犹太法典》中的话，劝说非犹太人改变生活方式，遵守诺亚七律——上帝在西奈半岛将《犹太法典》交予犹太人之前与人类所立的约。为了避免暴露犹太人的身份，他没有明目张胆地谴责偶像崇拜本身，而仅仅批判了与偶像崇拜相关的社会行为和群体。到了皮科和米开朗基罗的年代，这部巧妙的伪作已经被长时间作为权威的古希腊作品，并被编入了另一部相似的伪作《西卜林神谕集》（*Sibyllines*）之中。《西卜林神谕集》被认为是古典时代神秘女先知十二本书的合集。结果，作为一个年轻敏感的学徒，米开朗基罗被教导，合乎伦理的行为来自犹太先知的教导和非基督徒女巫的合集，若干年后，这将在西斯廷大教堂的天花板壁画上有所体现。

米开朗基罗教育经历的独特之处在于费奇诺和皮科的教导。他们勇敢，富有创新精神，喜爱犹太文化，经常被打上"异端"的烙印。如果他们被允许选择设计艺术品，他们会解释这样设计的原因。米开朗基罗经常会选择犹太主题而不是标准的基督教主题或者那个时代的神学形象。这也解释了另外一件事，当受教皇委托创作艺术品以向耶稣和教会致敬时——包括西斯廷大教堂——米开朗基罗表面遵循了普遍主义的倾向，但聪明地在其中隐藏了反教皇的信息。

犹太教的影响：《米德拉什》《塔木德经》和《卡巴拉》

因为费奇诺和皮科深受犹太教思想的影响，尤其是皮科，并且他们向优秀学生灌输相关知识。我们需要阐明那些对米开朗基罗思想和他的后期作品影响最大的领域。

首先，不得不提的是《米德拉什》。《米德拉什》并非某一本书的名字，而是许多故事、传说以及公历纪元初期（即公元 1 年之后）许多学者的圣经评论合集。《米德拉什》是犹太教文化中口头传授知识的一部分，可以追溯到许多世纪前，有些甚至在摩西的时代就已经出现。不同于《塔木德经》，《米德拉什》对神学比对律法更关注，对概念比对戒令更关注。有一句话总结得很好，《塔木德经》同人类的心灵对话，而《米德拉什》直指灵魂。

我们之所以知道米开朗基罗和他的老师们一起研究《米德拉什》，是因为他对圣经的描绘中出现了许多《米德拉什》中的观点。其中一个很好的例子是西斯廷的天花板上名为《伊甸园》（The Garden of Eden）的壁画。在这幅画中，亚当与夏娃站立于知识之树前。整个中世纪，所有文化传统都认为那棵树上的果实是苹果，但有一种除外。事实上，苹果的拉丁语 "male" 反映了其不光彩的过去，这个单词意为邪恶（在现代意大利语中，单词中的两个元音调换了位置，我们现在叫它 "mela"）。公元 4 世纪，"malum" 出现于《创世纪》的拉丁文译本

"善恶知识树"一句中。对这一普遍看法只有一种例外：犹太教教义。根据神学原则，上帝将一个问题摆在我们面前之时，答案必然已隐藏在问题之中。当亚当和夏娃吃下禁果，犯下原罪后，他们因意识到自身的赤身裸体而感到羞愧。圣经告诉我们，他们初始反应是用无花果树的树叶遮住身体。在《米德拉什》中，知识树就是一棵无花果树。慈爱的上帝已经为他们的原罪的后果提供了补救的办法，而这一办法就藏在引发原罪的同一个物体中。只有研究过《米德拉什》的人才可能知道这件事。虽然如此，可以确定的是米开朗基罗所绘制的"原罪"中的知识树是无花果树。

接下来的几章，我们将会进一步游览西斯廷大教堂。如果我们想要抓住米开朗基罗壁画中的众多对《米德拉什》的影射，就必须对这些犹太教知识异常熟悉。不幸的是，当代学者几乎完全不了解或者忽略了这些影射的内涵。

从皮科的藏书情况看，他也非常推崇《塔木德经》。《塔木德经》是犹太教律法的纲要，创作时间从耶稣的时代开始，前后持续500年。这部作品与众不同的是其独特的思想体系，今天被称为"塔木德逻辑"。同教会的反思辨的、线性的、反分析的方法不同，它鼓励我们从多个层次去观察宇宙、去思考。它的主题是质疑，主张将理性和信仰联结起来，推崇逻辑的价值，允许冲突观点的存在，重视统一表面上冲突的观点的能力。这些对教会来说并不是什么崇高的观点，所以自然而然受到压制。虽然米开朗基罗并没有能够深度研究《塔木德经》，但是他从他的老师那里学到将《塔木德经》的价值观融入他的世界观之中，将其多层次含义融入他的作品之中。

对米开朗基罗影响最大的犹太教研究成果大概也是皮科最为人所铭记的原因。欧洲的非犹太人中，皮科的犹太教藏书最多，并且更另人惊讶的是，他还拥有世界上最多的卡巴拉派书籍。皮科对《卡巴拉》

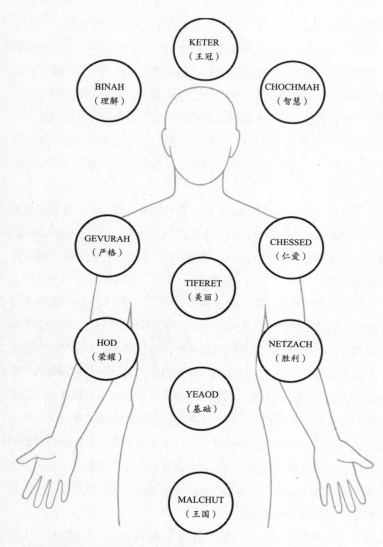

卡巴拉的"十信"（生命之树）及其与人体的联系

充满热情。事实上，他致力于了解犹太教文化，并且对犹太人和犹太教
有好感。

《卡巴拉》由犹太教的神秘主义传统组成，应源于天使斗胆向亚
当传授秘密的传说。"卡巴拉"是一个希伯来词汇，字面意思是"收
到"。因为教义非常复杂，并且所涉及的主题并非人人都能理解，所以
理想情况下，只有那些足够成熟的人才有机会学习其中的隐藏知识，一
般是一位老师教授一位精心挑选的门徒。但是《光明篇》和其他卡巴拉
派的作品则不同，该书第一次出现于 13 世纪的西班牙，由一名犹太作
家摩西·德·里昂（Moses de Leon）出版。他对外谎称他找到的这个手
稿的年代可以追溯至《塔木德经》时代。此外，还有其他一些卡巴拉流
派的作品可供研究，皮科则充分利用了这些书籍。

到底是什么让皮科如此着迷？《卡巴拉》到底依靠什么俘获了米开
朗基罗的心，以至于在西斯廷的所有天花板的每个部分都有《卡巴拉》
教义的踪迹。我们只能试着去猜测其中的答案。

毫无疑问，部分原因在于，《卡巴拉》的理论基础是事物表面之下
都隐藏着上帝"散发的能量"，事物远不止裸眼所看到的表象。对一个
艺术家来说，这是多么具有挑战性的观念，尤其米开朗基罗还坚信"每
块石头中都有一座塑像，雕塑家有义务去发现它"。这种"散发的能
量"被称作"ten S'firot"（十信），代表着"中间阶段系列"，才可
能创造有限世界，地位相当于艺术家赋予作品生命的必要步骤。除此之
外，"十信"代表着上帝的全部特性，同人的身体直接相对应。上帝在
人体之中，人体中有神圣火花，因而使得米开朗基罗作品中占主导地位
的裸体艺术品有了神圣感。

我们已经指出，《卡巴拉》允许学生积极思考性别，它提供了一种
看待两性区别的不同视角，男性女性都是上帝平等的一部分，因为上帝
自己是两性的完美混合——上帝是男人也是女人。

把看似冲突的两个方面进行统一是卡巴拉派的一种观念，这种观念在上帝的性别上乃至生活的方方面面都有所体现。我们今天所称的原子的正力和负力其实早已为卡巴拉主义者所知，虽然他们是用不同的语言描述。统一对立观念、平衡极端、抓住事物内部隐藏的本质不仅对古老宗教思想者有吸引力，对所有时代的艺术家乃至科学家都是如此。

另一个原因也不容忽视，《卡巴拉》一书对数字和希伯来字母尤为关注。希伯来字母有数字和精神双重数值。根据《卡巴拉》，上帝用希伯来的 22 个字母创造了宇宙。每个数字都对应着特定观点，比如数字 7 就包含了系列相互关联的概念，其他的数字也都蕴含着各自的信息。理解这一点，我们才能明白米开朗基罗在天花板上所选择的数字，和其他意味深长的客体，以及为什么他要在其中隐藏希伯来字母。

也许，最重要的原因在于，对卡巴拉教研究的沉迷，给了米开朗基罗一个理由来接受教皇美化西斯廷大教堂的委托，尽管他并不赞同教会的许多观点。米开朗基罗意识到，真相可以通过《卡巴拉》的隐秘方式传达，隐藏的信息比表面的图像更加重要。

虽然如此，年轻的艺术家在人生旅途上仍有待进步，直到在造物主的引导下，他的命运延伸到了西斯廷……

第五章

走出学苑，步入世界

手里不拿凿子，我就不舒服。
——米开朗基罗

　　除了正式学习，米开朗基罗还经受了其他磨炼：痛苦的经历以及在现实世界的遭遇，也就是人们通常说的吃一堑长一智的困苦经历。的确，他早年是吃了个惨痛教训，让他永生难忘。

　　米开朗基罗进入圣马可学苑师从贝多尔托时，他发现已经有一名学生被选中在那里学习雕塑。这个年轻人就是彼得罗·托里贾诺（Pietro Torrigiano）。彼得罗与米开朗基罗截然不同：他来自一个真正的贵族家庭，家境殷实、英俊潇洒。但米开朗基罗天资卓越。两人都有艺术家气质，性情火烈，换句话说，两人迟早会出现争吵与不和。

　　米开朗基罗来到学苑不久，这场不可避免的争斗就发生了。两人当时都在卡尔米内圣母大教堂画里面的艺术品，其间，米开朗基罗取笑彼得罗的绘画，这惹恼了彼得罗，于是彼得罗挥手重重给了米开朗基罗一拳，导致其鼻子骨头和软骨变形。往后的日子里，米开朗基罗虽然创作了许许多多美的作品，但他自己看起来就像一个退休的拳击手，鼻子塌塌的。洛伦佐·美第奇对于他最钟爱的年轻人的脸破相这件事大为恼火，遂立即将彼得罗逐出佛罗伦萨。

　　米开朗基罗原本就不是多么英俊，被打之后感觉自己相貌简直不堪入目。为弥补外表缺陷，米开朗基罗疯狂地投入工作中，对爱情通常躲躲闪闪，防止在恋爱中心碎悲伤。他变得愈发追求完美，愈发自高自大。心理学家有个术语形容这种行为，叫作追求自大，也就是用傲慢跋扈的行为来掩盖深深的自卑。可惜，只有少数几个挚友和同伴能够看透其表面的自大，并能主动亲近这个孤独、敏感、缺爱的追梦人。

米开朗基罗雕像，佛罗伦萨乌菲兹美术馆藏
注意塌平的鼻子和尴尬的表情

初显天赋

众所周知，米开朗基罗在费奇诺和皮科·德拉·米兰多拉的指导下，学识增进有目共睹。但奇怪的是，我们几乎不知道他从贝多尔托那里学到了什么艺术技巧。甚至著名的米开朗基罗传记作者霍华德·希巴德（Howard Hibbard）也承认："我们至今仍不清楚他是如何学会雕刻的。"[1]

米开朗基罗最早的作品有两个，一幅画着圣母哺育着一个健硕的婴儿基督，另一幅是《半人马之战》，均在他 15 ～ 17 岁时所作。这两幅作品清楚表明早在雕塑生涯伊始，这个年轻的雕刻家就身陷两股力量之间：一是市场对基督教艺术的需求；一是其个人对古典风格和男性躯体的热爱。

这个圣母浮雕叫作《阶梯圣母》（Madona of the Stairs），大体上是受多纳泰罗早期作品的启发，这一点非常明显，米开朗基罗在佛罗伦萨时一直在学习那个作品。这是米开朗基罗的首个作品（从 1490 年算起），即便这个作品十分神秘，几个世纪以来对这个作品的解读也是多种多样的。玛利亚正坐在一个阶梯旁哺育婴儿耶稣，阶梯共五层，上面有三个小男孩，也许是天使，正在玩耍。玛利亚侧身处浮雕的前景位置，似乎正紧盯着一个倚在栏杆中间的天使。在最上面的几个阶梯上，另外两个像是孩子的轮廓依稀可见，他们不是在拥抱就是在摔跤。还有一个几乎藏在玛利亚身后，在拉扯着一块布。这个作品令人惊叹之处在于：当时 15 岁的米开朗基罗让坚硬的大理石看起来像是一幅现代照片，有着不同的景深范围——前景清晰可见但背景的人物轮廓则模糊不清。

为什么米开朗基罗恰恰雕刻出了五层台阶？对此，一些艺术史家认为这与玛利亚名字为 5 个字母有关，因为一些中世纪和文艺复兴时期

浮雕《阶梯圣母》，米开朗基罗作，14世纪90年代，佛罗伦萨米开朗基罗故居博物馆藏

的神学家把童贞玛利亚称为"阶梯"，代表着天堂和俗世的联系。不过这种解读好像有点儿牵强。考虑到米开朗基罗接受的独特教育，他当时想表达的很可能不是这个意思。受其老师的影响，米开朗基罗意识到"5"这个数字有远远更加重要的意义。马尔西利奥·费奇诺经常向学生阐释人类灵魂的 5 个等级，这是其新柏拉图主义哲学的核心所在。而这又是受"卡巴拉教派灵魂有 5 个等级"概念的启发，这 5 个等级分别是：nefesh，指客观存在的物质生命的基本力量；ruach，即情感灵魂；neshama，即人的灵魂；chayah，即精神世界或追求上帝的灵魂；yechidah，即超验统一的灵魂，这 5 种灵魂已与上帝和宇宙整体合而为一。对于米开朗基罗这样的新柏拉图主义和卡巴拉教派的信徒来说，这 5 个等级是灵魂追求神人合一过程中最基本的———种通往上帝的阶梯。说这是米开朗基罗想要传达的思想不是更合逻辑吗？《塔木德经》说大卫王的个性和精神是通过其母亲的乳汁融入其体内的。米开朗基罗自己也说他神秘的雕刻技巧来自乳母的乳汁。有没有可能米开朗基罗在这一雕塑中也暗示：圣母玛利亚在哺乳婴儿耶稣时就预见到她的孩子注定会超越人类灵魂的 5 个等级？在这个早期作品中，米开朗基罗是否已经实现了新柏拉图主义的融合——在一个基督教作品中运用了希腊 - 罗马设计与犹太神秘主义？我们唯一能确定的就是这个当时只有十几岁的天才艺术家已经开始尝试突破雕刻技艺，表达一些非常复杂深刻、模糊多层的主题。

　　大约一年后，米开朗基罗从一个古罗马非基督徒的石棺，而非文艺复兴时期的一个基督教雕塑，汲取了灵感。这次，他的主题明显与神话有关：半人马之战。传说中的半人马上半身是人，下半身是马。虽然用于雕刻的大理石又小又薄，米开朗基罗还是创作出了一个精细复杂的作品，作品中各个身体挣扎博弈着，似乎最后消逝在无限中。

　　在这一作品中，我们能找到更多的蛛丝马迹，暗示他最终在西斯

浮雕《半人马之战》，米开朗基罗创作，15 世纪 90 年代，佛罗伦萨米开朗基罗故居博物馆藏

廷教堂中要表现的东西。首先，是米开朗基罗对健美的男性躯体的热爱，这些无一例外全是裸体，呈现出各种姿势。事实上，米开朗基罗对男性裸体研究到了痴迷的程度，以致于他仅在这一浮雕的底部就刻了马的一个象征性的部位以传达半人马的概念，雕塑其余部分全是男性裸体。在这一肉体缠结的巨大作品中，仅有一个女性躯体，她就是希波达美亚（Hippodameia）——被喝醉的野蛮半人马劫持的其他教公主，也是这一神话故事里一切流血事件的起因。由于米开朗基罗没有女性人体

模特，加上他对女性身体也没多大兴趣，他就只雕刻了公主的背部。如果你不在这个雕塑中刻意找她，你会以为整个作品全由男性裸体组成。这个完美的艺术家永远不会掌握如何绘出女性身体，这一点让人感到奇怪，但事实如此，我们在之后的西斯廷壁画中就可看出。

《半人马之战》中非常重要的一点在于其隐含的主题，这一主题在米开朗基罗后来的作品中有更强烈的体现——尤其是在西斯廷壁画中。它抓住了犹太教中一个神秘概念的精髓：兽性的、无道德原则的灵魂与人类的精神灵魂间的对抗。在卡巴拉教中，这是两股势力——趋恶势力和向善势力——对决中对人性的终极考验。米开朗基罗经常在他的信件，特别是诗歌中提到他自己经受的这种灵魂间的对抗（不过没有使用正式的希伯来术语）。甚至到了 60 岁，米开朗基罗还在一首歌曲中提到了这一点；这首歌曲明显是为一个正疯狂单恋一位美丽女子的朋友而写。米开朗基罗对女性没有这般迷恋，所以他在代朋友写这首歌的歌词时用的更多的是精神语言。

他写道："我的一半属于天堂，心心念念想回到那里，同时我对一位貌美女子的渴望将我撕裂，成为势不两立的两半。这两半你争我夺，不肯罢休。如果我不这么矛盾，我本可以得到那个女神。"

这"两股势力"的对决后来还将出现在西斯廷天花板壁画《原罪》中。

源于费拉拉的灾难

1491 年，黑暗开始潜入米开朗基罗所在的佛罗伦萨。他的老师皮科·德拉·米兰多拉因写了被梵蒂冈视为异端邪说的文章而被流放，还有丧生的可能，幸得洛伦佐救了他。那时，米兰多拉有一个奇怪的、令人费解的想法：敦促洛伦佐将疯狂的多明我会传教士萨沃纳罗拉

（Savonarola）带回佛罗伦萨。

　　谁是萨沃纳罗拉？萨沃纳罗拉来自艾米利亚－罗马涅大区的费拉拉，出生于一个寻常家庭。年轻时，他展现了卓越的哲学天赋，并研究古希腊思想家，偏爱柏拉图著作。实际上，他已经完成了一篇柏拉图评注，但之后突然感觉到基督召唤他去人间做自己的特殊使者。于是他销毁了那篇柏拉图论文，专攻得到教会肯定的亚里士多德（Aristotle）思想。他成了一个多明我会僧侣，开始在意大利中部布道，但收效甚微。之后，萨沃纳罗拉来到佛罗伦萨，大力宣讲，批判反对那里的自由享乐之风。接着他开始在讲坛上批判美第奇家族，于是洛伦佐便将他逐出了佛罗伦萨。那么，为什么像米兰多拉这样一个伟大的人道主义思想家会建议洛伦佐将萨沃纳罗拉带回佛罗伦萨，并让他在圣·洛伦佐的家族教堂长期担任牧师呢？对于这一问题，历史学家至今仍然百思不得其解。总的来看，也许是为了嘲笑他——毕竟佛罗伦萨人曾取笑这个来自费拉拉僧侣的艾米利亚口音。萨沃纳罗拉相貌极丑，骨瘦如柴，鼻子巨大，顺着嘴唇不停地淌下口水。可能米兰多拉认为用这样一位相貌丑到让人倒胃口的牧师向信众布道会削弱教廷在佛罗伦萨的影响力。又或许在多年对抗、躲避梵蒂冈的势力后，米兰多拉已经精疲力竭，现在想与罗马教廷握手言和。不过我们确切知道的一件事是：在去世前一年，米兰多拉说服萨沃纳罗拉让他也加入多明我会。这是否说明他们之间存在更多阴谋，抑或是证明米兰多拉在虔诚地忏悔？这些问题可能永远得不到解答了。

　　无论原因为何，洛伦佐及其宫廷上下很快就停止了嘲笑。萨沃纳罗拉及其迸发的古怪思想正受到越来越多人的拥护，就像我们这个时代福音传教士的电视宣讲吸引了大批听众一样。对此，洛伦佐捧出了一个比较温和的主流牧师来对抗萨沃纳罗拉，但是民众已经受到其思想的毒害——他们坚定地站在这个丑陋的多明我会教徒一边，坚信他那套关于炼狱的末日论。过去那个惶惶不安、死气沉沉在穷乡僻壤担任牧师的萨沃纳罗拉已经摇身一变，成为一个激情雄辩的公共演说家。他说佛罗伦萨是巴比伦大妓女，这个城市的好色及其他欲望注定让这个城市永远待在地狱里。萨沃纳罗拉的这种疯狂假想会让其听众陷入狂热躁动。他最恨的是美第奇家族、他们的宫廷以及他们所代表的一切。

米开朗基罗参加过几次萨沃纳罗拉歇斯底里地反对其艺术乐园、美、思想自由以及男男爱情的布道会。他承认自己甚至到了晚年也从未忘记萨沃纳罗拉的声音。40多年后，米开朗基罗在西斯廷所作的《最后的审判》（*The Last Judgement*）中描绘了他。在那幅画中，这个狂热的牧师丑态毕露，在画作的最底端，像是从地上冒出来去拿天赐的奖赏，又像在沉入地狱。引人注目的是，在这巨幅壁画中，其他高尚的死者几乎都有天使或魂灵帮助，唯独萨沃纳罗拉孤独无助。

不到一年，这个愤怒牧师的末日预言似乎成真了。1492年4月，一场罕见的暴风雨，夹杂着电闪雷鸣，席卷了这个城市，摧毁了那个著名大教堂穹顶上方的灯笼塔楼。烧焦的碎片飘落，正对着美第奇宫。三天后，洛伦佐罹患怪病。但他没有让犹太医生来给他治疗，反而叫了一些迷信的江湖术士给他看病。这些江湖郎中给他服用珍珠粉和宝石粉制成的药。这仅仅加重了他的痛苦，最后洛伦佐无计可施，只得请那个上天派来惩罚他的人——萨沃纳罗拉——来给他做最后的救赎，并为其灵魂祈祷祝福。萨沃纳罗拉在床边具体说了哪些话没有书面记载，但据说永不妥协的萨沃纳罗拉诅咒了洛伦佐，然后大摇大摆地走了出去。不久，伟大的洛伦佐在痛苦中离开人世。

洛伦佐的死让佛罗伦萨人极度恐慌。人们纷纷跑去听萨沃纳罗拉的布道，祈求他的原谅。不久，他就成立了由狂热的年轻人和恶棍流氓组成的小分队，在街上看见珠光宝气、穿着华贵、化了妆或仅仅闲逛的人，上去就是乱打一通。

壁画《最后的审判》细节，西斯廷教堂藏，壁画内容：萨沃纳罗拉陷入泥沼

　　美第奇家族深陷困境。洛伦佐时年20岁的大儿子皮耶罗（Piero）接替了他的位子。虽然洛伦佐20岁时已经历练得坚毅刚强，成为家族之首，精力充沛，但他这个儿子却娇生惯养，柔弱怯懦，一心吃喝玩乐，罔顾这个阿诺河上的圣城正在崩溃的事实。皮耶罗甚至不知道如何发挥其资助的艺术家天赋。他当政时，没有敦促米开朗基罗为其家族——米开朗基罗的赞助者——完成一件经久不衰的艺术品。在这没有一幅作品问世的两年，我们知道的唯一一件事就是洛伦佐死后的那个冬天佛罗伦萨下了一场前所未有的暴雪，皮埃罗令米开朗基罗完成了一个巨型赫拉克勒斯雪雕。佛罗伦萨人一连数日，蜂拥前往，赶着在这座雪雕融化前一睹这一杰作的风采——这短暂的雪雕碰巧也有力地象征着美第奇家族沦落至行将消逝的处境。

拿起十字架——隐藏的希伯来信息

米开朗基罗喜欢创作，那双手闲不住。他与圣灵教堂的牧师是朋友。为什么会和一个牧师，而且还是一个相对较小的教堂的牧师做朋友呢？因为这个牧师能通过教堂旁边的医院得到穷人、囚犯以及无名氏死者的尸体。在古代，不仅医生，艺术家也会解剖已处决的囚犯的尸体，从而更深入地了解人体的具体构造。通过这种方式，古希腊、古罗马艺术大师得以在希腊－罗马雕塑中更完美地雕刻出人类身体。14—16世纪不断出土了此类古代杰作，带来了艺术的文艺复兴。波拉约诺（Pollaiuolo）、达·芬奇等大师无不渴望创作出媲美这些古代杰作的作品，但他们面临着一个巨大障碍。众所周知，梵蒂冈禁止任何人以任何原因解剖人体，但博洛尼亚大学除外。该大学的医学院得到特许，可以解剖已处决犯人的尸体，但仅能以教学为目的。

文艺复兴时期那些数一数二的名人才不管这一法律。他们雇佣盗墓者（在英国，他们又被叫作"抢尸者"）去偷取刚刚处决的犯人的尸体，于午夜送往秘密实验室。艺术家会在这些实验室里借着昏暗的烛光解剖尸体，尽可能准确快速地描绘下一切，然后在天亮前销毁一切证据。

这个居心叵测的圣灵教堂牧师或是出于友谊，或是出于爱，怂恿米开朗基罗去做这一违法之事。他有办法让米开朗基罗得到那些从医院运出等待埋葬的尸体。午夜剖尸这令人毛骨悚然之事让这个年轻的雕刻家恶心作呕，但他对艺术精益求精的激情战胜了这种痛苦。就这样，米开朗基罗几乎比同时代的任何一位艺术家，甚至医生都更了解人体的内部机密。米开朗基罗通过违法方式获得的对人类肌体的惊人了解对西斯廷壁画，包括那些隐藏起来的仅在我们这个时代才发现的杰作起到了举足轻重的作用。

为了感谢他的秘密捐助者，米开朗基罗当时雕刻了耶稣在木十字架上的受难像，并流传至今。之前大家一直都认为这一雕像已经丢失了，直到最近才在一个教堂的走廊上找到，不久之前才被明确证实为米开朗基罗所作。

有传言说这位充满激情的艺术家实际上将一具刚死不久的尸体钉上十字架，来精确地看尸体手上的肌肉和身体其他部位到底如何反应。我们现在知道的是，从解剖学的角度来说，这个创造于 15 世纪晚期的十字架上的耶稣精准度让人吃惊。

几乎所有的观众在看这件艺术品时都会忽视三个事实，或许是因为只有当你十分靠近才能看清楚。第一个事实是米开朗基罗对男性身体十分感兴趣。事实上，他在耶稣的胸脯上和腋窝下都画了细绒的汗毛，这让耶稣比起那些我们已经习以为常的耶稣像看起来更像人类。第二点是，虽然雕像将悬于教堂的高墙之上，米开朗基罗却雕刻细致，甚至把耶稣的后背也刻画得十分准确，充满血肉。第三个事实最为震惊。在《圣经》里罗马异教徒将罪名牌钉在耶稣额头上的十字架上，上面写着 "I.N.R.I." 四个字母，意思是拿撒勒人耶稣，犹太人的王。但是米开朗基罗并没有雕刻这几个字，相反，他分别用希伯来语、希腊语、拉丁语雕刻出这个意思。令人十分震惊的是，米开朗基罗按照希伯来词序从右往左雕刻，书写十分精致，并把希伯来文放在最上面，下面从左到右分别是希腊语和拉丁语，仿佛镜像效果，目的是使希腊语和拉丁语跟随在希伯来语之后。对此最精确的解释是：在同一年，一古文物被发现藏在罗马耶路撒冷的圣十字圣殿的墙里。该文物是古时耶稣受难中十字架上木制题词的一部分，这似乎是真品（然而在 2002 年用碳测定年代时发现木材源于 11 世纪，并非 1 世纪）。这个破碎残旧的木板上只包含 "Jesus the Nazarene"（拿撒勒人耶稣）这几个词，分别用希腊语、拉丁语、希伯来语这三种语言，顺序也是希腊语和拉丁语在希伯来语后面，在距该词组开头的不远处是 "King of the Jews"（犹太人的王）另

雕像《十字架上的基督受难》，米开朗基罗创作

外几个词，注解前文。米开朗基罗肯定看到了这些词，他当时想让这雕像尽可能真实可信。不仅如此，三种语言并用的题词让新柏拉图派哲学家特别感兴趣。事实上，费奇诺和米兰多拉认为犹太神秘主义、希腊哲学、罗马教堂不能一概而论，他们把这理念当作授课的中心理念。米开朗基罗一直尝试搭建犹太教、基督教和传统社会之间的桥梁，他在自己的新作品中做到了，他感到很开心。

米开朗基罗没能抵挡住诱惑，在十字架上受难基督像里隐藏了另外一些信息。尽管他的拉丁文和希腊文表达有些瑕疵，他的希伯来语却用得很好，只有一个地方有不足，但似乎也是刻意而为之的。《圣经》和其他很多耶稣十字架受难场景都有 "King of the Jews"（犹太人的王）这几个词，然而在罗马发现的古物上并没有这些词，而是分开的。希伯来语的写法是 "Melech ha-Yehudim"，但是米开朗基罗却刻成 "Melech me-Yehudim"。他只改变了一个词，但是意思已经被他调整为 "犹太人中诞生的王"，这和原文意思相差甚远。

洛伦佐死后，在佛罗伦萨的犹太人处境变得十分艰难。萨沃纳罗拉和他的支持者不认同佛罗伦萨基督教徒和犹太教徒的友好关系。那些反对犹太人进入佛罗伦萨的人现在重新掌权。米开朗基罗想要提醒知识分子，天主教膜拜的耶稣就是犹太人，他来自犹太人群，他来自犹太区域，这正是天主教当时迫害的人和禁止的思想。当年宗教法庭驱逐了所有来自西班牙的犹太人。犹太人穿越西班牙的旅程是死亡之旅，成千上万的犹太人在去驱逐船的路上死去，这让当时欧洲有良知的人十分恐慌。米开朗基罗就是他们其中一份子。他不是公共演说家，不是作家，不是老师，也不是政客，但是他是一个艺术家。他做出的反应是将抗议永久地融入作品。米开朗基罗当时才十七八岁，在那个年纪他就已经开始走颠覆性的道路，将信息隐藏于作品中。他后来进行西斯廷教堂创作时也延用了该法。

博洛尼亚

美第奇家族的财富当时由无能的皮耶罗掌管。镇上其他有权势的家族几十年来一直受美第奇家族控制，他们其中很多人都从没原谅美第奇家族将犹太人带到佛罗伦萨，并时刻酝酿着推翻美第奇家族。除此之外，宗教狂热发展迅速。米开朗基罗就是在这种情况下看到了墙上的话。波利齐亚诺和米兰多拉是米开朗基罗最喜欢的两位导师，他们在几周内相继离世。法国和米兰形成军事联盟，成功侵略意大利的心脏，自此米开朗基罗从小长大的和平环境被破坏。突然预想到之后将会出现的一系列的噩梦，米开朗基罗打包好行李开始逃亡。像西斯廷教堂天花板壁画中的亚当一样，米开朗基罗也被迫离开他的天堂。他的直觉很准，一年后，由萨沃纳罗拉暴民支持的家族便把皮耶罗和整个美第奇家族追随者赶出佛罗伦萨。犹太人跟着他们一起离开。

起初，这位 19 岁的少年逃亡到了威尼斯的礁湖，这是一个在意大利历史上很受逃难者欢迎的避难场所。米开朗基罗在那儿短暂停留，没有工作。他后来南下回到博洛尼亚，不久便和当权者发生冲突，因为他没有钱付关卡通行税。在最后关头，詹弗朗切斯科·阿尔德罗万迪（Gianfrancesco Aldrovandi）出现才使米开朗基罗免于牢狱之灾，阿尔德罗万迪是博洛尼亚统治家族的亲戚，也是美第奇家族长期的盟友。阿尔德罗万迪收留了米开朗基罗一年。在那段时间，阿尔德罗万迪注意到米开朗基罗对但丁、普拉塔克（Plutarch）和奥维德的作品了解甚少，于是这位博洛尼亚的贵族便让米开朗基罗每天晚上都读这些经典作品。他尤其喜欢听这位佛罗伦萨年轻人用他带有纯正托斯卡纳口音的意大利语背诵但丁的作品。从那时起，米开朗基罗开始对但丁的作品有了终身热情，他开始引用但丁的话并模仿但丁的写作风格。对奥维德和维吉尔的了解随后指导他选择西斯廷教堂天顶画该囊括哪些巫女。阿尔德罗万

雕像《酒神巴克斯》，米开朗基罗创作，1496—1497 年，佛罗伦萨巴杰罗博物馆藏

迪甚至还支付给这位雕塑家第一桶金，聘他雕刻些小雕塑来完成圣多米尼克坟墓。米开朗基罗还为他的新主顾创造了精美的阿波罗雕像，年轻的阿波罗身配箭袋，能够带来智慧和灵感，也能带来瘟疫和死亡。阿波罗因他优美的形体和漂亮的爱人而出名，既包括男性爱人也包括女性爱人。人们一直认为这尊雕塑丢失了，最后在 1996 年于法国驻纽约大使馆被认出来。我们注意到异教徒阿波罗和米开朗基罗三四年前在圣神大殿创作的十字架上的耶稣一样赤身裸体，十分精致，这一点让人很着迷。

米开朗基罗从来就没有尝试去喜欢博洛尼亚。在 1459—1496 年他回到佛罗伦萨。他童年时的卡米洛特已经不存在了。萨沃纳罗拉和他的狂热的奴才们占领了整个城市，整个佛罗伦萨一直笼罩着恐怖气息。女人如果化妆或者佩戴珠宝会被攻击，男人如果鸡奸会被毒打或者杀死。萨沃纳罗拉发起了一个叫作"浮华篝火宴"的公共活动，在篝火宴上佛罗伦萨人出于恐惧、忏悔，将奢华的衣服、珠宝、艺术作品和非基督教的读物投入火海。波提切利也不知道是因为害怕，还是因为被宗教洗脑，亲自把他绘制的一些珍贵画作扔进火里。米开朗基罗需要找到解决方法，而他的作品就是钥匙。

为了让自己忙起来，同时也为了取悦仅剩的一些朋友，米开朗基罗凭着对在圣玛尔谷大殿花园或是美第奇宫殿内看到的沉睡丘比特的记忆复制雕刻了古罗马雕塑——睡着的丘比特。他朋友说雕像栩栩如生，很容易被认为是古罗马的真作。朋友开始了他们的恶作剧，人为地做旧了这件雕像，并由一个不道德的古物贩卖商送去罗马。当然，很快作品就卖给了西克斯图斯一世教皇的有钱侄子红衣主教阿里奥（Riario）。米开朗基罗肯定很喜欢骗来自同一腐败家族成员的钱，他们还刺杀了洛伦佐。他一直很高兴，直到他知道红衣主教给了中间商 200 达科特（古代欧洲货币），而他只得到 30 达科特。或许是由于气恼自己的辛勤创作却让别人获利颇丰，抑或是他把这当作离开佛罗伦萨去感受罗马奇景的借口，米开朗基罗打包去往"不朽之城"（罗马旧称）。

这个任性的年轻人此时是在冒巨大风险。他只不过是个艺术家，在罗马没有家人也没有保护人，他还是被驱逐的美第奇家族一员，一个被罗马和梵蒂冈憎恶的佛罗伦萨人。然而，怒火给他带来了勇气，米开朗基罗会见了那个红衣主教并向他忏悔自己的欺骗行为。红衣主教发现自己不再是只拥有一件艺术作品，而是该艺术作品的创造人，于是就原谅了他。他委托米开朗基罗雕刻喝醉的酒神巴克斯。一个道貌岸然的神职牧师，宣誓过着清贫圣洁的生活，却花一大笔钱让他雕刻一位其他教神灵喝醉纵欲，极具色情色彩的雕塑。自此，米开朗基罗开始为罗马人熟知。然而，新上位的教皇不过和教皇亚历山大六世，也就是罗德里戈·博尔吉亚（Rodrigo Borgia）一样，他可能是在整个文艺复兴时期最臭名昭著、最腐败的教皇。这说明了很大问题。当时佛罗伦萨在萨沃纳罗拉的控制下，艺术作品、珠宝和化妆品都遭受劫难，相反，梵蒂冈却变成了最大的酒宴会场。喝醉的酒神巴克斯便是这种虚伪的象征。

米开朗基罗刚好带给阿里奥红衣主教想要的东西。酒神巴克斯很容易被认为是真正的古代异教徒杰作。这位年轻神明的头发由一串串葡萄组成，他摆的造型刚好突出了他的裸体和喝完酒鼓起的肚子。酒神巴克斯雕像面对面的观众将会从这喝醉酒的神明那获得一杯酒。环视雕塑，我们发现有位年轻的半人半羊的农牧神躲在巴克斯后面，正在吃一串葡萄，极具性暗示。

两个与这雕像本身无关的结论吸引了大家的眼球。雕像上半人半羊农牧神那两只具有象征意义的山羊角看起来很真实、很自然。这是米开朗基罗唯一一次在人物头上刻角。大家普遍误认为米开朗基罗雕刻的摩西头上的突出物是角，但和这个雕塑一作简单比较便可以发现其实不然。另外一个有趣观点是：75年后，酒神巴克斯雕像并非由别人购买，而是由美第奇家族购买并运回佛罗伦萨。

圣母哀悼基督像

　　命运开始将这位年轻的艺术家推向西斯廷教堂。尽管红衣主教阿里奥对酒神巴克斯雕像很满意，但雕像赤裸裸的性暗示让他觉得有些尴尬。他很快便把它送给密友雅各布·加利（Jacopo Galli），加利便把它放在古罗马建筑花园的中心位置，向来访的游客介绍这个其他教的艺术作品。加利肯定告诉了他的朋友红衣主教比雷尔（Bilhères）实情，比雷尔时为法国国王驻罗马教廷大使。不久，这位红衣主教便委托米开朗基罗私人定制一座雕像，这次是以基督教为主题，雕刻圣母哀悼基督像。圣母哀悼基督像是基督教艺术常见的作品。奇怪的是，"Pietà"（哀悼基督）这个词并没有翻译成英语，它却和希伯来语词语"rachmanut"完美对接，意味着同情、慈爱、慰问、悲痛和关怀。在《耶稣受难记》（The Passion of Jesus）里，这个时刻刚好是耶稣的尸体从十字架上移下来平放在他悲伤的母亲玛利亚膝盖上。刻画这幅场景对每位艺术家来说都是挑战，因为描绘一个成年人死亡后无力的躯体瘫倒在中年母亲的膝盖上很奇怪。以前创造的圣母哀悼基督作品看起来都很笨拙不雅。

　　作为中间商，加利向法国红衣主教许诺他收到的大理石雕塑一定是整个罗马最美丽的，也是其他在世的艺术家无法创造的。尽管在当时看来，这像是意大利南部人的自吹自擂，但事实上他的承诺很有预见性。

　　米开朗基罗让这位有钱的红衣主教订购了高质量却极其昂贵的卡拉拉大理岩。他知道这次委托成果是他展现给罗马的个人名片，可能造就他，也可能毁灭他。他花了整整一年的时间雕刻，甚至花了几个月用手给雕塑磨光，直到耶稣的身体看起来从内而外发光。1499 年他完成作品时 24 岁。

　　前面已经提到过，没有任何艺术家被允许署名为罗马教堂创造的作品。这样做表面上是为了让艺术家们各归其位，"保护"他们免受骄傲

《圣母哀悼基督》雕像上米开朗基罗签名的近景照（梵蒂冈博物馆的绘画馆收藏的复刻品）

之罪孽，但教皇和红衣主教却可以把他们的名字、人像、家徽挂在建筑上和作品上。米开朗基罗花了整整一年时间，投入整个身心地创作圣母哀悼基督像，却不能署名。

在这雕像公之于众之前，所有权便不再属于他。红衣主教比雷尔在作品完成之前就已经死了，可能是自然死亡，也有可能是因为博尔吉亚家族源源不断地在他的食物里投毒，加快了死亡进度。《圣母哀悼基督》被教皇亚历山大六世博尔吉亚占为己有。有个说法是因为雕塑主题让教皇感触很深，因为他儿子甘迪亚公爵（the Duke of Gandia）不久前被暗杀了，教皇亚历山大六世披着圣洁的外衣，实则生了数不清的孩子，而甘迪亚公爵是他承认的极少数孩子之一。

根据这个故事，雕像公开亮相的那天，米开朗基罗躲在圣彼得大教堂的柱子后，期待听到人们的掌声，听到批评家赞美他的作品。然而，他无意中听到人们说这杰出的新作品肯定是罗马或者伦巴第的天才雕刻的——而非佛罗伦萨的天才。

那晚，米开朗基罗冒死闯入了大教堂，他怒气冲冲，爬上他的杰作，在玛利亚胸脯上的装饰带上面迅速刻上："米开朗基罗·博纳罗蒂，佛罗伦萨人，创作。" 他在瑞士守卫抓住他前逃跑了，因为大多数被逮捕的闯入者都被当场处决了。

最近，对《圣母哀悼基督》表面的激光扫描证实了这个故事。很显然有人一连几个月都在抛光整座雕像；装饰带上的字迹是用紧张而颤抖的手飞快地刻上去的。装饰带上的笔迹也印证了这个故事。当时米开朗基罗非常恐惧，飞速把字刻了上去，导致单词频频出错，这也是可以理解的。比如，"米开朗基罗"的正确拼写应该是"Michelangelus"，而他最初写的是"Michelaglus"，后来他又回去在"g"旁边补上了"e"。他接着把其他落下的字母都挤进单词里，这可不是为了节省空间。"创作" 对应的标准拉丁文单词是"fecit"，而米开朗基罗却错误地雕刻成冗长的单词"faciebat"，意思是"过去正在制作"。很显然，米开朗基罗的希伯来文要比他的拉丁文好，起码在他的作品里呈现的就是如此。

雕塑上的题名被发现了，米开朗基罗需要得到教皇的宽恕，他很可能向教皇保证再也不在其他作品上署名。我们无法获知在米开朗基罗一生的 89 年里，《圣母哀悼基督》是否是他唯一署名的作品。

这座著名的雕塑还有另一个秘密。1499 年《圣母哀悼基督》首次展示给公众，当时的批评家和艺术家认为这是自古罗马覆灭后的 1000 多年里最好的大理石雕塑。然而，所有的批评家都指出了一项不足：玛利亚的脸是不合适的——对于一个 33 岁男人的母亲来说，显得过于年轻。基督教的历史学家大多认为耶稣受难时，玛利亚大约是 50 多岁。早期呈现"受难"场景的作品里，玛利亚都是这个年纪。一些作者认为米开朗基罗从但丁的《天国》中选取了一条鲜为人知的线索，把玛利亚称作是耶稣的女儿，或者认为米开朗基罗决定展示年轻的玛利亚怀抱婴儿耶稣的场景，但当耶稣躺在她的大腿上时，玛利亚眼前浮现出耶稣死去之时的可怕场景。很多年之后，米开朗基罗向他的传记作家康迪维承认，很多人批评《圣母哀悼基督》中玛利亚年轻的面容十分古怪。对此，米开朗基罗给出的解释是处女看不出年龄，而这个理由在 1499 年他就用过。米开朗基罗本人一定知道这种理由是多么站不住脚，因为他每天都会见到修女和年老的女仆，不管她们有没有性生活，岁月都没有对她们手下留情。

那么，为什么米开朗基罗要在这么重要的作品里做如此奇怪的改动呢？因为米开朗基罗知道他雕刻的不仅仅是基督教信仰中的圣母，她同样也是一位犹太人母亲。研究犹太教的圣母莎拉（Sarah）可以帮助我们证实这一点。《创世纪》中，莎拉是亚伯拉罕（Abraham）虔诚的妻子，90 岁时生下了希伯来第二任族长以撒（Isaac）。37 年后 127 岁的莎拉认为以撒已经牺牲，过于悲痛，休克而亡。然而，《塔木德经》并没有直接给出莎拉的年龄。最初希伯来文的描述是："莎拉的生命是 100 年，20 年和 7 年，这是莎拉生命的年岁。" 11 世纪法国伟大的《犹太法典》评论家拉希在他的著作《米德拉什》（针对希伯来圣经额外的圣经注释）里，解释了这个特殊的措辞。拉希认为，《犹太法典》的寓意是莎拉在 7 岁时候，心智已经发育完全，相当于一名 20 岁的女人；莎拉 100 岁的时候，她的灵魂仍然如此纯粹，令她看起来像 20 岁的女人一样年轻。事实上，莎拉作为那个时代最美的女人而闻名，《圣经》记载，她在 60 多岁和 80 多岁的时候两次被异教徒统治者绑架，他们想把莎拉纳入自己的后宫。由于马尔西利奥·费奇诺和皮科·德拉·米兰多拉怀着极大热情，研究拉希的评注，并将其传授给自己的学生，米开朗基罗很有可能在佛罗伦萨的时候了解到这条注解。那么，米开朗基罗很有可能决定把犹太教中这位动人的圣母的脸移花接木到基督教的圣母的脸上。如果这是真的，将意味着世界上最有名的基督教雕塑藏有一个犹太教的秘密。

1973年，梵蒂冈教廷又披露了一个秘密。1972年，一个疯子袭击了这座雕像，损坏了玛利亚的左臂、眼皮和鼻子。维修期间，世界顶级艺术品修复家发现米开朗基罗在玛利亚的左手掌中隐藏了一个大写字母"M"，伪装成她的手掌线，这是一个充满怨气的做法，看得出来米开朗基罗希望子孙后代永远铭记《圣母哀悼基督》创造者的名字。

诞生的巨人

完成《圣母哀悼基督》不久之后，米开朗基罗逐渐声名鹊起，但是他想离开罗马。那时，博尔吉亚家族为了一己私利，意欲征服意大利中部，他们下毒杀死任何妨碍他们的人，不管是对手还是亲戚。当米开朗基罗沉浸在雕刻《圣母哀悼基督》的快乐中时，佛罗伦萨经历了另一次变革。萨沃纳罗拉狂热地相信自己得到上帝的神谕，他抨击教皇和梵蒂冈教廷，谴责罗马是下一个巴比伦淫妇，所多玛和蛾摩拉。教皇和佛洛伦萨的市民都受够了这位修道士喋喋不休的谴责，1498年，萨沃纳罗拉和他的心腹被捆绑在城市广场上，并施以火刑，而正是在这座广场上，萨沃纳罗拉曾骄傲地点燃"虚荣之火"。佛罗伦萨再次成为共和的土壤，人们想庆祝这个胜利。

米开朗基罗借口自己在锡耶纳有一份雕刻委托，匆匆离开罗马，后来他再度回到佛罗伦萨工作。

那时，佛罗伦萨市议会决定把两座当地艺术家创作的超大型雕塑放置在教堂的扶壁上面，它们象征着这座城市的守卫，也是为了庆祝最近佛罗伦萨摆脱了法国和狂热的多米尼加人的统治。市议会选取了新柏拉图主义风格的赫拉克勒斯和大卫作为雕塑的主题，这与教堂标准形象毫无关系。而在场景的选择上，赫拉克勒斯展示的是他击败巨人卡库斯的一幕；而对于大卫，议会则毫无疑问选择展现其一贯无所不能的英雄形象，大卫伫立着，脚下是巨人哥利亚的头颅。

米开朗基罗对《希伯来圣经》的喜爱让他成为雕刻大卫的不二人选。当然，新上任的行政长官（类似于终身市长）是他的老朋友皮耶罗·索代里尼（Piero Soderini），也不会妨碍到他。市议会委派班迪内利（Bandinelli）雕刻赫拉克勒斯，他的原材料是一块崭新的大理石，而米开朗基罗却选了块破旧的、被遗弃的顽石，这是块大而薄的石头，从前的雕刻令它伤痕累累。有人怀疑没人能把这块破损的二手石块雕刻成有价值的作品，但米开朗基罗看出了这个石块的潜能。他在石块周围搭起了一个高脚手架，用厚布把它全部覆盖起来，然后开始工作。

在为这件作品绘制草图的同时，米开朗基罗写下了第一首流传至今的诗。在其中一张草图上，大卫强健的右臂旁，米开朗基罗用意大利文写道：

Davicte cholla fromba e io chollarcho—
Michelagniolo
Rocte lalta cholonna el ver . . .

在他的第一次文学创作中，27岁的米开朗基罗写下了几行密文。这些用托斯卡纳方言写下的诗行，似乎可以翻译成：

大卫用弹弓
我用我的弓
米开朗基罗
破碎的是高柱，录（绿）色……

第二行的单词"chollarcho"是"弓"，可以指射手的武器，或者是小提琴手的弓，但不管是弓箭手还是音乐家，米开朗基罗都不沾边。诗的最后一行则引用彼特拉克的一首著名诗歌的开头，"破碎的是高柱，绿色的月桂树已经坠落"。这句诗是彼特拉克在他的挚爱劳拉去世时写下的悲歌（意大利文中劳拉和月桂树的拼写一致）。米开朗基罗在博洛尼亚旅居时学习了彼特拉克的诗歌，但为什么米开朗基罗要做如此引用呢？彼特拉克哀悼他的夫人与大卫像有什么关系呢？

米开朗基罗的现代传记作家霍华德·希巴德（Howard Hibbard）通过引用查尔斯·西摩（Charles Seymour）对"弓"的解释解决了这个难题。文艺复兴时期的石匠或雕塑家使用弓钻在大理石上雕刻眼睛和其他细孔。弓钻是一种细尖的杆子，一个带弦的弓通过高速旋转刺入石头，看起来很像男女童子军在野外生火时使用的弓。毫无疑问，米开朗基罗正是用这种弓钻创造了大卫那双令人难以忘怀的眼睛。米开朗基罗写这首小诗似乎在为自己加油鼓气。就像大卫仅仅靠弓箭就击退了敌人，米开朗基罗也可以靠他的卓越才华击败他的对手。"高柱"指的是那块难以驾驭、伤痕累累的大理石；但是他，面容丑陋、断了鼻子的米开朗基罗，会让他们瞧瞧，他是怎么"击碎"那块巨石的，是他克服艰难险阻，驯服顽石，最后戴上了象征胜利的绿色月桂花环。

米开朗基罗胜利了，他创作的大卫是一个奇迹。大卫打破了所有传统形象。米开朗基罗没有选择大卫击败哥利亚的一幕，而是描绘了这位年轻的牧童做出抉择的一刻。他的神情是忧虑而坚定的。除了投石器和鹅卵石，他赤身裸体、手无寸铁。雕塑中并未出现哥利亚的身影。在上帝的带领下，大卫即将走进一场改变他和人民生活的战斗，在那一瞬间，大卫被定格了，就像一张抓拍到的照片。大卫的姿势定格在他转向非利士巨人哥利亚的那一刻，借此，米开朗基罗也炫耀了一下他对男性解剖学知识的深入了解。

　　米开朗基罗为大卫加上了浓密的阴毛，这让当时的观看者尤为震惊。事实上，即便到了今天，对于很多到佛罗伦萨学院美术馆参观的游客来说也是如此。希腊－罗马式的英雄通常不展示体毛和生殖器，这象征着他们的尊严和精神的纯净。米开朗基罗着重刻画大卫的裆部，并让观众注意到他给予大卫正常的禀赋。也许这是米开朗基罗对萨沃纳罗拉清教式恐怖统治的报复，也许是为了庆祝国际大都市佛洛伦萨重新获得自由。大卫的确展示了米开朗基罗对男性裸体的热爱。事实上，整个雕像是一首对男性躯体之美的赞歌。

　　当然，这也引出了一个问题：既然米开朗基罗如此迷恋犹太教的教诲，他为什么不赋予大卫一个受过割礼的生殖器？对此有几种假设。最简单的解释是米开朗基罗从没见过割礼后的阴茎，也不想描绘可能是错误的东西。更重要的原因是，当时宗教法庭仍然很有影响力，米开朗基罗不想被指控为"犹太化"——被谴责是犹太教的信仰和传统的宣扬者。此外，市议会希望大卫代表佛罗伦萨市，而不仅仅是最近回归的犹太社区。

　　大卫确实象征着佛罗伦萨。米开朗基罗设计把大卫置于教堂高高的扶臂上，使其面向罗马，像一个看守佛罗伦萨的沉默哨兵，好像在警告罗马教堂不要妄想侵犯佛洛伦萨来之不易的自由。大卫的手、脚和头部尺寸都被放大了，目的是展示他的强壮，观看者若是站在地面上仰视，放大的效果则更加明显。

　　关于大卫的眼睛，有一个鲜为人知的惊人秘密。米开朗基罗将大卫的眼睛钻得格外深，眼距也设置得过于宽阔——但他是故意这么做的，这个巧妙的设计使大卫的凝视看起来无穷深邃。大卫的眼睛处在扶臂的一个恰好的角度上，额外的深度意味着眼睛可以捕捉到太阳的光线，这让大卫看起来栩栩如生，这类似于一种好莱坞特效。

　　令人惋惜的是，米开朗基罗的杰出才华让他的设计效果无法充分显现。政府官员认为，这座雕像太精美了，不能只作大教堂上的一个装饰。因此，组建了一个特别委员会，为佛罗伦萨的这座新象征寻觅一个特殊的荣誉地点。其中一位请来的专家正是达·芬奇。委员会决定把大卫放置在市政厅入口前面的一个基座上面，如今著名的大卫复刻品摆在这里。这对米开朗基罗来说是份莫大的荣誉，但这抹去了雕塑中所有隐藏的特效，因为它们都需要借助其原来设定的位置才能显现出来。甚至如今在学院美术馆观赏大卫，不了解米开朗基罗创作意图的游客会感到困惑，他的双手、双脚和眼睛似乎是奇怪的，不协调的，因为设计的效果只有当大卫放置在他本来设定的位置时才能显现出来。

讽刺的是，即使在 1504 年揭幕前，大卫也遇到了些麻烦。传记作家乔尔乔·瓦萨里（Giorgio Vasari）曾记载，在米开朗基罗对大卫做最后的一些调整时，行政长官皮耶罗·索代里尼私下里进入脚手架围护内，想提前观赏一下大卫。对固执的艺术家来说，甭管是政府首脑还是教皇，都不能左右他的设计，他只想自己静悄悄地和自己的作品待在一起。索代里尼看着他委托设计的雕塑，带着观众对这座雕塑的主题一无所知的假设，向米开朗基罗宣布大卫的鼻子还得再改改，因为它看起来太宽了（他的意思也许是这座雕塑看起来太像犹太人了。大卫和米开朗基罗之前在梵蒂冈教廷里创作的基督一样，有明显的闪米特人特征）。米开朗基罗平静地用右手拿着锤子和凿子，爬梯子来到这座巨大雕塑的脸部面前。米开朗基罗向上爬的过程中，在索代里尼看不见的角度，用右手收集了大理石的碎片和灰尘。当他爬到大卫的鼻子面前，他把锤子响亮地敲在凿子上，根本没有碰到雕塑的表面，同时他把碎屑和灰尘纷纷散落到站在地面上的长官头上。然后，米开朗基罗回到索代里尼身旁，索代里尼骄傲地宣布："看，你这么改让他看起来栩栩如生。" 这件事让米开朗基罗和他的朋友们私下里嘲笑了索代里尼很长时间。

另一个麻烦则严重得多。当大卫被装在一个特殊的交通工具里，缓慢地送往荣誉之地时，不明身份的袭击者朝他扔石头并击打他。袭击者是对其裸体还是对其犹太主题感到不满，这点我们不得而知。我们只知道在之后的政治动荡里，大卫从他的基座上被击打下来，它的右臂摔断了。幸运的是，一位支持米开朗基罗的艺术家抢救出了这些碎片，当时局稳定后他修缮了这座雕像。1873 年，人们最终决定大卫还是放在室内更安全些，原来的位置放置了它的复刻品。

上：大卫脸部近景照。米开朗基罗创作，1501—1504 年，佛罗伦萨学院美术馆藏

左：大卫全景照。米开朗基罗创作，1501—1504 年，佛罗伦萨学院美术馆藏

一幅画作?

米开朗基罗创造《大卫》雕像的那段时间也是他极为高产的一段时期。如果换做其他任何艺术家，单单一座《大卫》就会让自己应接不暇，但米开朗基罗在此基础上还完成了锡耶纳大教堂的四座圣人像以及比利时布鲁日圣母院中的圣母像。这5件作品可能部分由助手代为完成，因为与米开朗基罗传统的作品相比，它们略显呆板，线条平直，人物情绪不饱满。在传统的米开朗基罗作品中，你会看到人物衣裙上起伏的褶皱和曲线，所有人物都手持一本书。这足见米开朗基罗对学问的热衷。在西斯廷教堂壁画《先知与女巫》中，我们也可以看出这一点。

在那段时间里，他还做了一件一反常态的事，那就是绘画。

因为举世闻名的西斯廷教堂天顶壁画，米开朗基罗原本有可能成为世界上最杰出的画家之一。但实际上，他一点也不喜欢这种艺术形式。他所钟爱的是三维立体的艺术表现形式，比如金属铸造、雕塑和建筑。他认为在平面上涂涂抹抹无异于是一件十分无聊而又低级的事情。在他的商业往来通信中，他的署名是"雕刻家米开朗基罗"。

那么，为什么在如此繁重的工作间隙他还要接受绘画这一任务呢？答案很简单，因为这是他无法拒绝的要求：这一要求来自佛罗伦萨最有权势的两大家族，美第奇家族长久以来的对手——多尼和斯特罗齐家族。如果任何人，特别是艺术家想要在佛罗伦萨立足并成就一番事业的话，他绝不会想惹怒这些大家族。

为了庆祝两大家族联姻，他们请米开朗基罗创作一幅《圣家庭》（*Holy Family*）。米开朗基罗年轻时在美第奇宫中曾见过一幅15世纪的《圣家庭》，其作者是西斯廷天顶壁画原画家之一卢卡·西尼奥雷利（Luca Signorelli）。该画作呈圆形，背景是一群裸体男孩。凭借着超凡的记忆力，米开朗基罗回忆起之前看过的画作，并创作了一幅相似的圆

壁画《圣家庭与圣约翰》，米开朗基罗创作，1503—1504 年（见插图 5），佛罗伦萨乌菲齐美术馆藏

形画，其背景也是一群裸体男孩。但米开朗基罗绝不仅仅是一位模仿者。他的创作时至今日仍然是人们热议的话题，仍然启迪着、吸引着所有人。

米开朗基罗在这幅画中所展现的风格与西斯廷教堂天顶壁画如出一辙：画中人物所穿的衣物色彩明亮带有金属色泽；女性人物具有明显的阳刚气质——圣母玛利亚打破了之前的传统形象，做着托举的动作；而男性角色大多赤裸或衣着朴素，神情愉悦；稚嫩的施洗约翰看起来不像是基督教中的传统形象，更像是神话中的农牧神；圣约瑟在画布中间位置，将圣婴耶稣交给位于画布前方的玛利亚，或者可以看作是将耶稣抱走，这取决于你对这幅画的理解。米开朗基罗在这幅画中添加了一些新的元素。他将玛利亚与约瑟的手臂以一种不太自然的方式缠绕在一起，第一眼看上去很难分辨。而这幅画的画框，很多专家认为也是出自米开朗基罗。画框上希伯来先知、希腊罗马女巫和耶稣的头像环绕四周。以上种种，让我们感觉我们欣赏的是色彩斑斓的雕塑，而非扁平化的人物。这似乎也预示着这位不太情愿绘画的艺术家为西斯廷教堂天顶壁画创作拉开了帷幕。

也就是在这时，梵蒂冈传来了召唤。1503 年新一任教皇登基。西克斯图斯四世阴郁寡言的侄子——朱利亚诺·德拉·罗韦雷成为教皇尤利乌斯二世。他希望米开朗基罗可以即刻回到罗马，来完成这样一个重要的项目和使命。此时此刻没有人能预见到等待米开朗基罗的是什么。

第六章

命运的安排

真正的艺术家用思想创作，而不是双手。

——米开朗基罗

    在文艺复兴时期，教皇们的种种行为在一定程度上至少有三方面与古埃及时期的法老们相似。新一任法老一旦登上王位，全国的历法将重新从元年计算；新的统治者会马上开始着手设计自己宏伟的陵墓（比如建造一座金字塔），在去世后法老也会被制成木乃伊。对教皇来说也是如此。甚至直至今日，当新的教皇被选出，梵蒂冈将会开始进行准备。罗马的所有教皇纪念碑都会刻有两个日期，一个是 A.D.（公元日期），另一个是 A.P.（教皇日期）。而教皇去世时也会进行木乃伊式的处理。在古代卡巴拉教派中，人们认为圣贤死后在墓中不会腐烂，教廷宣布这同样适用于天主教的圣徒和圣贤。梵蒂冈担心如若不能完好地保存去世的教皇的遗体将有损他们的神圣地位。鉴于当时的防腐技术还不甚成熟（实际上直到 20 世纪早期才得以完善），所有的教皇遗体都要进行木乃伊式处理，这种方法与古埃及的处理方法一脉相承。因此，每位在位很久的教皇都会花费大量的时间和金钱来建造他最后宏伟的安息地。

"可怕的教皇"

作为新任教皇，尤利乌斯二世耗费了大量的心力来为自己建造最后的安息之所。雕刻精美的石棺和壁画并不能满足他。此人志在永恒，雄心无限。在他叔叔西克斯图斯四世在位时，他已是腐败的教廷中的中坚力量。作为主教朱利亚诺·德拉·罗韦雷时，他是诡计多端的"亲戚"，"裙带关系"一词也由此而来。博尔吉亚家族掌权梵蒂冈时，教皇亚历山大六世剥夺了他在梵蒂冈的一切权力，并曾试图毒杀他。朱利亚诺在博尔吉亚家族统治时期不得不逃至阿维尼农。1503 年教皇亚历山大六世去世后，其子凯撒·博尔吉亚（Cesare Borgia）并不想放弃其家族在梵蒂冈的权势。但疾病、混乱的外交局面、贪污受贿以及结党营私、拉帮结派的各主教的压力迫使他不得不离开罗马。在教皇选举会议期间，朱利亚诺操纵了教皇选举。出于长期政治因素考量，他并没有让自己赢得选举，而是让另一位教皇的侄子庇护三世（Pius Ⅲ）登基。庇护三世身体羸弱、久病缠身，痛风病已让他一只脚迈进了坟墓。朱利亚诺·德拉·罗韦雷指使庇护三世向博尔吉亚家族发动战争，以此来恫吓其支持者离开罗马。这一方法似乎行之有效，但庇护三世只在位 26 天。一种说法是他因痛风病离世，还有一种说法可能性更大，那就是前教皇一位忠实的追随者将其毒害。随后，朱利亚诺利用贿赂、威胁和拉拢等手段收买了枢机团，赢得了教皇选举。他也是 24 小时之内在第一轮选举中就胜出的教皇之一，这在历史上十分罕见。1503 年 10 月 31 日，60 岁的他成为新一任教皇。他因乖张狂暴的性格很快被冠以"可怕的教皇"的称号。

作为新一任大祭司长尤利乌斯二世，德拉·罗韦雷迅速复辟了其叔叔西克斯图斯四世 1484 年因去世而中断的传统。他任命多纳托·布拉曼特（Donato Bramante）为教皇的专职建筑师。他是乌尔比诺（位于意

尤利乌斯二世画像，拉斐尔创作，1512年，现藏于英国伦敦国家美术馆。椅座上的橡树装饰象征着德拉·罗韦雷家族。即使梅毒缠身、不久于人世，教皇仍然用左手紧握王座，而戴满珠宝的右手像法老一样握着一个亚麻布袋

大利东部海岸）一位才华横溢的画家和建筑家。尤利乌斯二世下达了一系列的任务，旨在将罗马建造成为基督教领导世界的中心。他命令布拉曼特扩建使徒宫，增建了无数看不到尽头的走廊；为教皇建造一座精致的旋转楼梯，专供私人使用；并沿河新建了朱丽亚大道等。但是最具历史意义的是梵蒂冈城墙内的两个特别项目，这两个项目影响了米开朗基罗的一生。

第一个项目是修复西斯廷教堂。这座建在古老墓地上的庞大建筑岌岌可危，有倒塌之势。布拉曼特将南面的墙支撑起来，暂时挽救了教堂。但是教堂穹顶出现了巨大的裂缝，他用砖石来进行填补修复，但在教堂的华丽穹顶上留下了一条明显的修复后白色的痕迹，十分扎眼。尤利乌斯开始重新思索到底谁是修复他叔叔的这座教堂的合适人选。

第二个项目最为宏大，那就是建造教皇陵墓。骄傲自大的尤利乌斯二世希望他的陵墓可以比之前任意一任教皇都要气派。他设想将陵墓建造成金字塔式的结构，四周 40 尊雕像环绕，大理石石棺顶部雕有两个天使。他的这一夸张设想规模过大以至于圣彼得大教堂都容纳不下。鉴于此，其他人都会稍稍做些调整，但尤利乌斯并不这么想。他命令布拉曼特将旧的教堂拆掉，重建一个能容纳尤利乌斯陵墓的新教堂来展示他生前建造的宗教帝国。他命令将自己的陵墓置于穹顶下方正中心通常设置祭坛的位置。布拉曼特大刀阔斧地拆毁原有的教堂建筑（包括许多前任教皇的陵墓），因而他在罗马被称作"破坏者布拉曼特"。

在为西斯廷天顶壁画选择合适人选之前，尤利乌斯二世已经为他的陵墓寻到了完美的雕塑家：来自佛罗伦萨的米开朗基罗。在逃离意大利之前，他是博洛尼亚的主教，得以一睹米开朗基罗为那里的大教堂创作的一系列作品。他在罗马也见过雕像《酒神巴克斯》。尽管尤利乌斯二世在性格和精神上有种种缺陷，但有一点是值得后世称赞的：他是艺术家的伯乐，有着发现美的眼睛。他心高气傲，想要罗马与佛罗伦萨一较高下，想要将罗马再次建成帝国中心的雄心助他完成了一项旷世伟业——将文艺复兴的中心从佛罗伦萨带到了罗马。他收藏的艺术品中唯一缺少的就是世界最伟大的雕塑家米开朗基罗的作品。而最终他也得到了他一心向往的东西。

对米开朗基罗来说，梵蒂冈的邀请恰逢其时。当时《大卫》的雕塑正处于收尾阶段，米开朗基罗正一边为多尼家族创作《圣家庭与圣约翰》，一边监督工作室里其他雕像的完成情况。皮耶罗·索代里尼和市议会提议让当时佛罗伦萨顶尖的两位艺术家一较高下。列奥纳多·达·芬奇和当时还很年轻的米开朗基罗都曾公开表示对对方的艺术造诣不以为意。达·芬奇并不认可绘画界的新趋势，即衣物下过于明显的男性肌肉线条。他曾把这种人物形象形容为"装满坚果的麻布袋"。他曾将二人的工作室做了比较：雕刻家的工作室又吵又乱，到处都是大理石碎屑和灰尘，所有人都汗涔涔的；而画家的工作室安静而整洁，一切都井然有序，可以一边欣赏乐曲一边工作。当然，米开朗基罗也毫不掩饰他对那种平面而又不写实的绘画的反感。

1503 年索代里尼提议让二人在领主堂五百人大厅（议事大厅）同时完成两幅巨型壁画。为了宣扬新成立的独立政府，壁画的主题是佛罗伦萨历史上两大战役的胜利：达·芬奇创作了《安吉里之战》（*the battle of Anghiari*），米开朗基罗创作了《卡西纳之战》（*the battle of Cascina*）。这是一次势均力敌的较量：达·芬奇是众所周知的绘画天才，而米开朗基罗所描绘的男性战士也十分著名（这要得益于他的《半人马之战》和《大卫》）。二人用了一年多的时间来进行准备和设计。每幅壁画足有 1400 平方英尺（1 平方英尺 ≈ 0.093 平方米）。1504 年，他们买来了巨型画纸（这在 16 世纪属于贵重商品）准备进行全尺寸的创作，将素描纸上的人物雏形复刻到石灰墙面上。两位艺术家都不余

巴斯提亚诺·达·桑加罗（Aristotile da Sangallo）详细复刻米开朗基罗作品《卡西纳之战》，1505 年

遗力地展示自己的所长：达·芬奇着重将笔墨落在战役中马匹的刻画上；而米开朗基罗果不其然，他的画面上充斥着肌肉线条硬朗的裸体男性形象。

但佛罗伦萨的公众并不在意两人艺术表现手法上的不同。当全尺寸的草稿一经展出后，整个佛罗伦萨为之疯狂。萨沃纳罗拉的压抑时代业已逝去，艺术和美重新回到了佛罗伦萨。

而米开朗基罗真正担心的是他自己不能胜任这样一整幅壁画的创作。在此之前他还从未创作过壁画绘画，更不用说和世界顶级大师进行较量了。

就在这时，新教皇召他前去完成一系列雕刻作品——米开朗基罗以此为理由，在完成壁画的草稿创作后便离开了。他急忙回到罗马，这幅《卡西纳之战》和其他几项作品便成为了未完成的作品。

教皇尤利乌斯二世性格果断。他和米开朗基罗性格中有些许相似：以自我为中心，固执己见，对自己想要的东西势在必得。也许正是因为这一点，他们才更加惺惺相惜。他们用最短的时间共同探讨出陵墓的设计细节。一个月之内，米开朗基罗就和教皇签订了合约，交付了第一批从卡拉拉运往罗马的大理石石料的费用。他前往卡拉拉亲自监督石材的挑选和切割工作，用时 8 个月之久。当他回到罗马等待那些珍贵的石料被船运回来时，发生了三件意料之外的事情。

第一重意外令人振奋。1506 年初，一个农民在修整位于意大利罗马斗兽场附近的葡萄园时，意外地在地上掘出一个洞。在洞中，他发现了一座巨大的人体雕像，身缠巨蟒。这一消息立刻传到了梵蒂冈，随即专家前往调查，其中包括米开朗基罗。经认定，这座雕像为失传已久的《拉奥孔》（*Laocoön*），它曾是最受其他教罗马喜爱的雕像，被认为在 5 世纪毁于蛮族手中。该雕像最初在希腊人胜利摧毁特洛伊后委托雕刻而成，展现了拉奥孔死亡一刻的场景。拉奥孔曾是特洛伊的大祭司，但希腊神为阻止拉奥孔父子向特洛伊人发出警告，即勿将著名的特洛伊木马引入城中，于是派出超自然巨蛇将他们活活缠死。拉奥孔最著名的即那句警告——"当心带着礼物的罗马人"。拉奥孔父子死后，特洛伊人真的将巨型木马拉进了城中。当天晚上，藏身于木马中的希腊士兵纷纷从木马腹中跳出，预示了特洛伊城及其人民的终结。后来，古罗马军团征服希腊后，将《拉奥孔》作为最喜欢的战利品之一带回了国内。

雕像《拉奥孔》，波利多罗斯、哈格桑德罗斯和阿塞诺多罗斯创作，公元前 1 世纪，梵蒂冈博物馆藏

　　教皇为购买这件雕像作品，付给这位幸运的农夫一大笔钱，随后对雕像进行清理并环城巡游展示，这座雕像后来被置于教皇的八角庭院中，直至今天。雕像的迅速走红也促使教皇向公众开放了其个人收藏，梵蒂冈博物馆由此启动，时至今日，世界上最重要的艺术藏品都汇集于此，其中最耀眼的即西斯廷教堂。

　　米开朗基罗被这件古老的杰作所吸引，而该作品正是由希腊三位顶级雕塑家团队在罗德岛上共同雕刻完成。为向该作品表示尊重，米开朗基罗将拉奥孔两个濒临死亡儿子的裸体绘制在西斯廷穹顶上，而拉奥孔的躯干则作为第一《创世纪》中上帝的躯干形象。除雕像所展现人物的肌肉线条令人印象深刻外，其背后的特洛伊木马故事，即内藏复仇奇兵的"和平赠予"也必定令米开朗基罗着迷。他一定意识到了佛罗伦萨同胞从 15 世纪的西斯廷壁画中侥幸得手了什么——西斯廷壁画看似洛伦佐·德·美第奇向教皇西克斯图斯四世提供的"和平赠与"，实则充满了对教皇、其家人及罗马的侮辱，这一计谋很快将在他自己的作品中显神威。

　　等待米开朗基罗的第二重意外是布拉曼特，此人担任教皇的首席建筑师，同时也是教皇的亲密心腹。为安置尤利乌斯巨大的葬礼纪念碑，布拉曼特拆毁原有大教堂，开始建造起世界上最大的教堂。这项任务之庞大远超其他所有项目，甚至包括教皇自己的陵墓，致使这座新教堂的建造居所有工程之首。布拉曼特显然使教皇的注意力从米开朗基罗的壁画工程上分散开来，自那时起，他们像两个争相获得老师关注的学生一样，极力赢回并维持教皇的关注与喜爱。

　　新教堂的筹备吸纳了梵蒂冈所有的资金，这也是米开朗基罗拥有的第三重亦是最令他不快的意外。一天，米开朗基罗听闻一个珠宝商拜访教皇，想要向教皇出售一些镶有宝石的新戒指。尤利乌斯用米开朗基罗足以听清的声音慷慨激昂地说道："我们不会再为任何石头多花一块钱，大的小的都不行。"米开朗基罗清楚，这意味着他用于陵墓的资金突然完全切断了，他恼怒地冲出了教皇的房间。这位艺术家漫长的、过山车般的经历，或如他本人后来所称的"陵墓的悲剧"才刚刚开始。

尽管占星术是天主教的禁忌，但教皇尤利乌斯的私人占星师建议，将新教堂的奠基定于 1506 年 4 月 18 日。米开朗基罗在此前一天，即 4 月 17 日离开了罗马，这一方面是为自身项目失去关注而感到愤怒，另一方面可能也是不想目睹布拉曼特功成之日。他回到佛罗伦萨家中，闷闷不乐。米开朗基罗没有认真考虑重新为佛罗伦萨大教堂雕刻十二使徒，甚至没有考虑过接受土耳其苏丹王的邀请，去建造连接东西方的世界上最长的桥梁。

教皇传话给他，让他继续回去工作，但米开朗基罗托朋友回复教皇，他在佛罗伦萨很好，如果教皇确实想让他雕刻陵墓，倘若能待在佛罗伦萨，那他一定能完成得更好、更高效、成本更低同时也会投入更多的心血。他近乎妄想地给一位朋友写到，如果要让他返回罗马，"在打造教皇陵墓之前，一定要第一个先造我的陵墓"。但其后不久，教皇尤利乌斯备军出征去再度夺回教皇失去的由梵蒂冈的军事控制的领地，这些领地之前向他进贡了相当多黄金和补给品（贡品）。他迫切需要补足黄金来为建筑和艺术项目筹措资金。教皇首先迅速夺回了叛乱的山巅城市佩鲁贾，随后行进到不受梵蒂冈统治的博洛尼亚市中心。当地人们惊恐地打开城门，以欢迎皇帝的方式迎接教皇凯旋。此时尤利乌斯开始相信自己的宣传，他正是基督教世界新的救世主。胜利的"战神教皇"命令米开朗基罗立刻到达博洛尼亚，但并未提及任何其他内容，也没有这个必要。

米开朗基罗在沟通中得到保证，教皇不会伤害他，这使他感到安慰，于是便前往教皇位于博洛尼亚的总部，跪在地上请求宽恕。尤利乌斯抱怨道："你本应该先来找我们，但却等着我们去找你。"一位站在尤利乌斯身旁的主教说："教皇陛下不应再回忆他的错误，他因无知而犯错，除了他们的技艺，所有艺术家都如此。"教皇听后勃然大怒，朝这位不幸的主教尖叫道："不是他，你才是那个无知的人！从这里滚出去下地狱吧！"主教顿时目瞪口呆，教皇却嫌他动作不够快将他赶出了房间，教皇将所有压抑的愤怒发泄到这名主教身上，但并未对米开朗基罗发火。

尤利乌斯可以原谅米开朗基罗的逃脱行为，但有一个条件，这位艺术家必须首先打造一尊巨大的尤利乌斯二世的铜像——凯旋的"战神教皇"手持利剑，同时将其竖立在博洛尼亚大教堂的门口，以提醒反叛的博洛尼亚人谁是真正的主人。米开朗基罗抗议说这并非他的专长所在，因为他再一次被迫以一种他即未研究过，也未实践过的方式进行创作。尤利乌斯正处于其荣耀与权力的顶峰，此时的他不允许他人说"不"。因此，尽管不情愿，但米开朗基罗不得不再次回到他最不喜欢的地方之一——博洛尼亚，而且还是为了完成他最不喜欢的艺术形式之一。青铜铸造困难大，风险高且耗时长，现在他受命负责打造自罗马帝国陨落以来最大的青铜像。

他建立了一个工作坊，并引进佛罗伦萨在青铜方面有丰富经验的同事和朋友。米开朗基罗一直惦念着完成这项工作，然后离开博洛尼亚市，为此他几乎不吃饭，很多晚上直接和衣而睡，经常累到倒下。然而，命运再一次将他导向另一项艰巨而又并不熟悉的任务，这里指的正是他之后将要面对的西斯廷壁画任务。铸造巨大的铜像需经过多次尝试，有时犯错还会付出高昂代价。就在他拼命完成这项任务时，博洛尼亚爆发了瘟疫。米开朗基罗曾在一封信中抱怨过局促的生活环境、下个不停的雨、地狱般的高温天气以及价格昂贵的葡萄酒，他在信中写道："（这葡萄酒）跟这里的其他一切一样，简直糟糕透顶。"也大约就是在这个时候，他开始说起脚掌疼和背痛。米开朗基罗吃饭很不规律而且吃得很简单，所以这不可能是皇家（或教皇）的痛风病。他说过："我喜欢喝葡萄酒、吃面包，这些都是盛宴。"据《国际肾脏》（*Kidney International*）[1] 最近的报道显示，这种令人痛苦的水滞留及腰痛很有可能是肾脏问题的早期症状。米开朗基罗脚部及背部这种之前未知的疼痛并未引起注意，得病之后出自其手的西斯廷教堂穹顶将令世人惊叹。

经过一年多的艰辛、挫折与代价高昂的失误，1508 年 2 月，米开朗基罗成功铸成了这座巨大的雕像。他兴奋地回到佛罗伦萨家中，经营起家庭生意并重操他心爱的雕刻，然而，这段欢快的时光于他而言极其短暂。

天堂及地狱的华盖

或许早在 1506 年的博洛尼亚，这位雄心勃勃的教皇就已经和米开朗基罗讨论过西斯廷穹顶画。毫无疑问尤利乌斯作为一名艺术爱好者，早已经听闻了佛罗伦萨市政厅的双胞胎壁画，这壁画获得了巨大成功。这位罗马教皇传唤米开朗基罗很可能也是出于嫉妒，借这种方式破坏佛罗伦萨壁画项目。我们确知米开朗基罗从未回去从事那份工作*。

尤利乌斯或许是考虑到米开朗基罗在佛罗伦萨完成了达 1400 平方英尺的壁画，因此认为这名艺术家也绝对能够完成面积达 12000 平方英

---

* 另一个秘密是关于列奥纳多·达·芬奇。他努力完成自己那部分壁画，然而，在出色地完成中心部分后，他又忍不住尝试了一种新的壁画混搭形式，但却因此破坏了整体作品的其余部分。他就此放弃，转而又去做了解剖学研究，尽管不愿承认，但显然米开朗基罗的裸体雕像给他留下了深刻印象。乔尔乔·瓦萨里将整幅失败的作品用一场相当平常的战斗场景掩盖起来，此人之后也成为达·芬奇和米开朗基罗二人传记的作者。直到最近，一些受人敬重的艺术家在瓦萨里的壁画中发现了秘密记号，这使他们相信，瓦萨里实际上在达·芬奇的原作品前另砌了一面墙，从而使原作品得以保留。在我们写作此书的过程中，针对此项的科学调查也正在进行。

尺的拱顶壁画。身为教皇的艺术及建筑顾问，布拉曼特对此表示反对，他认为米开朗基罗无法胜任此项工作。但这却刺激了米开朗基罗在梵蒂冈的朋友，他们竭力说服教皇，称来自佛罗伦萨的米开朗基罗是此项工作的最佳人选。当然，米开朗基罗投入在拱顶壁画的数年间（即他在西斯廷教堂的创作尚未被当作一项有威望的工作前），他无法通过陵墓雕刻或预期的大教堂计划超越布拉曼特。不论是否是诡计，布拉曼特很快又点头对此表示赞同，尤利乌斯及其顾问们迫切地开始向米开朗基罗传达教堂拱顶上要作何壁画。

除布拉曼特外，教皇另外两位最亲密的顾问是红衣主教弗朗切斯科·阿里多西（Francesco Alidosi）和一位名叫埃吉迪奥·达·维泰博（Egidio da Viterbo）的传教士。尽管埃吉迪奥曾研究过一点《卡巴拉》，但他并非一名人文主义的新柏拉图主义者。相反，他是一名极端的反犹太主义者，只相信独一真教会拥有至高无上的地位。阿里多西和埃吉迪奥都是教皇选出的神学家，埃吉迪奥知名的是布道数小时，不断讲述创造和宇宙的故事，直接串连起了犹太人的谴责与教皇尤利乌斯二世的加冕礼。就西斯廷教堂而言，还有一个需要应付的人是乔瓦尼·拉斐尼利（Giovanni Rafanelli），此人是异端邪说的官方调查人，同时也是狂热的多米尼加修道士。一旦他发现神职人员有任何言论与梵蒂冈稍有相左，即便在讲道期间他也有权打断他们。因此，正是由于政治创作必须通过这三位教会审查官的审查，米开朗基罗不得不将壁画中的很多信息处理得十分微妙。

尤利乌斯听从了阿里多西和埃吉迪奥的建议，向米开朗基罗提出了一套完整的拱顶项目计划。前门很可能是耶稣，以保佑教皇及其随从入门。拱顶边缘的 12 个三角形上将绘有使徒。为保持整洁简约，同时也为了避免与墙体下缘 15 世纪的杰作争彩，中间部分正如在罗马帝国很多宫殿遗迹中所发现的那样，将是一个由菱形和矩形组成的无人物图形的几何图案。教皇的顾问埃吉迪奥谄媚地向教皇表示，他想让整个拱顶宣告：教皇尤利乌斯二世陛下是由上帝特别指定来统治世界的。据一些记载显示，尽管米开朗基罗从教皇那里获得了许可，包括设计犹太《圣经》中的形象，但埃吉迪奥还是提出了很多取自《旧约》中的场景建议，其中大部分来自《国王书》（*book of Kings*）（《旧约》第十一、十二卷）和《伪经》（*Apocrypha*），这令米开朗基罗感到不安又难堪。这些场景情节大部分都很暴力，同时传达了一个概念：神权的建立要么是蒙上帝恩宠，要么是出于上帝的报复。由此对米开朗基罗设计所造成的侵扰将会使其作品的整体感觉产生扭曲，进而使作品从艺术家的个人精神视野转向对罗韦雷教皇的又一场颂扬中。很显然，这一计划并不符合米开朗基罗的构想。

这一项目似乎面临着一系列无法克服的挑战：

· 这幅壁画面积超过 12000 平方英尺，是世界上面积最大的壁画。
· 米开朗基罗在此之前从未创作过壁画。
· 米开朗基罗每天都面临着竞争，这些竞争既来自摩西和耶稣墙板，也来自世界顶级壁画艺术家所创作的世界级杰作，其中还有他本人第一位老师基尔兰达伊奥。如果他有可能完成这项拱顶项目，他的处女作将会被拿来与这些优秀的作品进行比较。
· 教堂每个月都有 20 多次不间断的使用，因此不能使用传统的脚手架。传统脚手架需用到大量木材，会阻塞教堂，使其多年无法开放使用。
· 无论从精神求索还是艺术审美角度，米开朗基罗认为教皇对教堂拱顶的看法都与其相背，僵化而又毫无想象力。
· 教皇的顾问会尽力捕捉他在作品中可能插入的任何变化或"异端"思想。
· 教皇和布拉曼特派给他大量的罗马助手，协助他涂抹灰泥及作画，但米开朗基罗非常清楚，这些人的另一项任务是监视他的工作。

一开始，米开朗基罗与教皇私谈了一番，恳请道，作为一名艺术家，自己有义务指出教皇对天顶的设计将成为"一件拙劣的作品"。在米开朗基罗的版本中，教皇闻言只是耸了耸肩，便告诉他可以按自己的想法行事。而更可能的情况是，这位艺术家一定对尤利乌斯大拍马屁，满足教皇的自我预期，并承诺为其画一幅英俊的肖像，傲视整座教堂，一如教皇的石棺，其上也将刻上他的形象，使之君临整座大教堂。正如我们如今在拉斐尔诸室中可以看到的，尤利乌斯从未厌烦所行之处均能见到自己的肖像——担任教皇的那段时间里，他出现在几乎所有绘有画的墙上。

　　紧接着，米开朗基罗开除了自己的罗马助手。随后，他派人去请五位老朋友，他们都拥有作壁画的经验。米开朗基罗让他们从佛罗伦萨赶来帮助自己，直到项目结束。有些人之后将被取代，不过，米开朗基罗只雇佣那些口风很紧的佛罗伦萨人，这样一来，没有任何罗马密探能够知道他究竟在西斯廷天顶上画了些什么。

　　能够保证教堂正常使用的脚手架则由教皇御用建筑师布拉曼特负责设计。一开始，布拉曼特提议建造悬挂式脚手架，它由固定在天顶大洞上的绳子吊着。米开朗基罗劝服了教皇，指出，这些大洞将同时毁掉天顶和上面的图案。布拉曼特随后提出了另一个解决办法，即建一座只有几根柱子接触地面的脚手架，它在设计上很是抢眼，但用了不到一天就塌了。布拉曼特唯一的成功之处就是在教皇面前出丑。米开朗基罗此前花了大量时间在废墟中研究罗马建筑，他提议了具有革命性的"飞弓桥"脚手架。这种脚手架的设计基于罗马拱桥的原理，弓形桥重量由搭载的两端边墙支撑。这一精巧的结构只需要在侧壁上开几个小洞就能嵌入，因为所有的压力都将由侧壁承载，丝毫不会影响地面。这种脚手架也将使得米开朗基罗能够一次完成一整条壁画，完成一个条带状后再进行下一条。因此，他能够沿着教堂的长边不断推进工作。米开朗基罗获批建造这种脚手架，并迅速大获成功，使得教廷能够在脚手架下举行常规仪式，不受任何阻碍。

在飞弓桥的里面，米开朗基罗装上了厚罩单，可能是为了防止教皇仪式进行时，颜料或者石膏滴落下去（或者滴在下壁15世纪的杰作上面）。当然，更重要的原因在于挡住任何窥探的视线，防止有人看到他在天顶上的绘画。

与此同时，这位桀骜不驯的艺术家正夜以继日地忙着，为壁画创作个人风格鲜明的设计。通常，装饰天顶对于艺术家来说不过是例行公事般的工作。将这项任务委托给米开朗基罗这种地位的艺术家是有些冒犯的，而且布拉曼特肯定也意识到了这一点。米开朗基罗希望扭转局面，让事情朝着有利于自己发挥优势的方向发展，不仅要为教堂创造另一幅精美的装饰壁画，更要证明自己的才能。米开朗基罗的另一个想法是，对自己每天在文艺复兴时期的梵蒂冈见到的一切虚伪和权力滥用表达厌恶之情，同时免于进监狱或者被处决。

米开朗基罗之前对《卡巴拉》《塔木德经》和《米德拉什》[1]做过研究，因此有大量可以融入计划的素材。但我们依然禁不住要好奇，出现在他作品中的每一个犹太教象征，以及那些神秘的引用，全是靠他个人想出来的吗？我们永远无法知道确切答案，但可能的情况是，梵蒂冈的两个同道者发挥了一些作用，并和他分享了一些知识。其中一人是托马索·因吉拉米（Tommaso Inghirami），他是一名基督教的新柏拉图主义者，对《卡巴拉》稍有涉猎。在拉斐尔为教皇尤利乌斯二世办公室构思著名壁画《雅典学派》（*The School of Athens*）时，正是他给年轻的拉斐尔提议，在画中包含多层意义。另一名可能的"嫌疑分子"是施米尔·萨尔法蒂（Schmuel Sarfati），他是教皇的犹太医生。鲜为人知的

1. 译自 Midrash，希伯来语"解释""阐述"之意，通常有三种意思：犹太教视角阐释；犹太教阐释方法；犹太教圣经阐释集。这里是第三种含义，即犹太教解释、讲解《圣经·旧约》的布道书卷。——译者注

事实是，即使是在宗教迫害时的前后几百年间，当犹太人被禁止诊治基督教病人时，几乎每一任教皇都有一名犹太医生。萨尔法蒂不仅是一名受到信任的医生和解剖学家，还极富教养。他不仅是诗人，是研究《犹太法典》和《塔木德经》的学者，还非常精通《卡巴拉》和犹太文学。他的拉丁语水平非常高，以至于被选中代表罗马犹太社区在教皇面前用拉丁语做正式演讲——虽然，和米开朗基罗一样，萨尔法蒂也来自佛罗伦萨。尽管我们并没有任何有关萨尔法蒂与米开朗基罗会面的文件记载，但是，考虑到他们的共同之处，如果这两个文艺复兴时期都任职于教皇宫殿的佛罗伦萨天才竟然从未结交，就一点儿也说不通了。

根据当地流传的说法，1511 年，当米开朗基罗正埋头绘制天顶时，教皇病重了，这可能是因为他多年以来身染梅毒。当他无法进食，甚至不能说话时，这位"糟糕教皇"似乎走到了人生的尽头。如果在壁画项目仍未完成之时，教皇就去世了的话，那么他的继任者很有可能取消或者毁掉整项未完的工程。据说，当尤利乌斯躺在床上不能动时，他的护理和医学顾问都忙着洗劫他的私人卧室，而主治医生却煮了一些桃子，让教皇吸允它们软烂的浆汁。这位医生一点点儿地照顾教皇，使他恢复了健康，而尤利乌斯病一好，立刻就和从前一样糟糕，使宫殿陷入了恐怖之中。这位医生最有可能就是他的犹太医生施米尔·萨尔法蒂。如果这些故事都是真的，这就意味着尤利乌斯的犹太医生帮忙挽救了米开朗基罗的西斯廷教堂天顶壁画。

但是无论是否有人建议过米开朗基罗，冒险将那些秘密信息画在壁画之中的是他自己，也是靠他个人的天才能力，这些画才能够保留 5 个世纪之久。

壁画的创作过程漫长、艰巨、充满争议，这些一遍遍地出现在书籍和电影中，我们不需要在此加以详述。米开朗基罗独自创作了壁画的大部分，助手仅为他准备了石膏和颜料。的确，他经常和尤利乌斯争辩，

米开朗基罗写于 1510 年书写的私人信件细节（藏于佛罗伦萨米开朗基罗故居博物馆）
注意天顶上对教皇愤怒、幼稚的讽刺刻画

甚至有一次在公共场合被教皇用牧杖打了。的确，米开朗基罗是如此沉迷于完成自己的工作，以使回到挚爱的雕塑中去，以至于他经常连着好几天不洗漱、不换衣服。但是，他并不总是躺着作画。在米开朗基罗的一封私人信件里，我们发现了他的一幅自画像，旁边还写着一首苦涩的幽默诗，描绘了他在脚手架上遭受的折磨。这幅自画像以及其所附的十四行诗证明，可怜的米开朗基罗在脚手架上可怕的 4 年半时间里一直扭曲着自己的身体，其所处的境地实际上比这要糟糕得多。

　　在这首写给一位亲密的古典文学研究者朋友的诗中，米开朗基罗对在这个曲折的过程中，自己的身体是怎样被扭曲到看不出原样，讽刺地描绘了一番：积水导致身体肿胀，头被迫向后折，极不自然……

　　……而且我的画刷总是位于上方，颜料往下滴，
　　把我的脸染成了一块花哨的楼板。
　　我的腰部向上跑到了肠子里，
　　而我的屁股向上缩，像马尾起平衡作用一样……

米开朗基罗以一种非常沮丧的语气结束了这首诗，也向我们表明他是多么讨厌自己的工作：

　　该死的绘画和我的荣誉，
　　乔瓦尼，
　　现在只有你能
　　为我辩护——
　　因为我处境不佳，
　　到头来连个画家都算不上。

米开朗基罗是如此迫切地想要逃离这个"不佳处境"，以至于当天顶绘画快要结束时，他使用的湿石膏预备草图和轮廓线越来越少，而且

还开始了一件任何艺术家都不敢做的事：徒手作画。事实上，尽管早期的许多画板都是一个月接一个月密集劳动的产物，圣坛墙上的那块《创造》（Creation）画板却是在仅仅一天内完全徒手绘就的。

　　这不仅仅是因为米开朗基罗着急回到雕塑创作中。他知道，如果自己继续长期进行这项工作，自己的身体健康状况就会堪忧。实际上，在项目完成时，米开朗基罗已经出现脊柱侧弯、风湿病的苗头，也有呼吸问题，水肿更加严重，可能得了肾结石，他还抱怨视力下降。在其后一年中，他的眼睛一直聚焦困难，在读信或者看画的时候，都只能将它们高举过头，就好像他还在绘制天顶壁画。

　　1512年秋天完成任务时，米开朗基罗做的第一件事就是毁掉自己无以伦比的飞弓桥，烧掉为创作天顶画写的所有的笔记本以及自己画的所有草图。那些昂贵纸张原本可以揭示其壁画创作的真实意图——将永远不为人知了。但是，米开朗基罗觉得必须毁掉证据，这个事实为我们提供了一个思路，那就是教皇的审查员原本不会同意壁画面世。

　　在盛大揭幕之前，教皇尤利乌斯提前视察了一番。他虽然言语粗鲁，但接受了这项伟大工程，同时提了一条意见。他对米开朗基罗说，工作并没有完成，米开朗基罗还得再次集合自己的人手，再建一座脚手架。尤利乌斯希望在天顶上看到更多德拉·罗韦雷家族的颜色——皇室蓝和金色。对于任何一名壁画画家来说，这两种颜色都是最为昂贵的，因为金色意味着要用真的金箔，而皇室蓝则提取自纯净的进口天青石，这是一种半宝石。教皇之前要求米开朗基罗用自己的薪酬支付材料费用，因此天顶上这两种颜色都只有很少量的一点。米开朗基罗疲惫但固执地回答说，项目已经完成，不可能重新开始，并且壁画上的颜色也是它们应该有的样子。傲慢的教皇当场就驳了米开朗基罗的面子，讽刺地回应道："好吧，那这项壁画工程就会是个非常'破烂的东西'。"米开朗基罗强辩到底："我们在天顶上看到的圣者——他们也曾非常破落。"

盛大的庆典于 1512 年 10 月 31 日，教皇的加冕周年纪念日举办。那天起，西方绘画永远改变了。米开朗基罗，一位雕塑家，在二维的天顶平面上画了 300 多个人物，看上去就像是雕出来的一样。艺术家和艺术爱好者从世界各地蜂拥而来，在震惊和绝对的崇拜中，呆呆地看着这项超人的成就。5 个世纪过去了，人们依然如此。米开朗基罗，虽然面对了大量的挑战、阻碍、怀疑，还是成功了。

不到四个月后，那位"战神教皇"在床上安详地去世了。雕刻家米开朗基罗将自己的才华重新用在了最初来到罗马要完成的项目上——雕刻尤利乌斯二世的巨大陵墓。

官方解释

许多书籍、论文和文章专门为西斯廷天顶壁画提出了各种各样的解释。但是，几个世纪以来，最广为接受的观点自然是梵蒂冈版本。那么，教会是如何官方解释米开朗基罗不合传统而且经常令人疑惑的设计呢？

在梵蒂冈博物馆的官方出版物《西斯廷教堂》（*The Sistine Chapel*）中，法布里奇奥·曼奇内利（Fabrizio Mancinelli）写道，位于中央的《创世纪》"旨在说明人类的起源、堕落，以及与上帝的第一次和解，以及对未来赎罪的承诺"[2]。这一经常出现的解释有个问题，那就是，在长矩形壁画结束的部分，醉酒的诺亚袒露着身体，他的儿子哈姆嘲笑他，而其他儿子则在尝试为父亲盖上衣服。这真是对未来赎罪的承诺吗？如果答案是肯定的，那这种赎罪就非常混乱了。对于将先知和女预言家画在一起这种不寻常的安排，这本书说道，他们"或多或少地预言了人类救世主的到来"。该书对于将先知和女预言家放在一起的解释不同于当时大多数年轻人在福西尼德仿作里所学到的相关内容，不像我们在有关米开朗基罗的教育那一章中谈到的那样。对天顶的官方说明的剩余部分，随处可见类似于"从主题来看并不非常清楚""并没有真正的结构性关联"等短语。

基本上，教会简单地将巨型壁画解释为"通过基督以及他的教会获得救赎的承诺"。换句话说，宇宙的创造、原罪、大洪水、诺亚醉酒的罪、其他教女预言家、希伯来先知、犹太祖先，所有这些都是为救世主的到来以及在教皇尤利乌斯二世陛下受到神启的指引下带领的唯一真正教会的诞生做准备。即使是广受欢迎的线上交互式百科全书维基百科，也说：

> 天顶壁画的主题在于表现人类需要救赎的教义，而救赎是上帝通过耶稣提供的。
> 换句话说，天顶壁画表现的是上帝完美地创造了世界，然后又创造了人类。人类堕落了，受到死亡以及离开上帝的惩罚。上帝派先知和女预言家前去告诉人类，救世主或者说基督、耶稣，将带给他们救赎。上帝准备了一个家族的人类，从亚当，还有《旧约》中描写的例如大卫王等众多角色，直到圣母玛利亚，人类的救世主耶稣将通过她去到人间。天顶壁画中众多的组成部分与这一教义联系起来了[3]。

简单明了……除了——如果这幅作品确实具有深刻宗教意义的话，为什么米开朗基罗藏了至少三个指向教皇的不雅手势呢？如果它的确具有深刻天主教意义，为什么在300多个人物中竟然没有一个基督教人物？我们也将看到，除了一系列分散在房间周围、几乎看不到的名字——从亚伯拉罕到耶稣的犹太父亲约瑟夫——之外，天顶上没有任何基督教的东西，并且很清楚，没有基督教的符号或者人物。要覆盖12 000平方英尺空间，要说米开朗基罗作画的地方不够了，这是令人怀疑的。而且，耶稣和玛利亚跑去哪里了？他们在整幅作品中从未出现。

这幅著名的天顶壁画，百分之五是由其他教符号组成的，而剩余的部分——约百分之九十五——全都是犹太教的主题，英雄和女英雄们。和上文提到的维基百科文章一样，许多导游和解说员都声称，米开朗基罗对这件作品的创作理念是以耶稣最后的救赎告终的——也就是，位于前壁上的《最后的审判》。这一常见的解释也存在一个问题，米开朗基罗在 1512 年离开了西斯廷教堂，希望永远不用在那儿再画任何一笔。22年之后，另一任教皇强迫米开朗基罗创作了位于前壁上的壁画。这很难看作是有计划的慎重考虑后创作的作品。

多年来，梵蒂冈提出了许多非常牵强附会的解释。其中一些宣称，米开朗基罗一定是遵循了冗长、晦涩的关于耶稣救赎史的说教——要不就是来自维泰尔博的埃吉迪奥 1502 年（那时米开朗基罗还住在佛罗伦萨）在罗马关于世界历史的冗长训诫，要么就是来自米开朗基罗从没见过或读过的其他神学家，甚至是狂热的萨沃纳罗拉的一系列布道。米开朗基罗因为修道士的夸夸其谈深受创伤，他宣称，甚至到了晚年，他的脑中还依然能听到多明我会修士的声音。有些艺术史学家认为，这是米开朗基罗深受基督教影响，热爱教会的证据。

我们让这位艺术家自己决定。在完成这项令人元气大伤的天顶壁画任务之后，1512 年，他写了另一首愤怒的诗寄给朋友，形容梵蒂冈：

在这儿他们把圣杯做成盔甲和宝剑，
把基督的圣血一捧一捧出卖，
他的十字架和荆棘被做成了长矛和盾牌；
即便如此，
基督的耐心依然。
但是别再让他到这儿来；
他的血会溅到群星之远；
因为在现今的罗马他的肉在被贩卖；

通往美德的每条道路都被封堵[4]。

　　写下这些诗句的人不会为了向尤利乌斯二世领导下的神圣教会唱一首赞美光荣的颂歌，而在糟糕的环境中辛苦劳作四年半。在接下来的章节中，我们会将你带入一段前所未有的私人之旅———步步地解释米开朗基罗在西斯廷天顶上所创作的真正内容。

第二篇

西斯廷教堂私人之旅

A Private Tour of the Sistine Temple

第七章

踏入大门

没有见过西斯廷教堂的人，无从想象凭一人之力可以达到的成就。

——歌德

你进入教堂的方式与从前不同了。

今天，你第一次看到这雄伟的壁画，与米开朗基罗当初的设想远远不同。罗马教皇壮观的大门不对普通游客开放，所以游客需要穿过远在教堂尽头的一条狭窄的教徒通道进入。如果你得空回头看一看，会注意到你刚刚从"投毒者教皇"亚历山大·博尔吉亚（Alexander Borgia）的家族徽章底下走过，从米诺斯王的胯下走过，在壁画《最后的审判》里，他被判生殖器永远被毒蛇啃咬。

忙碌不堪的卫兵马上引领你离开祭坛区域。你随便挤入正厅，挤满了上千名疲倦的游客，他们刚从迷宫般的梵蒂冈博物馆里转出来。你被淹没在一群不知所措的游客和朝圣者之间，工作人员尖声喊着"安静……禁止拍照，禁止摄像"，然而傲慢的游客还是自顾自地拍照摄像。你抬起头，伸长了脖子，试图看看那些你只在照片和介绍里看过的壁画，但你只能看到数百个扭曲的人物、形状、明亮的色彩。

在你离开这高强度感官负荷前的最后 10 或 15 分钟里，大多时候你都是倒着看，这与米开朗基罗设计的方向相反。

大部分游客就是这样游览西斯廷大教堂的。

难怪，少有人注意到米开朗基罗的大多数深远含义和信息。甚至几个世纪来，学者们也错误解释或忽略了天花板的许多秘密。为了充分欣赏米开朗基罗的西斯廷教堂奇迹，观看者需要了解米开朗基罗的动机、背景、早年在佛罗伦萨美第奇宫受私人教师的思想启迪，以及也许是最为人所忽视的对于他整个职业生涯的影响——他对于犹太教和《卡巴拉》神秘教义的迷恋。是他想出了后来在西斯廷教堂融合的所有被禁的知识吗？我们已经指出了一些潜在的"嫌疑人"，比如教皇的犹太医生施米尔·萨尔法蒂和基督教卡巴拉主义者托马索·因吉拉米，但我们永远无从得知实情。我们知道的是，身患梅毒、事务缠身的教皇尤利乌斯二世，最终确实把设计天花板的任务交给了爱争论的米开朗基罗。任务完成的 11 年后，米开朗基罗在一封私人信件里描述，他与教皇对于设计有分歧时（"那时看起来最终效果不会好"），尤利乌斯二世最终妥协了——一位教皇史无前例地向一位画家认输了。令人意外的是，尤利乌斯二世又给了米开朗基罗"一笔可以自由使用的佣金"。不管他的犹太知识源于何处——他自己的研究学习还是有人秘密给出的建议——都是这位曾是雕塑家，而后被迫成为油画家的人最终冒着牺牲自己的艺术和生命的危险，选择把这些思想融入其总体设计。

那这个设计是什么呢？这伟大的壁画究竟代表着什么？为了充分理解壁画，我们必须以米开朗基罗创造的并且希望人们诠释的方法去感受它：一步一步、逐层展开。

要记住，一开始所有来教堂的游客都是从正门进入的，体会圣殿作为一个有机的整体，首先从大门纵览整个大厅看到另一头，然后一步一步慢慢地沉浸在这画面之中。米开朗基罗有两层目的：一方面，宏伟的全景视野会产生强烈的震撼，让人不由自主地受到视觉和情感的冲击；但还有另一个功能——这是一种隐藏其作品中更深层、更危险信息的手段。米开朗基罗加入了多种不同的元素，让普通观众分心、混乱，最终产生迷惑。

为了让你了解米开朗基罗在教堂壁画中包含了多少内容，在此简要列出壁画的重点组成部分：

- 视觉陷阱
- 犹太人的四次救赎
- 犹太人的祖先系谱
- 先知
- 女先知
- 大徽章
- 花环
- 巨幅裸像
- 青铜裸像
- 丘比特裸像
- 创世纪《犹太法典》的前两个部分
  ——按照事件顺序

过多的信息量和装饰使得这足有约 12000 平方英尺的世界上最大的壁画，看起来过于冗杂、夸张。我们得清楚：它确实如此，并且是有意为之。想一想，这相当于一个魔术师表演手法敏捷的魔术。他会用一只手不停地挥手，做出夸张的手势和让人分心的动作，因此你不会注意到他另一只手的真正动作。西斯廷教堂的艺术作品也是如此。

当然，我们可以在壁画中的每一个元素中找到意义，但即使随便与米开朗基罗的雕塑和建筑作品展现出的朴实简单相比较——比如《大卫》《卡比多里奥广场》《圣母哀悼基督》和《美第奇教堂》——显示出西斯廷教堂的感官负荷是米开朗基罗有意而为之。米开朗基罗的天才在于他让观众看到许多事物——是为了隐藏那些最好秘而不宣的事情，以便为数不多的知识渊博者去解读。也就是说,他展示了无数的树木,让我们看不到整片森林。

为了能以米开朗基罗为知音设计的隐秘方式欣赏教堂天顶,想象你闭着眼睛走进教堂,有人指引着你走下祭坛台阶穿过房间,穿过大理石隔板,来到另一头,这时你转过身睁开眼睛。这个想象是恰当的,因为要理解米开朗基罗所有的秘密信息,你需要摈弃传统的解释,勇敢向前,改变思维方式,发现新的现实。

为了揭示、理解西斯廷教堂穹顶的这些秘密,我们需要以一种新柏拉图主义和卡巴拉主义的方式细心前行:从边缘开始,向内探索,一个元素一个元素地到达含义的核心。

现在马上注视教皇的木头大门正上方,你会在天顶上看到七位犹太先知的第一位——撒迦利亚(Zechariah)。无论什么时候,教皇从正门进入教堂,撒迦利亚都坐在他的正上方,而此处正是尤利乌斯二世希望米开朗基罗绘制耶稣的地方。

为什么一个更年轻的、不知名的犹太先知会在西斯廷教堂正门上方?米开朗基罗一定是出于多个原因选择了他——这里也有多层含义,对犹太教法典和卡巴拉思想至关重要,对米开朗基罗十分珍贵。首先,撒迦利亚警告了第二圣殿腐朽的神职人员:"开门,哦黎巴嫩,火焰也许会烧灭你们的香柏树。"(《撒迦利亚书》)这是一个预言,如果神职人员不停止腐败、非宗教的行为,进攻的敌人会冲破教堂的大门,而部分由来自黎巴嫩的香柏树所建造的所罗门神殿,会被烧毁。而发出这一警告的人,就在尤利乌斯二世教堂的大门之上。

撒迦利亚也是抚慰人心和救赎的先知。正是他敦促犹太人重建耶路撒冷和所罗门神殿:"万军之主耶和华说:'我的城镇必再次充满福乐,耶和华必回心转意,再次怜悯锡安,再次拣选耶路撒冷。'"(《撒迦利亚书》)米开朗基罗以他自己的方式提示我们,他知道西斯廷教堂是什么——所罗门殿的原尺寸复制品，也就是犹太圣殿长方形的后端。然而与此同时，他让我们知道他并不支持教会分离主义的神学，他不相信耶路撒冷能够被一个外国的所罗门神殿复制品取代。

撒迦利亚的另一个幻象包括将要困扰以色列的"四只角"。这是四个外国压迫统治下的流放者：已经灭亡的古印度；在撒迦利亚的时代已经趋于灭亡的古巴比伦；刚征服波斯的古巴比伦；最后是希腊。这四只角在天顶角落的曲面上反映出来，围绕着撒迦利亚，包含着众多秘密，需要在接下来的一章中讲述。

撒迦利亚还有一个关于圣殿中的圣烛台，又称"金色七枝（branch）烛台"的幻象。虽然有七个枝，但它们都是由同一片金箔制成的，并且

撒迦利亚就画在教堂入口的正上方　　　撒迦利亚的脸是照着教皇尤利乌斯的脸画的

每枝的光都照向中心。因此西斯廷教堂中最初所有格栏的顶端都用大理石雕刻了七束烛火——这代表着摆放在撒迦利亚像正前方的圣烛台。根据先知，这七束烛火是"上帝之眼"，俯视众生。

"七个不同的枝源自同一片金子"是撒迦利亚教义的核心，也是米开朗基罗信息的核心。它的含义是，即使有许多不同的信仰，上帝有许多名字，最终将合而为一，归为共同的光芒。《圣经》中没有任何一个民族有权力试着主导、征服、推翻或改变其他民族的信仰。"'不是倚靠军队，不是倚靠能力，而是倚靠我的灵，才能成事。这是万军之主耶和华说的。'他对我说。"（《撒迦利亚书》）从一开始装饰教皇的这个至上主义、排外的独一真教会的圣殿，米开朗基罗画了一个《希伯来圣经》中最普世、包容的角色，希望有一天他的信息能够被听到和注意到，即使在梵蒂冈的西斯廷教堂中："……到那日，耶和华必为独一无二的，他的名也是独一无二的。"（《撒迦利亚书》）

这个反叛的艺术家依然在教皇希望放置耶稣的重要位置画了一个次要的犹太先知。米开朗基罗能做到避免教皇震怒而公开违背教皇的意愿吗？用一个次要的先知代替耶稣可能会给任何一个被委以任务的艺术家带来不幸，但是米开朗基罗巧妙地安抚了他的主顾。撒迦利亚并不单纯只是一个圣经人物理想化了的画像。米开朗基罗在这个古代希伯来先知的画像上叠加了尤利乌斯二世的画像。不仅如此，米开朗基罗还描绘了撒迦利亚穿着一件品蓝色和金色的斗篷——拉诺拉家族的传统颜色，教皇西克斯图斯四世和他的侄子尤利乌斯二世的家族。用罗马教皇的画像代替耶稣的形象？对极端利己的尤利乌斯二世来说是完全可以的。这画像将他的面容永久放置在这座为未来所有教皇们准备的壮观新圣殿中，纪念着他的家族的建造人角色。

尤利乌斯二世与耶稣并列置于皇家教堂入口，从心理学视角看是米开朗基罗的大手笔。在这项伟大计划的一开始，这一招一定帮助安抚了

两个丘比特"将无花果呈给"了教皇尤利乌斯的画像

教皇对于这位反叛艺术家行为的恐惧。不难想象，米开朗基罗依靠给予
自大教皇这样的小贿赂，拒绝了教皇的完全基督教屋顶设计要求，且获
得了他的许可。

　　但是米开朗基罗没能完全抑制住他对主顾的真实想法。他感到心烦
意乱，想到要孤独地在梯子和脚手架上待许多年，创作他最不屑的艺术
形式——油画——而不能追求他生命中最大的热情——雕塑。所以他在
本应是向教皇致敬的描绘中又融入了另一条信息，向我们呈现出完全不
同的视角。

米开朗基罗在有撒迦利亚的画板上创造丘比特裸像，或者是小天使的"配角"形象，微妙地向观众"悄声说着"这位艺术家的真正想法。他们越过先知的肩头，随意地看着他的书。一个天使靠着他的伙伴，就像两个现代意大利球迷在地铁上看别人手里的报纸上最新的比赛结果。很难发现的是这个单纯的金发小天使，倚靠在别人身上，在尤利乌斯二世的脑袋后面做出了一个极度粗鲁的手势。他握拳，拇指从食指和中指中伸出。这个手势叫作"无花果"——中世纪和文艺复兴时期版本的"伸出中指"，或者更口语化，"比中指"。它故意被画得模糊、朦胧，因为如果年长的教皇看清楚了，米开朗基罗的职业生涯——更有可能是他的人生——当场就会完结。

的确，几乎没有人意识到这个手势，但是到了今天，教皇的队伍穿过巨大的门，进入教堂参加一场罕见的弥撒，教皇从被米开朗基罗竖中指的前任教皇画像的正下方走过。

第八章

天　穹

如上，如下；如下，如上。
——卡巴拉教谚语

　　米开朗基罗出于许多原因拒绝为西斯廷教堂绘制天顶画，其中之一就是这座教堂缺乏古典建筑细节。尽管西斯廷教堂完全遵照所罗门圣殿的尺寸和比例，却有简单的中世纪风格之感。教堂天顶为桶形拱穹，没有过多装饰，仅12个三角形环绕四周，才稍减素俭苦修之感。这和米开朗基罗的喜好截然相反。他偏爱那些其他教的罗马建筑，比如万神殿，再比如那些遍布罗马的希腊－罗马式肌肉男雕像，古罗马广场上残缺的飞檐，还有马克森提斯殿的方格天花板等。西斯廷教堂这种中世纪拱顶设计完全不符合米开朗基罗的品位。

　　这里有一个关于米开朗基罗的故事。那时候的他年事已高，名利双收。在一个下雪的冬日，一位主教乘着华丽的马车经过，发现这位伟大的艺术家步履维艰地走在污水泥浆间，向斗兽场和广场走去。（那时候古罗马广场被称为"campus bovinus"，即"母牛场"，因为古罗马早已消失在灰烬之中，只剩下一些建筑高耸于此，昭示着昔日辉煌。）主教让他的车夫停在米开朗基罗身边，请他上车捎他一程。但这位骄傲的佛罗伦萨人拒绝了主教的邀请，他说："谢谢你，但我要去学校。""学校？"主教十分困惑地问道，"你是伟大的米开朗基罗，还有哪所学校能有东西教你？"米开朗基罗指指斗兽场和广场的断壁残垣，说："这就是我的学校。"

策划这幅伟大的天顶画作时，米开朗基罗首先构思了一个错视结构，从视觉上撑起整个穹顶，还可以作为画框，种类繁多的画板和图像均囊括其中，就好像一个 65 英尺（1 英尺 ≈ 30.48 厘米）高的空中画廊。这个结构还有许多其他功能。尽管看起来像是沉重的大理石，这个结构视觉上却减轻了拱顶的重量，仿佛要带着拱顶升上天堂。站在教堂主入口，教皇像在你面前排开，整个天顶看起来却并不单调扁平，反而好似一架飞机即将升空。为了增强视觉效果，米开朗基罗还在天顶尾端分别插入两片假想天空，让观众下意识地认为整幅壁画是一个开放的、宛如幻境的空间。这个结构也让观众明白，天顶并非各种毫无联系的图像组成的"大杂烩"，而是一个真正统一的、有机的思想体系，就像米开朗基罗从小便受熏陶的新柏拉图派哲学一样统一连贯。

这个人造的罗马式构造为米开朗基罗作画提供了总体框架。显然，其设计深受新柏拉图派影响。米兰德拉和美第奇家族门下的老师们对亚历山大的斐洛（Philo）[1]大为推崇。斐洛是一位早期的犹太哲学家，在公元 1 世纪前叶提出影响深远的卡巴拉主义思想体系。实际上，许多神学家、宗教历史学家都认为斐洛的著作对早期基督教起到了重要的规范作用。《论世界的创造》（De Opificio Mundi）是斐洛较为著名的作品之一，书中斐洛将上帝描绘为宇宙中的"伟大建筑师"。

> 若有一国之主或有绝对权威的领导者，他富有想象力又一心展示国力或财富，野心勃勃要建造一座城市。出于偶然机会出现这样一个人，良好的教

---

1. 亚历山大的斐洛是希腊时期重要的犹太思想家，他的思想是联系希伯来文化、希腊文化、基督教文化的纽带。他生活在当时各种文化宗教思潮汇集的大都市——亚历山大城。——译者注

育使他建筑技艺卓群，洞悉了当地得天独厚的地域特征和美景，他首先在脑海里尽量完整地勾勒出这座即将拔地而起的城市……仿佛在蜡板上作画，他逐一描绘每一座建筑的构造，于是整个城市跃然心中……宛若一名优秀的工匠，他眼不离模型，一石一木地开始搭建城市，用有形的实体复刻脑海中无形的构思。现在，我们必须以类似的眼光看待上帝，他决心建造一个庞大的国家（即宇宙），他先在心中构思其形状，根据这个形状创造一个仅有领悟力者才能感知的世界，以此为模型再建造一个外部感官也能看见的世界[1]。

这段优美的文字描绘了一位建筑师——也是一位文艺复兴时期的艺术家——创作壁画的过程。画家首先需要整体构思，在脑海里勾画，然后在纸上画出草图并预制全尺寸画，最后再将其转画到永不磨灭的灰泥墙上。

米开朗基罗作画时心中必然装着斐洛万物融合的哲学思想。正如神圣的建筑师需要对创造万物这一宏大的计划进行整体构想一样，艺术家们首先也需要对其作品的统一性有所思量。

米开朗基罗曾研究过《米德拉什》，也就是对犹太教圣经进行通俗解释的书籍。在此过程中，他应该读到了那句有名的格言："造物者以妥拉律法作为宇宙蓝图。"万物诞生以《犹太法典》为先。《米德拉什》中有这样一段律法的自述："我在圣者的脑海里诞生，就好像总体设计在匠人脑海中成型。"《米德拉什》继续说："依世间之道，血肉之躯的君主修筑宫殿之时，并非依据自己的突发奇想，而是像建筑师一样谨慎构思。仅仅是构思还远远不够，这位建筑师还必须设计、谋划、画图以确定房间布局和便门位置等细节。哪怕是圣者，在创造世界的时候也需要以律法为参考。"（《太初·拉巴》）

建筑设计这个比喻在经典犹太思想中极为重要——之后被新柏拉图学派采纳，甚至和一神论及亚伯拉罕邂逅上帝产生关联。亚伯拉罕怎么就得出如此惊人的结论，认为世上定然存在唯一的、独一无二的造世主呢？《米德拉什》的解释是，生活在其他教世界的亚伯拉罕一开始并没有意识到更高力量的存在。但一天，"亚伯拉罕经过一座宫殿，看到里面建造精美的房间、精心修剪的草坪和精妙设计的环境。他想：'如果没有建筑工人和建筑设计师，这一切有可能自己出现吗？这当然很荒谬。这个世界一定也是同样的道理，如此精妙绝伦的设计背后一定有一位设计师。'"（《太初·拉巴》）正是"神圣的建筑设计师"这一理念为人类带来了"一神论"。

对于米开朗基罗而言，他为西斯廷教堂天顶打造的建筑框架不仅阐述了神明和人类建筑设计师的共通之处，也传递着卡巴拉教派一个重要原则，即和谐统一。而天顶还藏有另一个鲜为参观者所知的玄机。斐洛哲学认为一切信仰和文化同根同源，殊途同归。为了阐述这一观点，米开朗基罗创造出了文艺复兴时期最令人称道的错觉艺术作品。天顶画中间一列画面均由被称为"ignudi"的巨形年轻裸体男子画像隔开。这些裸体男子均为坐姿，脚或脚趾靠在有错视效果的方台上，下方的石台基座上还雕刻有成对的小型裸体丘比特。这些方台遍布天顶，角度各异。无论站在教堂何处看这些方台，它们似乎总是以各种散乱的角度跃然而出。

然而，站在大理石拼接地板正中的斑岩圆盘中心点上看，则是另一番景象了。当且仅当站在这个点上仰望天顶，你才会发现所有方底突然统一战线，直直地指向你的头。

在离教堂地面 65 英尺的高空，透过脚手架和垂落帆布的视觉阻碍想象出视觉线路，四年如一日，没有电脑和激光校准设备的辅助。这样的情况下，米开朗基罗却完美地实现了这一点，这着实令人叹为观止。

为什么米开朗基罗要选择这一块斑岩圆盘来呈现这一非凡的视觉效果呢？这是因为当时的教皇在许多教堂仪式上就跪在这块圆盘上。那时教堂中央有一面白色大理石圣坛屏风，从圣门进来首先看到那块圆盘，紧接着就是屏风。在耶路撒冷所罗门圣殿中，大祭司需穿过幔子进入至圣所。原教堂设计者们用屏风代表幔子，以显示该教堂与所罗门教堂的联系。屏风将西斯廷教堂内外隔开，天主教教皇穿过屏风进入圣所内部前，需要先跪在最后一块仪式圆盘上，也就是十个同心圆正中的位置，这些同心圆与《卡巴拉》教义中"生命之木"象征宇宙的十个圆（宇宙中的十个球面）类似。米开朗基罗壁画中还有一处点睛之笔。如果教皇向上看，整个亚历山大建筑雄踞其顶，任何一个在此处伫立仰望的圣者都会感叹自己的渺小。（不过，尤利乌斯二世何其自负，他可能觉得这恰好证明整个宇宙都围着他转呢。）

　　无论这种视觉效果是旨在唤起激动之情还是敬畏之心，米开朗基罗仿佛变魔术一般，将这个 16 世纪的天顶和教堂早期的装潢融合起来。实际上，也只有在那个位置看，教堂才是一个和谐的整体，而不是来势汹汹的视觉轰炸。米开朗基罗使教堂的新天顶和老地面浑然一体，共同构成独特的宣言。正如一条古老的《卡巴拉》教义所言："如下，如

从照片可以清楚看到西斯廷教堂地板上教皇专属圆形岩盘和以其为中心的十个同心圆环

上;如上,如下。"换言之,地面设计反映了天顶设计传达的精神,反之亦然。米开朗基罗充分汲取了古犹太思想的神秘教义,即我们在地球的行为,无论善恶,都会对宇宙产生影响。米开朗基罗作为新柏拉图学派的信徒,自然对此深信不疑。

在为新柏拉图主义奠基人普罗提诺(Plotinus)撰写的传记中,波尔菲里(Porphyry)记录了他这位老师临终前对学生的一番嘱咐:"努力唤起内心的神性,与万众的上帝产生共鸣。"[2]这句话作为新柏拉图哲学大师最后的遗产,在米开朗基罗西斯廷教堂上下两个维度的统一中体现得淋漓尽致。

米开朗基罗完成西斯廷教堂天顶画多年后,这种"上即是下"的风格在其他罗马建筑中得到了沿袭,例如,法内尔塞宫(米开朗基罗本人也参与其中)和巴洛克建筑家博罗米尼设计的圣依沃大教堂。17世纪,博罗米尼跟随米开朗基罗的脚步,在其多个教堂设计中均暗藏了卡巴拉教甚至共济会意象。例如,圣依沃大教堂地面和圆屋顶都有相同的隐藏式设计——卡巴拉教的所罗门封印,也就是今天大家所谓的"大卫之星"。文艺复兴亦如是,巴洛克亦如是。

目前,我们才看过天顶上至关重要的建筑"基础"以及门口第一块石板。已经不难发现,米开朗基罗运用古老的卡巴拉教设计使教堂和谐统一,表面上讨好着危险的尤利乌斯二世,背地里却在诅咒他……而这位狡猾的艺术家只刚刚热了下身。

到此,你的眼睛可能已经移不开天顶中心那些有名的画板,但正如米开朗基罗本人所说:"天才有永恒的耐心。"现在我们需要像剥洋葱一样,继续一层一层揭开教堂的奥秘。接下来的几个要素在整幅壁画中最容易被人忽视,殊不知其背后却藏有西斯廷教堂最大的玄机。

第九章

大卫家族

这是你我之间世世代代相连的证据……
——《出埃及记》

　　有一点需要记住，西斯廷教堂天顶壁画这个项目最初是由教皇和他最亲密的顾问们委任的。耶稣应当是整个壁画的焦点，众信徒甚至玛利亚和施洗者约翰众星拱月般围绕在其身边。教皇尤为重视这个项目，因为这个教堂最初由其叔叔西克斯图斯四世主持建造，是家族荣耀的永恒象征。现在，米开朗基罗却和项目的初衷背道而驰，暗地宣传自己的信仰，尤其是那些人文主义、新柏拉图主义和普世包容的思想。通过以教皇形象代替耶稣形象，米开朗基罗暂时安抚了尤利乌斯二世，但其间没有任何一个基督教形象，他凭什么让教皇为这幅世上最大的天主教壁画买单？他又怎样让他的设计过审？梵蒂冈认为天顶甚至整个教堂设计传达的理念是：早期宗教，包括犹太教，都是为弥赛亚耶稣的降临做铺垫。但实际上，天顶的主角却是希伯来圣经中的男女英雄。

　　为了解决这一困境，米开朗基罗加入了《祖先》这个部分，位于天顶正中壁画的下方，依据基督教圣经第一卷《马太福音》（*The Gospel of Matthew*）追溯基督谱系。这样米开朗基罗至少象征性地完成了他的合同义务。这是整幅壁画中唯一的基督元素，哪怕族谱采用的是祖先们在拉丁文圣经中的名字，甚至只是人名的堆砌，没有任何人物形象极不显眼。不过，这位艺术家的反体制本质从他选择的基督教文献本身也可见一斑。米开朗基罗之前，耶稣谱系通常以《路加福音》（*The Gospel of Luke*）为准，最早追溯到亚当而不是亚伯拉罕。的确，许多中世纪以及文艺复兴时期耶稣受难像中，十字架的下方都画有亚当的头骨，象征着基督牺牲自己让人类得以从那些因亚当和夏娃而起的原罪中得到救赎。但是在西斯廷教堂，耶稣家谱中所列均是犹太人。

这些看似次要的元素往往为人忽视，只有最博学之人才会注意，但实际上正是这些元素拯救了整个天顶画项目——可能还救了创作者的命。牢记一点，教皇给米开朗基罗安排的任务是创作一系列耶稣和其信徒的画像，但这位叛逆的艺术家却在创作第一天就违背了合同约定。

这些带有名碑的"祖先"并不是依序排列的。犹太祖先的名字：亚伯拉罕、以撒和雅各原本位于主祭坛附近的前墙上——弥撒过程中众人注意力自然集中在此。血统关系中十分重要的名字就是雅各和约瑟夫，即耶稣的祖父和父亲。根据教廷给出的解释，米开朗基罗是按照时间顺序进行绘画的，他在中间部分所绘制的《创世纪》图景也是如此。然而，这些最终确定的人名实际上是看不到的，这些名字在后墙的右下角被挡住了，那个地方通常有阴影遮蔽，自然也会被一般的游客所忽略。如果穹顶作品的目标当真是要展示耶稣降生之前的所有古代历史，那么这一组祖先本该占据一个更加中心（显眼）的荣耀位置。

马太在《马太福音》一书中的目标就是，直接呈现出从亚伯拉罕到耶稣父亲约瑟夫的血统关系。但如果这也是他的目标，米开朗基罗所采用的方法就有些奇怪了。他本可以简单地按照时间顺序绘制名字，然而他并没有这么做。相反，他倒遵循起前任教皇错视画[1]壁龛上的混乱顺

---

1. 错视画译自法语 trompe l'oeuil，是一种故意将画面和实景混合在一起，令人产生错觉的画法。比如在墙上画一个壁龛，里面画一瓶花，让人以为真的有壁龛和花瓶的存在。——译者注

序，那里的壁画是 14 世纪由波提切利以及他的佛罗伦萨画派艺术家团队所绘制的。20 多年之后，米开朗基罗毫不犹豫地移除了祭坛前墙的两个重要名碑：《亚伯拉罕 – 以撒 – 雅各 – 犹大》和《法勒斯 – 希斯伦 – 亚兰》，为他的壁画《最后的审判》让位，而且在这个过程中，他在教堂装饰方面也彻底打破了耶稣血统谱的束缚。

因此，人们很难看懂米开朗基罗按血统关系给这些名碑排的顺序（更像是乱序）。幸而，为了他自己以及整个西方艺术的未来，他还是成功说服了尤利乌斯和他的顾问们，整个穹顶设计所传达的唯一信息，就是耶稣诞生之前世界的进化史。如果他们知道了这位艺术家隐藏在图像中的真实信息，人们不禁好奇穹顶的作品是否还能留存至今。

如果分析一下《祖先》（The Ancestors）这幅画，我们很快就能注意到，在这些家谱"名片"的上方有 8 个三角形（叫作"穹顶的分隔间"），展示出模糊的家庭分组，人物衣着均与《圣经》一致。即便是西斯廷教堂最传统的梵蒂冈教廷解读者也表示，这些人物的身份只是猜测而已，不可能得到百分之百的确认。大多数教堂的评论家只表示这些悲伤、疲劳的家人，象征着历史上的犹太人深陷放逐困境、饱受煎熬，悲伤地等待着耶稣回来救赎他们。

然而这个解释有一个明显的问题：三角形中的大多数犹太人并没有显得特别悲伤。他们确实都被限制在小的三角区域中，但是 8 组之中，只有一组似乎比较悲伤——位于耶西、大卫和所罗门名字上方的家庭，救世主弥赛亚的犹太祖先。即便是这种情况下，仔细审视检查，画面中心的母性人物一点也不沮丧，只是在平静地睡着。所有犹太祖先的三角区域给人最强烈的感觉就是：他们在耐心地观察、等待。每一个三角形中，小家庭场景完全是由母性人物掌控的。这个家庭，以及所有以色列子民构成的家庭，都是依靠着这位母亲才得以生存和延续。位于欧季亚（Ozias）、约坦（Joatham）和亚干（Achaz）名字上方的分隔区域，一位母亲正在平静地给孩子喂奶，手中拿着一块生活的必需品——面包。正如我们在其第一幅作品《楼梯上的圣母》中所看到的，对米开朗基罗来说，给孩子喂奶具有振奋人心的精神意义。

　　位于所罗巴伯上方的一组图像中，一位犹太母亲像守卫一般守望着，她的丈夫和孩子在安静地睡觉（本页左图）。后面的三角形中的一个，在萨尔蒙、博兹和奥白斯名字上方，在教皇王座上方的区域，一位母亲正在微笑，用剪刀剪开自己的斗篷（本页右图）。通常那些游荡在敌对领土上的犹太人会这样做，为了将其贵重物品藏在衣服里面，或者是之后把它们拿出来贿赂别人，又或者是庆祝旅途的安全结束。这种情况下，这位母亲平静的笑容意味着他们已经安全到达目的地——无疑象征着救赎。

　　仔细观察这些祖先构成的三角形区域，就会发现它与"官方版本"相悖，也就是悲伤的犹太人等待着耶稣，等着这个有着犹太国王血统男

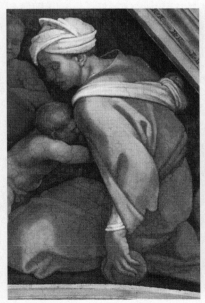

左图　　　　　　　　　　　　　　右图

性的后代。占据着名碑上方的三角形，这些佚名的普通犹太人似乎在静静地继续坚守着他们的信仰，以健康传统的家庭为单位，母性人物滋养、保护所有家人，并且是整个家庭的中心。

米开朗基罗正在传达一个清晰的视觉信息：是母亲使得信仰生生不息，家族连绵不绝。他也在隐藏一个信息，这个信息使人想起卡巴拉教派，其主张要在上帝、宇宙以及我们自身的男性和女性方面达到和谐的状态。

十种神力以及卡巴拉教生命之树[1]的创造，在男性和女性特征之间被平等地划分开来。树的两个方面分别被叫作"慈悲"——仁慈、抚养、女性特质以及"力量"——力量、严厉、批判、有力的男性特质。树的这两方面一定要保持平衡，才能确保宇宙的和谐以及个人的精神成长。这里，在《祖先》这幅画中，米开朗基罗平衡了人类家庭中父亲和母亲的精神成长（spiritual growth），借助卡巴拉教学者和新柏拉图主义学者最为崇敬的形状——三角形，创造了一个完美的平衡形象。

在女祖先三角形下方是半圆形的拱窗，上面绘有祖先们的形象。这些人物呈倒 U 形，带有之前提到的祖先们的名牌，两侧饰有想象中他们的画像。即便是在这里，艺术专家和研究教堂的历史学家也不得不说这些人物和名字不容易一一对上。然而，你的眼睛会即刻注意到这些拱形和上方稍小一点的"女祖先"三角形区域是相连的。每一个较小三角形的顶点，与每个半圆形拱窗的两个底部端点相连接时，就形成了一个完美的等腰三角形（两边长度相同）。这位艺术家正在直接向你潜意识

---

1. 生命树，希伯来文亦称 Etz haChayim（עץ מיחה），是一种在犹太教使用的神秘符号，属于犹太教哲学传统卡巴拉的其中一部分思想。生命之树用来描述通往神（在卡巴拉教派文献中，通常被称为耶和华，或"神名"）的路径，以及神从无中创造世界的方式。卡巴拉学者使用生命之树作为创世的示意图，从而将创世这个概念发展成为一个完全的现实模型。人们相信卡巴拉生命之树相当于创世纪中提及的生命之树。——译者注

中"内在的眼睛"传达一个信息，那就是上方匿名的母性人物与下方知名且重要的祖先（他们中有一些是国王和领袖）属于"同一个家庭"。这也是米开朗基罗在西斯廷教堂里传达的宏大信息的一部分：犹太人、非犹太人、男人、女人、国王、平民都是一家人。这看起来像是陈词滥调，但在当时当众宣扬这种想法是很危险的。一直到现代，皇室和他们的王朝——所谓的贵族血统都被认为是依靠神权而存在的，他们是由上帝指派的优于凡人的特殊存在。白人被认为基因上要优于有色人种，男人优于女人，雅利安人优于犹太人，等等。即便是今天，还有一些分裂主义的狂热分子想要在美国公立学校图书馆中将《安妮日记》（*The Diary of Anne Frank*）列为禁书。这是为什么呢？在她鼓舞人心的日记结尾，就在纳粹带走她之前，年轻的安妮写道："我坚信我的理想。因为无论如何，我还是相信人心本善。""所有人皆存善心"这种观点对种族至上主义的组织，甚至是所有心胸狭隘的人来说，都仍是一个危险的信息。试想一下 16 世纪早期在尤利乌斯二世的教廷中，这种普世主义的观点一定更加被认作是胆大包天。

对这位艺术家来说，这里还出现了一种神秘的"性别偏移"。根据亚历山大的斐洛所言以及其他卡巴拉教传统，上三角是男性的象征，下三角是女性的象征。这里，米开朗基罗将有力的女祖先形象置于三角形上方的"男性"区域。作为奉行新柏拉图主义的卡巴拉学者，米开朗基罗试图平衡男祖先和女祖先、男性和女性、施恩者和接受者。

再说，对这些画像的标准解释是基督诞生前祖先们都在悲伤地等待，他们在耶稣归来前一直处于地狱边境。然而，这个概念与传统教堂的教义并不相符。根据天主教的传统，为了将犹太祖先和其他非基督教的先知、圣师从地狱边境中解救出来，耶稣死后下到地狱。2006 年，教皇本笃 16 世（Pope Benedict XVI）宣布地狱边境的概念无效。那么，如果拱窗和三角形中所画的犹太人并不处于地狱的边境，那么他们在这里做什么呢？为了让我们知道他的真实意图，米开朗基罗将一些线索藏在了这些人物形象之中。

首先看到的是他们的面容。在中世纪和文艺复兴时期的大多数基督教意象中，饱受折磨、该入地狱的犹太人被描绘为冷漠无情的形象。数百年以来，这都是教堂教义尤其重要的一部分，犹太人，因为他们拒绝了耶稣的救赎，也立刻遭到了上帝的拒绝。圣殿、耶路撒冷以及整个犹太王国的毁灭都证明了这一点。这是犹太人终日流浪传奇的起源，他们依然存在的理由就是给基督教徒起警告作用、做反面教材，表明那些拒绝真正救世主弥赛亚的人命运将受到诅咒。然而在这里，米开朗基罗笔下的犹太人绝不是受到诅咒的人物形象。

历史学家非常确信米开朗基罗在罗马的犹太史部分花了很长时间，利用真正犹太人的特点来构建他的画作。对此我们也能看出一二。除了对喜爱争吵的萨尔蒙—博兹—奥白斯人物特点进行夸张处理，他的手杖顶端刻有自己的形象，他在与自己的形象打斗，所有犹太祖先的面孔都呈现出极大的智慧甚至是某种精神层面的高贵。（有趣的是，这个消极、长有胡须、好争论的人物肖像就在长有胡须、好争论的尤利乌斯教皇王位上方的墙上。）亚撒（Asa）的画像具有很明显的犹太特征，非常典型的一类，足以取悦戈培尔（Goebbels）那样的人物；然而，米开朗基罗将其展现为一个真正的人，为其注入一种高贵和修养，这不但没有贬低他，反而提升了这个人的形象。

毫无疑问，阿希姆（Achim）的轮廓具有犹太特征，但是带有一种威严，这种威严可与米开朗基罗所画的摩西甚至是上帝相媲美。所罗巴伯（Zorobabel），双眼被巴比伦征服者尼布甲尼撒二世（Nebuchadnezzar Ⅱ）弄瞎的犹太国王，被展现成一个相貌英俊、充满活力的男人，但双眼一片漆黑。女性也展现出了一种高度的优雅、智慧、力量以及美貌。米舒利密（Meshullemet）、阿蒙（Amon）的母亲，被描绘成一个年轻

壁画《亚撒》修复前

壁画《阿希姆》，整扇弦月窗修复前

漂亮的女性，心满意足地哼着歌哄她的孩子们入睡。

这些画作也广泛体现了犹太人的面部特征。宗教裁判所带来的恐怖使得世界各地的犹太人来到罗马寻求庇护，米开朗基罗也因此得以见到来自许多不同背景和文化的流亡犹太人。他描绘的犹太人有一些显然是来自东欧大地上的德系犹太人。其他还有来自法国、希腊和伊比利亚半岛的西班牙犹太人。还有一些是来自中东的，和几个罗马当地的犹太人。

在这些画作中，米开朗基罗发现了艺术的同情和怜悯。在16世纪早期，只有拥有真正开放的心态和思维，才能在描绘犹太人时尽可能地追求真实并保持可以理解的心态。只要想想整个20世纪40年代，在欧洲，人们是如何描绘犹太人的，以及在今天的许多阿拉伯地区穆斯林国家，他们又是如何刻画犹太人的，就能意识到此举巨大的重要性。

米开朗基罗为他笔下的犹太人绘制的服装风格，同时也展现出他对犹太人的熟悉和友好，反映出那些来到罗马的犹太人各自不同的家乡。早在佛罗伦萨的时候，米开朗基罗家就做一些纺织品的生意，使他的家乡也变得富裕起来。此外，他也非常了解世界各地基督徒和犹太人衣着的不同面料和风格。很多艺术专家也详细描写过他尝试改变祖先衣着的颜色，经常说他会用一些颜色来塑造下半身的形状。这只说对了一部分。洛杉矶郡立艺术博物馆服装和纺织品的保管员，爱德华·马埃德尔（Edward Maeder），在壁画清洗修复后发现了另一个秘密。米开朗基罗画笔下的犹太人穿着一种特殊的纺织品，叫作坎吉特（闪光绸）和薄绸（十字军将它从中东或撒拉逊[1]大地上带回欧洲），今天我们称其为"荧光色"的衣服，一动或一折叠都会改变衣服的颜色和色调。

在马埃德尔开创性的文章中，[1]他无疑证实了米开朗基罗不仅完

1.撒拉逊指从今天的叙利亚到沙特阿拉伯之间的地区。——译者注

壁画《米舒利密与她的孩子》（修复前）

全真实地描绘了犹太祖先的服装，而且还给他们的衣服画出了非常高端的面料，这种面料通常用于婚礼、嫁妆以及一些特殊的庆祝场合——尤其是皇室的人经常穿。显然，米开朗基罗画笔下的犹太人并不都是该入地狱、饱受折磨的。

尽管米开朗基罗对犹太人有好感，我们也要看到，在他那个年代，欧洲各地《塔木德经》和其他圣书都被烧毁了。尽管犹太人还没有被强制在犹太人区居住（第一个犹太人区于 1515 年在威尼斯建立），他们在大多数国家顶多就是二等公民，而且几乎没有什么公民权利。早在 1215 年，第四次拉特兰会议就规定犹太人必须佩戴一种特殊的羞耻徽章，以将其和好基督教徒区分开来。此外，无论在哪个国家，不管有什么服装礼仪的要求，徽章必须是黄色的。

这项规定在古代便有先例可循。9 世纪时，西西里的一个穆斯林统治者最早强制那里的犹太人在公共场合佩戴黄色的圆环、穿黄色的披肩。为什么一定得是黄色呢？根据穆斯林的传统，黄色象征着尿液和妓女。这个传统之后在中世纪曾被教会恢复，最后在现代又得以上演——大屠杀中纳粹强迫犹太人佩戴黄色的大卫之星。

将此铭记于心，我们便能领会近日教堂天花板被清洗过后暴露出的惊人细节。米开朗基罗在教堂顶部在长达四年半的时间艰苦地作画，接近尾声时，他在教皇所坐的镀金王座高台上方作画。在那里，他绘制了阿米那达（Aminadab）的肖像，阿米那达在《塔木德经》中是一个非常虔诚的父亲，他的孩子们功绩显赫。其中最有名的孩子当属纳赫雄（Nachshon），作为一个领导者，他展现了伟大信仰的力量。法老的军队曾经把以色列的孩子们困在了红海，那时，不只是摩西高举的法杖分开了海水。根据《米德拉什》的记载，当时，阿米那达的儿子纳赫雄跃入海里大喊"神啊，谁能像你一样呢？"上帝才不会再等待，于是他分开了海水。纳赫雄出于信仰的这一跳，教导人们要相信上帝能够兑现拯救人类的承诺。纳赫雄是不顾一切勇敢地跳进红海的第一人，同时也是第一位在圣坛献身的部落王子。

《塔木德经》的先哲们把纳赫雄的领导力和灵性归功到他从其父亲阿米那达那里受的教育。米开朗基罗画像中的阿米那达穿着东方袍子，顶着一头乱蓬蓬的红色卷发，看上去年轻有为。他带着愤怒的神情，双眼深邃，透出呐喊的渴望。画里的他腰背挺得笔直，这在米开朗基罗的整个画作中都是极为少见的形象。显然，米开朗基罗借此在清楚地提醒众人"要注意这个人物"。

伊本·以斯拉（Ibn Ezra）是一位伟大的诗人，也是《圣经》的注释者，他曾写道：流放导致犹太人眼中流露出愤怒和哀伤。我们能够清楚地看到阿米那达也是这种情况。米开朗基罗也感同身受。米开朗基罗如跑马拉松般长时间地仰头作画，颜料和灰泥土经常会落入他的眼中，这造成他的视力严重下降。实际上，四年半长的西斯廷天顶作画经历让他的视力不可能恢复到之前的状态。他在做这幅画的时候，内心一定是愤怒的，因为我们可以看到几乎藏在阴影中愤怒的犹太年轻人轻微地用手指比画恶魔的犄角，手指指向尤利乌斯教皇王座之上的华盖。

当清理到阿米那达左上臂（观众的右侧）那一部分的画作时，人们发现一个明亮的黄色圆圈，这是一块缝在他衣服表面的布环。这就是第四次拉特兰议会和宗教裁判所强加给欧洲犹太人的一块羞耻的标记。阿米那达这个名字的希伯来语含义是"来自我们人民的一位王子"，这指的是他的儿子纳赫雄。但是根据教廷的说法，"犹太人的王子"只能是一个人——耶稣。教皇是耶稣基督的代理者，就在教皇的头顶之上，米开朗基罗确切指出了天主教堂在他那个年代是如何对待基督的家庭的：心怀憎恨并加以迫害。

想象一位画家，在20世纪40年代被雇来在纳粹德国的天主教堂绘制耶稣神圣后代的画作，而不是描绘标准的雅利安围以光环的圣人。这

修复前的壁画《阿米那达》，箭头指示他的斗篷上有一个黄环（今天看起来更为明显）（见插图 8）

位画家描绘了一个帅气、强壮、愤怒、打破传统印象，佩有一颗黄星的犹太人，而且他就位于第三帝国高层政要的头顶之上。

这样，你就可以理解当时米开朗基罗的大胆之处了。他对着 16 世纪的教皇教廷说道："你们就是这样对待上帝家人的吗？"

这个小黄环约有 20 厘米高，它保护了画家以及他的秘密，即使你的精力没有分散到教皇及其随行人员、礼拜仪式和群众身上，也没有受到大量教堂顶部以及墙壁画作所形成的漩涡影响，这个黄环也很难被观察到。从地面上观察，教皇和他的核心成员是不可能看到的，因为他们头顶上是教皇的华盖。加上画作表面累积了厚厚的蜡烛烟灰和灰尘，后人也真的不可能观察到，直到最近的清扫和修复，黄环才为人所知。

几个世纪以来，人们都没有注意到这一细微的讯息，但是米开朗基罗的丰功伟业并没有被遗忘。1962 年教皇约翰二十三世（Pope John XXIII）隆重地召开了第二次梵蒂冈大公会议，通常人们也称为梵二会议。这次具有转折意义的大会宣布了很多具有历史意义的判决，其中一项为：永远消除教廷反对犹太人的教义。此后，包括祈祷者在内的民众不再改变受到诅咒的犹太教信仰，教堂不会再重复长期以来对犹太人错误的指控，认为他们是杀死耶稣的凶手。从那时起，在天主教堂，犹太人是"我们的哥哥和姐姐"——换句话说，就像米开朗基罗 5 个世纪之前画作中隐含的信息一样，犹太人是耶稣的家人。在教皇约翰二十三世过世 40 年后，他的称号得到了修改。现在官方的称呼为圣约翰二十三世，而他的另一个非官方头衔在普通人心中则是落地开花。意大利人简单地称他为"Il Papa Buono"，意为"好教皇"。

然而，可怜的米开朗基罗还得与儒略二世，即尤利乌斯二世和教皇监察官做斗争。他不得不在西斯廷天顶画的每个角落隐藏他支持犹太人的情感。这就是我们现在必须研究的对象，天顶画的四个角落，这也是西斯廷天顶画中人们误解最深的一些画像。

第十章

宇宙中的四角

你应该将你的墙壁称之为救赎。
——《以赛亚》

　　米开朗基罗西斯廷天顶画最了不起的工艺成就，是他影响最为深刻的一系列表述，也是整个天顶画最被忽视的地方，就是天顶画的四角。

　　天顶画四个拱肩式扇形的曲面墙板（意大利语：pennacchi）连接着教堂的墙壁和天花板。建筑学的术语称之为"穹隅"，这一结构形似悬挂的三角板。由于拱肩独特的形状和位置，这是最难画的部分，更不用说拱肩表面带有瑕疵的凹面。米开朗基罗之前并没有在拱肩上画过壁画，但是他如摄像机般的记忆力帮他解了围。米开朗基罗 13 岁的时候在佛罗伦萨刚刚开始做学徒，他曾经帮助过他的老师基尔兰达伊奥（恰巧，他是西斯廷教堂 15 世纪最开始的那批壁画艺术家之一）在很短的几天里画过一些相似形状的墙板。这些是新圣母玛利亚教堂内托纳波尼小圣堂山墙饰内三角面，或者称之为平面三角面。为了调整不规则形状所带来的影响，基尔兰达伊奥在中间部分创造了大面积的垂直效果，缩小了两侧画像的面积。

　　米开朗基罗之前没有画过壁画，更没有接触过内凹的三角曲面，但是 20 年之后，他在西斯廷教堂的四个拱肩上机智地采用了和他的老师一样的技巧。由于垂直视觉将重点放在了拱肩的中间部分，拱肩表面看起来是平整的，而不是向内弯曲的，这是西斯廷教堂艺术家们利用的另一个完美的视觉差。这不仅仅是一个技术解决方案，同时米开朗基罗在其中隐藏了一层又一层的真实信息。

在小礼堂的尽头，我们先看到撒迦利亚的画像，先知的两侧可以看到前两个拱肩。这两个拱肩的画面设计要比四年后另外两个拱肩的设计简单很多，因为米开朗基罗在绘画的过程中也在不断学习。在左侧，我们可以看到朱迪思（Judith）的故事，她砍下了敌人首领荷罗孚尼（Holofernes）的头。在右侧，我们可以看到大卫和哥利亚相战中最激烈的部分。

这两个三角板都反映了一个共同的主题，犹太教的敌人残忍，看似不能征服，但却被表面上脆弱且毫无自卫能力的希伯来人砍下了头。很明显的是，其中一个故事突出了女性朱迪思的英雄角色，另一个英雄则是小牧童大卫。米开朗基罗作为一个年轻的学徒，已经看到美第奇宫庭院中由多纳泰罗创作的朱迪思和大卫的雕像，然而在西斯廷教堂，为了能够隐藏当时被禁止传播的信息，他完全改变了这些画像。

在小教堂西端的祭墙上也有两个拱肩，左角讲述的是以斯帖和哈曼的故事，右角讲述的则是摩西铜蛇的故事，同样，我们有一个男性和一个拯救犹太人于某种灾难的女英雄。但是，为什么米开朗基罗选择了这四个特定的故事，他又为什么将之画在这些特定位置？

首先，让我们快速回顾一下这些故事。

《朱迪思卷》来自《新约外传》（Apocrypha），这本书收集了天主教的《圣经》中推崇的宗教故事，而不是犹太教的那本《圣经》，但是犹太教的那本对于两种宗教信仰来讲都非常重要。因此，《新约外传》连接了两种宗教，米开朗基罗显然特别欣赏这一点。《朱迪思卷》和《马加比家族卷》中都包含犹太教的传统，因此内容相连，《马加比

画有朱迪思和荷罗孚尼的三角板，位于教堂的东北角（见插图 9）

画有大卫和哥利亚的三角板，位于教堂的东南角（见插图 10）

家族卷》包含了犹大·马加比（Judah Maccabee）和希腊亚述犹太人之间的宗教解放战争故事。如今，庆祝这一战争胜利的内容可以在光明节的故事中看到。朱迪思是一位美丽的犹太寡妇，当荷罗孚尼准备攻占她的家乡以色列伯图里亚以作为摧毁犹太教的第一步行动时，朱迪思没有任何防备。受到惊吓的民众宣布全民禁食，祈祷上帝的解救。朱迪思计划了一个大胆的策略：她打扮妖艳，穿着华丽的服饰，离开了家乡，陪伴她的只有她最信任的女仆，完全没有武器。除了她的信仰、美丽和智慧，她没有任何武装。他们很快就被荷罗孚尼的士兵拦下来，她们两个本来肯定会被奸杀，但是朱迪思表示她会在性方面向荷罗孚尼屈服并且给他提供机密信息，帮助他的军队不损失一兵一卒占领伯图里亚。这些话说服了士兵直接带着她们去了将军的营帐。荷罗孚尼很快被朱迪思惊艳的容貌和魅力迷得神魂颠倒。荷罗孚尼向他的军队宣布可以提前庆祝战争胜利了，并且在他的营帐中单独为她们准备了盛宴。朱迪思不停地给荷罗孚尼和他的护卫灌酒，庆祝犹太人的毁灭。之后，朱迪思开始祈祷神赐予她力量，并在荷罗孚尼躺在床上神志不清的时候，用他的宝剑砍下了他的头。之后，她和女仆把荷罗孚尼的头藏在篮子里，带回了家乡。朱迪思把荷罗孚尼的头颅展示给民众，大家非常高兴，士气大涨。人们将荷罗孚尼的头悬挂在城墙的正面。希腊亚述人的军队看到他们首领的头后彻底绝望，全军毫无勇气再战，纷纷逃离。犹太人乘胜追击，彻底打败了敌人，他们甚至花了好几天的时间收集曾经叱咤风云的荷罗孚尼军队的战利品。

大卫的故事收集在《圣经·塞缪尔卷》中，故事一开始犹太人在和异教徒邻国非利士人的战争中惨败。非利士人最致命的武器是战无不胜的巨人战士哥利亚。哥利亚嘲笑希伯来人在他面前竟然害怕到退缩，他甚至诽谤希伯来人所信奉的神灵。大卫是一个放牧牛羊的小孩，他要给在希伯来部队的父亲和哥哥们送些食物，无法忍受敌军巨人亵渎他们的

画有以斯帖（Esther）和哈曼（Haman）的三角板，位于教堂的东南角

画有摩西和《毒蛇之疫》的三角板，位于教堂的西北角

画有朱迪思和荷罗孚尼
的三角板（见插图 9）

上帝。于是他请求和可怕的巨人进行一对一的决斗。大卫谢绝穿上铠甲
或者使用传统的武器，而是选择凭借他的信念和敏捷作战。放牧教会他
如何保护羊群远离饥饿狼群的攻击，因此大卫特别擅长打弹弓。大卫在
面对哥利亚的时候只带着他小小的弹弓、五个光滑的卵石以及他认为只
有一个上帝的坚定信念。不可思议的是，他仅用一记弹弓就击中了哥利
亚的额头，这个巨人倒下了，大卫之后用哥利亚的宝剑砍下了他的头。
在米开朗基罗的画中，哥利亚在最后时刻，绝望地向后看向他的异教徒
战友，请求援救。但是他的战友都惊呆了，宁愿待在暗处，也不敢面对

这个只身一人的放牧男孩。吓坏的非利士人与朱迪思故事中的希腊亚述人一样，在失去头领之后便全军涣散，最后，恢复实力的犹太军队彻底打败了他们。

在圣坛墙的正面，我们可以看到以斯帖和哈曼的三角板。这个故事在《希伯来圣经》和基督徒《圣经·以斯帖卷》中都可以看到。每年的普林节，犹太人都会完整地阅读这个故事，这个节日庆祝活动在古波斯帝国的犹太人得到恢复，在那时，最大的离散犹太人群体就在古波斯帝国里。当时的皇帝亚哈随鲁（Achashverosh）［一些历史学家认为可能是赛瑟斯二世（Xerxes II）］在首都书珊（今伊朗苏萨）统治着整个庞大的帝国，但却不能管理好个人生活。他会和堕落的妻子瓦实提（Vashti）一起举行媲美马拉松长度的大型盛宴和狂欢会。根据未删改过的《塔木德经》记载，亚哈随鲁因为瓦实提拒绝为其宾客跳裸体舞而杀了她。

哈曼是波斯皇帝的维齐尔[1]，也是他的得力助手，实际上替皇帝统治着整个帝国，哈曼是一个渴望权力而又极端自我的人，他渴望拥有和皇帝一样的权力。他建议刚成为鳏夫的皇帝举办一场选美比赛，在波斯找到他最喜欢的女人成为他的下一任妻子。以斯帖是一位国色天香的犹太美女，她赢得了选美比赛，成为波斯的新任皇后。但是，她并没有告诉宫殿里任何人她是犹太人的事实，特别是在皇帝和哈曼面前，她只字不提此事。在后半段的故事中，哈曼决定屠杀波斯帝国所有的犹太人，蛊惑皇帝通过这条法令。在最后时刻，以斯帖坚定了信念，鼓起全部勇气告诉皇帝，她是一个犹太人，因为哈曼邪恶的阴谋诡计自己要去送死。皇帝听后下令把哈曼挂在高树上吊死，那棵树原本是准备用来吊死犹太人的首领的。讽刺的是，这个邪恶的维齐尔在死时也算是得偿所

1.维齐尔指旧时伊斯兰教国家的高官或大臣。——译者注

愿：他的"地位"终于高过了皇帝。

在西斯廷教堂的壁画中，哈曼被褪去金制的衣服，被钉在一棵枝干扭曲的树上，而不仅仅是被挂在树上处以绞刑。在平面壁画中，悬挂的身体会限制艺术家才能的发挥，无法呈现出立体人体肌肉组织的效果。但米开朗基罗利用了错视画的技术，把邪恶的波斯维齐尔（哈曼）的左臂拉长，看似可以从画像里伸进屋内。

在梵蒂冈教廷对于哈曼之死的官方解读中，人们会预想到耶稣遭受的刑罚，耶稣牺牲自己，代表整个世界的邪恶进行赎罪。但这将意味着作为一个有着坚定信仰的基督徒，米开朗基罗要选择一个异教徒来象征耶稣，而且还是《圣经》中最邪恶的大屠杀狂热分子。至少，这样做是遭受质疑的。而且，哈曼背后的树已经死了，树枝被砍掉或折断，象征着哈曼邪恶的家族和企图都就此结束。这一点同样不符合基督教世界最神圣教堂中即将出现的救世主形象。

最后一个拱肩上绘制的场景出自《民数记》（Numbers），记载在圣经四福音书里。书中描绘了以色列人受到毒蛇的侵袭，很可能在达到"应许之地"之前遭受灭顶之灾。于是，摩西就在高高的木杆上挂上了一条铜蛇。以色列人抬头看向铜蛇，打消了对上帝的疑虑，最终获得拯救。然而，壁画里并没有出现故事里的英雄摩西。这是为什么呢？

在一年一度的逾越节，世界各地的犹太人都会重温《哈加达》（Haggadah），这本故事书里有关于出埃及这段历史的记述。令人震惊的是，书中，摩西的名字也同样被隐去了。古代圣贤对此的解释是，这是对他伟大的谦逊的认可，也是对"人类的救赎来源于上帝，而非来自任何个人"的强调，不论他/她个人魅力有多大。米开朗基罗同样也这么认为，壁画中摩西并没有出现。我们似乎就处在以色列人的位置上，面前摆着两种选择。正如在犹太法典后面的章节里上帝曾说："我已将存活与死亡、祝福与诅咒，都摆在你面前，你要选择存活。"[《申命记》（*Deuteronomy*）〕他们向左走是一片光明，以色列人最终消除了对上帝的疑虑，得到了救赎；向右走进一片黑暗，是那些被毒蛇杀死的人们。

那么，如果有的话，米开朗基罗选择绘制在四个角落墙面上的故事中的共同主题是什么呢？很明显，这四个场景描绘的都是在四次犹太人生死攸关的时刻，上帝拯救了他们。不过，每个拱肩的画面都体现了某位男子和女子的英雄主义，难道仅仅是巧合么？从画面中我们可以看出，壁画里，朱迪思的侧面站着大卫，摩西旁边是勇敢的王后以斯帖。

在卡巴拉教里，人们更关注上帝身上两种性别的具体体现。上帝一直都没有以实体出现，既是男性又是女性。这两种性别的精神特色决定了上帝既是正义的上帝，又是仁慈的上帝。男性的力量混合了母性的慈悲达成了完美的平衡。没有了这种平衡，神圣的法规便难以维系。神学家们一直强调这两种极端力量之间的完美平衡。米开朗基罗为我们呈现了上帝两种性别达成的和谐的人性化——在《卡巴拉》中，这种神秘的平衡也是上帝完美形象的关键。

这几则故事的布局非常合理。东侧的墙上绘制了两次发生在以色列境内的救赎，这也恰恰是指着圣地的方向；而西侧墙面则绘制了两次发生在波斯境内和荒野之中的救赎，都在应许之地境外。

而就在这四次上帝救赎犹太人的故事之中，都存在着一种强有力的联系，而这种联系在米开朗基罗将四个故事选为西斯廷教堂壁画的"主要故事"之前便存在了。熟悉米德拉什的读者可能会发现，这位艺术家和古代的犹太教先贤选用了同样几则故事，这绝非巧合。在《申命记》里，摩西告诉犹太人，上帝会以"大能的手和伸出来的膀臂、大无畏的事、与神迹、奇事"来救赎他们。这几个短语看来很繁复冗杂，对此，以色列评论家却给出了完美、惊人的解释：只有最后这几个短语联系着以色列子民们经历过的事件；其他的部分则是对未来的预言。因此，犹太人在逾越节家宴上回忆起先人们离开埃及获得救赎的时候，都会背诵这则圣经里的诗句，并饮四杯酒，以纪念上帝四次拯救了他们。

而米开朗基罗似乎正是用这四块穹隅来回顾这四次救赎，并暗示了《申命记》中的诗句。

那么，在这次救赎的承诺之中，诗句"大能的手"有什么重要意义吗？米德拉什在《朱迪思记》（*The Book of Judith*）一书中解释道，这位英雄热烈地向上帝祈祷："请赐给我，可怜的寡妇，一只大能的手，完成我的计划。"（《朱迪斯记》，重点强调）这个词语便是对应了犹太法典中的诗句。上帝的确回应了她热烈的请求，赐予她大能的手，最终助她砍下了敌人的头颅，成就了光明节的奇迹。犹太民族逃过了希腊的屠杀，得到了拯救。

圣人们认为下一个词组"张开的膀臂"可以和大卫的剑联系在一起，这一点可以在大卫那幅壁画的中心画面中体现出来：画面中，男孩伸着臂膀，手里紧握着哥利亚的剑。在这里，米开朗基罗以强有力的方式强调了上帝对牧羊小男孩的帮助，源源不断地将力量输送到他的胳膊

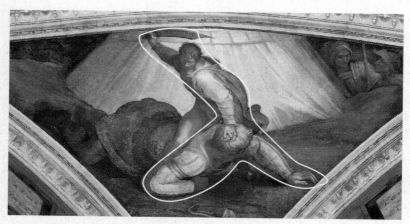

讲述大卫故事部分的壁画，暗藏大卫以及哥利亚组成的希伯来字母ℶ的形状

上。在《卡巴拉》里，力量就属于"G'vurah"的范畴，由希伯来字母
ﺍ 来表示。如果我们仔细观察画中的图像，可以看到大卫举起的剑和他
本人，以及哥利亚垂下的胳膊和双臂组成的 V 字，正好组成这个希伯
来字母的形状，也为男孩张开的膀臂输送了力量。

而就在这则预言诗后面出现的词组"大无畏的事"中，隐含着更
深层次的含义，预示了以斯帖的故事。有三个论点可以用来佐证：第
一，《塔木德经》称，犹太人对于哈曼种族灭绝阴谋的恐惧使得更多犹
太人回归到正确的信仰上来，这种恐惧远远胜过所有的先知加在一起的
力量。这也是犹太法典里对一句老谚语的改编，原句是"散兵坑里没有
无神论者"。第二，根据圣经里的记录，当以斯帖最终告诉波斯国王，
有人要加害她和她的族人时，亚哈随鲁王问道："是谁那么大胆敢做这
样的事？他在哪儿？"哈曼，这个阴险无耻的趋炎附势者，甚至敢来赴
皇家圣宴，当时就坐在国王的身边。在这里，《塔木德经》补充道，一
名上帝的天使来到以斯帖身旁，引导她的手指出那名作恶多端的高官。
这正是米开朗基罗在拱肩左侧绘制的片段（和《毒蛇之疫》里的摩西一
样，这名天使也没有被指出来）。经文中只是记载说："哈曼在国王和
王后面前非常恐惧。"最后，在《以斯帖记》（The book of Esther）的
第八章和第九章里，国王下令犹太人可以通过反抗以保障自身的安全，
书中三次提到波斯异教徒惧怕犹太人。

最后，先贤以"神迹、奇事"来暗指摩西的权杖，正如《出埃及
记》中，上帝对摩西说道："你手里要拿这杖，好行神迹。"而米开朗
基罗在穹隅上绘制的《毒蛇之疫》里，中心形象其实是摩西用来挂带有
象征"救赎"的铜蛇标记权杖。

我们只有明白米开朗基罗是如何运用《塔木德经》和《米德拉什》
的，才能理解这些不同寻常的意象之间的联系，否则只会一头雾水。在
这座基督教最神圣的大教堂中各个角落里绘制的故事，同逾越节家宴上

的四杯酒的传统，都显示了上帝在这些主要的历史时刻从未缺席过。

还有最后一层意义待我们理解。在教廷入口附近角落的壁画里还存在着两大潜在的威胁——荷罗孚尼和哥利亚，虽然他们最后都被打倒了。在祭坛的侧面，犹太人的致命仇敌哈曼和毒蛇，到了最后都再次站了起来。这里也是绝妙地使用了对位法的例子：邪恶终究会被战胜。有些人虽然站了起来，不过命运注定他们终将没落。而这层掩藏的含义，也正是人类存在的基石，向所有人传递一条带来希望的普遍信息：即使未来看起来灰暗无比也不要放弃。这也解释了为什么米开朗基罗在撑起整个天顶的角落里绘制这四幅关于信念的故事的壁画，他通过自己的作品再次传达出了又一条潜在的、强有力的信息。

如果我们更为深入地了解这些壁画便会逐渐发现，米开朗基罗似乎正在带领我们发现他更为深层次的个人信仰：人文主义、新柏拉图派哲学、犹太教、《塔木德经》和《卡巴拉》。了解了这一点，我们便可以继续了解下一层含义，而这更是挑战、困扰了几个世纪的艺术专家们——米开朗基罗绘制的预言家和先知令人无比困惑。

第十一章

一群先知

智慧建造房屋，凿成七根柱子。
——《箴言篇》

　　他们高高在上，赫然屹立在 65 英尺的半空中。这些巨人们都来自古代世界。不过，他们并非在俯瞰着我们，而是在思考更为重要的事情：未来。而他们的组合非常奇怪：其他教女性预言家和犹太教男先知混杂在一起。从某种意义上来讲，他们是极端独立的存在。埃及、巴比伦、波斯、希腊、罗马由各自的先知代表，逐一宣战，妄图彻底清理犹太人和犹太教。反过来，七位天选的犹太教先知则虔诚地布道，希望可以清除以色列圣地境内的其他教信仰，确保犹太人的安全。

　　他们之间可能存在什么共同点呢？在此之前，虽然并非从来没有听过这种其他教女预言家和犹太教先知同时出现在同一幅作品里的例子，这在基督教艺术中却也并不常见。直到米开朗基罗完成了这幅壁画。现在，就在他这幅西斯廷教堂天顶的壁画中，米开朗基罗向我们展示了他在新柏拉图派哲学和《塔木德经》所学习的理论根基，他创造了一种全新的艺术形式，包容万象、富含多种含义。就在这幅壁画完成之后，这种组合逐渐成为文艺复兴绘画的经典潮流，当时的许多画家争相效仿，其中甚至包括拉斐尔。不过，就连米开朗基罗的挚爱托马索·德·卡瓦

列里（Tommaso dei Cavalieri）和他最亲近的助手丹尼尔·达·伏尔特拉
（Daniele da Volterra）都没有选择和他绘制在西斯廷教堂天顶上一模一
样的五名先知。很显然，米开朗基罗肯定有隐秘的理由促使他做出这种
选择。可这个理由又是什么呢？

　　我们的第一个线索，就藏在西斯廷教堂壁画中的女预言家和先知
手里，他们每个人（仅有一位先知除外）手里都拿着一个卷轴或是一本
书，用以象征文化。通过运用书籍和卷轴，米开朗基罗向我们证明，他
充分相信这些先知都是各自时代、各自国家的智者。事实上，"文化"
（literacy）和"智者"（leggere）一词在希腊语的词根相同，同为"阅
读"。而"有智慧"的真正含义为"读懂深层的意思"，即"能懂言外
之意"。智者的特点便是能够读懂言外之意、会辩证地分析和思考、能
同时理解事物的多层含义。这也是如果我们需要理解、欣赏米开朗基罗
和他同时期的文艺复兴艺术家需要做到的。

　　那么，让我们理解一下弦外之音，米开朗基罗在先知们的手里画
上了书和书卷，可能出自其他原因。就在几个月前，他刚刚完成了一项
深恶痛绝的任务，为博洛尼亚大教堂的尤利乌斯二世建造一尊铜像，以
此来纪念这位"战神教皇"对反叛教民的征服。米开朗基罗讨厌这项工
作的一切：雕刻铜像、绘制教皇陈腐的肖像、忍受着博洛尼亚多雨的气
候，就连这里的酒水也对吃惯了佛罗伦萨食物的米开朗基罗胃口不甚友
好。不过，其中最让他沮丧的是，只有教皇同意了他才可以动工。

　　米开朗基罗把拟设计出来的雕像泥模展示给尤利乌斯二世，他问
教皇是否愿意在雕像的手里放一本书。然而教皇尤利乌斯二世态度十分
恶劣，冷笑道："什么？放本书？放一把剑。我，又不是学者。"米
开朗基罗只有这次（据我们了解）顺从地完成了修改。[4 年后，正当
米开朗基罗忙着完成大教堂壁画的时候，极具独立思考能力的博洛涅西
（Bolognesi）奋起反抗教皇统治，融化了他的铜像。此后，他们将熔化

的金属造成了一座大炮，继续用于他们争取自由的战争，非常讽刺的是，他们把这件武器命名为"朱莉娅"。］

铜像完工后，米开朗基罗又投入了西斯廷教堂天顶的项目之中。毫无疑问，教皇对文学和学术漠不关心的态度还刺激着米开朗基罗，正如艺术历史教授霍华德·希巴德（Howard Hibbard）所说，米开朗基罗感受到了"互相渗透的多层意义"。为了对比过去睿智的先知和反智的教皇，这位伟大的画家给先知和预言家的手中都画上了一本书（约拿除外）——这也是他在天顶作画的劳作中给自己找的乐子，通过不起眼的方式，毫无保留地奚落了教皇。

我们现在可以分析米开朗基罗对绘画对象的选择了。接下来，我们就遵从"女士优先"的原则，先分析这五名女预言家。

有人说，"预言家"（sibyl）一词来自古希腊词语"sibylla"，指"女先知"。不过，这个词更可能从古巴比伦/亚拉姆语中的"sabba-il"衍生而来，意为"古代诸神之一"。这些女预言家理论上与先知不同。女预言家只会回应众人提出的问题；而先知则不同，作为上帝的信者、天堂的传话人，他们会传达祝福、诅咒，预测未来，完全不需要别人提示。

古典世界里有十位女预言家，到了后来，基督教中世纪传说里又加上了两位。她们的名字和所处的地理位置在每个国家都不同，一众作者对她们的称呼也不一样。不过，其中最著名的、也是米开朗基罗最可能知道的是：利比亚女先知（Libyan）、波斯女先知（Persian）、赫勒斯滂（Hellespontine）、提博尔特（Tiburtine）、丘米女先知、德尔斐女先知、厄立特里亚女先知、西米瑞安、菲瑞吉安、萨米安和马尔菲珊。最为教会认可的三位异教徒女预言家分别是提博尔特、赫勒斯滂和萨米安。她们也是女先知中的最佳选择，常常作为主角出现在中世纪画家的艺术作品之中。提博尔特，来自罗马附近的蒂沃利，她曾向奥古斯塔·凯撒（Augustus Caesar）预言耶稣将要降临，并且曾揭示：未来的君士坦丁王国会皈依基督教，反基督者将会是来自丹部落的犹太人（这个故事也常常被反犹太教者利用）。赫勒斯滂则预测了耶稣将会受到钉刑，因此后来的描绘中耶稣的出现常常会伴随着十字架。而萨米安女预言家因为准确预测耶稣将会在马厩里诞生而广受赞赏。尽管这几位预言家如此知名，米开朗基罗却依然没有在他的西斯廷教堂壁画中绘制这三位中的任何一位，这一点非常耐人寻味。

所以说，米开朗基罗选择绘制在天顶上的五名预言家到底是谁？为什么会选择她们，而非选择那几位看起来更符合逻辑的预言家呢？那么，让我们按照他绘制她们的顺序开始看起，从教廷入口最前面开始。我们看到的顺序是德尔斐女先知、厄立特里亚女先知、丘米女先知、波斯女先知和利比亚女先知。

德尔斐女先知

这位德尔斐女先知惊人地美丽，性别上却非常模糊。如果不是她的双乳（虽然并不明显）和从面纱之下露出来的几缕头发，我们很可能以为她是一个青年男孩。（事实上，米开朗基罗确实选用了体格健硕的年轻男模特作为所有先知的模特。）如果你能亲眼看到壁画原作，会发现她那身非常昂贵的扎染的服饰，看上去几乎闪着金属的光泽。要知道，这在 500 年前那个用石膏和油漆作画的年代，可算得上是令人称奇的技术进步了。

她来自希腊古城德尔斐，是最早的女先知之一。她和皮提亚（Pythia）不是同一个人，皮提亚是阿波罗的女祭司，以德尔斐神使著称，在希腊史诗和悲剧中常常扮演主角。米开朗基罗的《德尔斐女先知》（*The Delphic sibyl*）中的人物和西斯廷教堂的其他四幅画中的女先

壁画《德尔斐女先知》（见插图11）

知一样都没有具体名字。除了知道她来自哪里，人们对她的身世一无所知。看她穿着传统简约的希腊服饰，便可知道她的来历。再看她那金色的发丝，她应该是太阳神阿波罗的女儿。她手里还拿着经卷（左下图），根据古典文学记载，她是维吉尔史诗《埃涅阿德》（*Aeneid*）中的人物。

厄立特里亚女先知

厄立特里亚女先知其实是巴比伦人，生于卡尔迪亚王国，与犹太教创立者亚布拉罕是同乡，现在这个地区属于伊拉克。厄立特里亚和德尔斐女先知一样非常强壮。很多健身者都对她的双臂心向往之，她的右臂酷似佛罗伦萨的雕像《大卫》（右下图）。在天花板上作画的日子里，

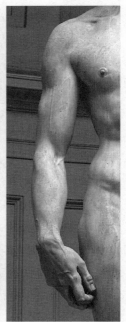

米开朗基罗很想念自己热爱的雕塑，他似乎一直惦记着怎么用大理石雕刻出一尊自己最满意的作品。

厄立特里亚女先知曾在树叶上写下预言，因此一些历史学家认为是她发明的离合文（acrostic）。将树叶按照正确顺序排放，每片树叶的第一个字母便组成了解读预言的关键词。米开朗基罗画的厄立特里亚女知正在翻动的那页书开头就是一个金光闪闪的大号字母 Q。

波斯女先知

据说，波斯女先知预言了亚历山大大帝的崛起，但除此之外人们对她知之甚少。米开朗基罗将其刻画为一个紧眯着眼睛看书的年迈女性。

壁画《波斯女先知》

她怀里的丘比特在黑暗之中吓得目瞪口呆。虽然上了年纪，她却异常强壮，手臂壮得看上去不像是年迈女性雕像的手臂，更像是男雕像的手臂——这是典型的米开朗基罗式的反差手法。

利比亚女先知

虽然名叫利比亚女先知，她本人却是埃及人，她出生在利比亚沙漠的一个绿洲中。很多古书传说中都有她的身影，当然米开朗基罗看过的应该是普鲁塔克的版本。在该书中，亚历山大大帝向利比亚女先知请教，她预言他将征服四方，统治埃及。

在《利比亚女先知》的壁画部分，米开朗基罗画笔下的她似乎正要拿起或是放下一本大书（左下图），而她身旁的其中一个丘比特手里也

拿着一卷书。利比亚女先知特别有名的就是她的那句"密藏昭显之日的降临"。米开朗基罗在画她时，很可能一直在想西斯廷教堂中属于他密藏的寓意也终将公之于众。

米开朗基罗肯定觉得自己在很多方面都和亚历山大大帝很相近。因为亚历山大和米开朗基罗都对犹太人很友好，都对犹太人的宗教和文化赞叹不已。亚历山大的学习热情和征服热忱将犹太文化传播到信仰其他宗教的希腊人和埃及人之中。从个人层面来说，这位艺术家和这位上古征服者都对人充满热爱。

说句有意思的题外话，这里有一幅稀世的米开朗基罗素描像（见上页右图），画上画的是他正准备画利比亚女先知的画板。从这幅画上可以看出，米开朗基罗画这些女人时，只找那些健壮的小伙子当模特。

丘米女先知

丘米女先知最年长，也最有名，所以我们把她留到了最后。虽然丘米女先知当时住在现那不勒斯附近，人们却认为她是罗马的女先知。丘米女先知著写了《先知书》（*The Sibylline Books*）并将其卖给罗马传奇帝王之一，傲慢王卢基乌斯·塔奎尼乌斯（Lucius Tarquinius）。传说，每次她把预言罗马未来的书卖给他时，他都会抱怨价钱太高。丘米女先知在谈判方面比国王还要强硬。每次国王不想买的时候，她都会烧掉几卷孤本，然后还要加价。等到塔奎尼乌斯妥协的时候，她就把剩下的那三分之一的书以四倍于原价的价格卖给他。

丘米女先知后来遭到了报应。太阳神阿波罗垂涎于她的美色与智慧。一开始她请阿波罗帮忙：她抓起一把沙子，告诉他，她手里有多少颗沙子，她就想活多少岁。他满足了她的愿望，但是她却拒绝了他的求爱。阿波罗回应道："真棒，可是你忘了让我保你永葆青春。"几百年过去了，丘米女先知还活着，但是日渐衰老，岁月使她的身型不断地萎缩，最后都能塞进罐子里去了。尽管米开朗基罗大部分作品都把先知刻画成强壮的男性体魄，但是把她却刻画成了一个头部萎缩到和身体不成比例的丑老太婆。

如果有真正的《先知书》存在过的话，也早在公元前 83 年付之一炬了。换言之，所谓的《先知书》其实是中世纪的产物，其中掺杂着米开朗基罗时代倡导的《伪福西尼德》（*Pseudo-Phocylides*）中的古代伦理教义。然而，教会置之不理，依然传播着丘米的两条预言：耶稣会降临以及上帝会任命尤利乌斯二世为教皇。这就是为什么米开朗基罗准许罗马女先知像身着德拉·罗韦雷家族的皇家蓝色和皇家金色，还把她放到了教皇王座区对面墙的正中间，他是想要稳住尤利乌斯二世，以防他阻挠这项颇具争议的工程。丘米象征着尤利乌斯，象征着梵蒂冈教廷，象征着罗马。但是，米开朗基罗无法完全控制自己对教皇的真实感受，就像在前门他作的那幅撒迦利亚的画一样，他在画中加上一个不太像天使的丘比特，让他向这位老妇人摆出轻蔑的手势。这一大胆的人身侮辱做得太隐蔽了，直到最近西斯廷教堂打扫修缮的时候才被人发现。而今，500 年过去了，我们发现这位愤愤不平的艺术家在天花板上创作的时候，不止一次成功地羞辱了教皇尤利乌斯二世，而是羞辱了他两次，真了不起。

每个女先知的所在地都很重要，因为它能帮助我们解释其预言。下面我们看一下其他四幅画的位置。

小礼拜堂角落里的四幅扇形画板代表犹太人注定要经历的四次流放，《但以理书》（*The Book of Daniel*）预言的流放地是埃及、巴比伦、波斯和希腊。据说，犹太人在逾越节晚餐上喝四杯酒的礼节，正是为了纪念这四次流放及其之后的救赎。米开朗基罗在天花板上作画时，把每个女先知的画像都与其代表的"流放"紧挨着画。《德尔斐女先知》是

壁画《丘米女先知》（见插图 12） 天使的动作细节图

希腊统治的象征；她的画和《朱迪斯与荷罗孚尼像》放在同一个角落。这座像表现的是《马加比书》（*The Book of Maccabees*）中光明节的故事，书中记载了犹太人脱离希腊（希腊化时代文化）统治的经过。利比亚女先知真的来自埃及，米开朗基罗（还好他读过普鲁塔克的书）想必也知道，所以她的画和《摩西铜蛇》放在了一个角落里。摩西铜蛇挽救了刚从埃及得到救赎的犹太人。

波斯女先知的画像自然是和以斯帖放在一个角落里，哈曼企图消灭犹太人，而以斯帖挽救了波斯国的犹太人。巴比伦的厄立特里亚女先知成了米开朗基罗的难题。"巴比伦流放"是因为波斯军队出征才结束的，而不是犹太哪个英雄的功劳。这样一来就乱了，不利于营造鼓舞人心的宗教氛围，也不符合四个角落中犹太宗教领袖拯救犹太人的主题。因此，艺术家还可以选择的最佳宗教象征就是从毗邻古以色列的其他中东非基督国家的人民从压迫中获得解放的故事——这些故事和非利士人有关。所以，米开朗基罗把犹太英雄大卫打败的非利士巨人哥利亚的画像和中东女先知厄立特里亚放在了一个角落。

现在还剩罗马的象征丘米。在米开朗基罗生前，西方犹太人处于基督教会统治之下，所以人们认为西方犹太人仍在罗马流放。这就是为什么米开朗基罗的丘比特对丘米做出轻蔑的动作。在米开朗基罗眼里，丘米代表着梵蒂冈教廷滥用权力、排外和虚伪的所有可恶行径。米开朗基罗在他的诗中写道：当时的梵蒂冈教廷歪曲背叛了耶稣基督，背叛了基督教教义。所以，他得巧妙谨慎地把自己的寓意藏进西斯廷教堂。米开朗基罗向教皇及其顾问保证天花板画像的主题是基督教拯救世界。可是米开朗基罗自己希望的是，世界能够摆脱当时腐败盛行的基督教领导，从而获得拯救。他巧妙地把自己的个人愿望画入了其中。

希伯来先知

现在，我们来研究一下七位希伯来男先知。首先，我们要谈谈为什么米开朗基罗选择了这个数目。我们现在考虑的是艺术作品，艺术作品的目的是委婉表现观察宇宙的多重视角，这一点《塔木德经》和《卡巴拉》思想中都有所暗示，所以我们至少知道这个数字肯定有很多象征意义。看到这个数，人们首先想到的当然是上帝创世的 7 日。根据《卡巴拉》，不但物质世界是在这 7 天之中创造的，"现实"本身也是在这 7 日之内形成的。所以米开朗基罗在设计天花板时强调这一点当然是有道理的，他希望以此创立一种普世的精神现实。用这 7 位犹太先知来传达这个信息再好不过了，因为他们预言未来不仅仅是犹太人会得到精神救赎，而是整个人类都会获得救赎。

数字 7 的另外一个重要涵义与犹太教灯台有关，灯台有 7 支金色灯柱，陈列在耶路撒冷圣殿之中。尽管大理石栅栏上已经安放了 7 颗火焰花纹的大理石，而且完全都按照 15 世纪西斯廷教堂的样式，但是米开朗基罗还是想在这个 1∶1 复刻版的圣殿中加入自己创作的灯台。他这么做确实是件好事，想想如果让后人来画这个天花板的话，彼时的教皇会让他在栅栏上加上第八颗火焰花纹的大理石，故意做得和犹太教灯台不一样，破坏了相映成趣的美感。撒迦利亚先知预言犹太教灯台会变成"上帝之眼"，眺望四面八方。正因如此，米开朗基罗将其 7 条预言写满了天花板，巡视四面八方，作为上帝的眼睛审视着西斯廷教堂里发生的一切。无独有偶，先知们会让人想起米德拉什，这里面讲到 7 片光荣之云，以色列的孩童穿越荒野时，它们将保佑这些孩子。《卡巴拉》的解释是威胁从 7 面向我们袭来：东西南北上下——最后还有我们自己的内部。

还有一种解释是先知代表卡巴拉教生命树上的 7 个度，也就是生命树下方 7 种神力的特征，或者说是 7 界。按照距离独神远近的顺序排列，这 7 个度由远及近分别是：

1.Malchut——帝国，王国。它代表物质世界以及物质享受和成功的欲望。

2.Yesod——基础。它是灵魂对物质世界以外事物渴望的开端和基础，是神性和宗教的基础，是天地之间的基本纽带。

3.Hod——宏伟，光辉。它是在困境、悲伤、失败时，保持信仰的能力，是坚持不懈，是无论任何情况下都接受神的旨意、遵守对上帝诺言的能力。

4.Netzach——胜利、永恒。它是坚持不懈的另一个方面，是为了物质成功（当然是通过正当手段）或精神胜利的不断努力。在 20 世纪 60

年代为争取公民权利而进行斗争的过程中，非裔美籍精神领袖说过一句话，用来解释它再合适不过，那就是"为了目标坚持下去"的能力。

5.Tiferet——美丽。这是 7 个度及生命之树的核心质点。它代表平衡、合一以及表面矛盾事物的调和。

6.G'vurah——力量，权力。它与"宏伟"（Hod）在生命之树上处于"一列"，是生命之树阳刚有力的一侧。由于 G'vurah 的力量源于设立规矩绳墨，所以这个质点有时也称为"律法"或者"判决"。教众会运用 G'vurah 的力量以及"律法"作出符合信仰的判决，制定符合信仰的规约。比如判断何为是，何为非；何为纯洁，何为邪恶；何为神圣，何为世俗。

7.Chessed——仁慈、慈悲、慈爱。它与"永恒与胜利"在生命之树上处于一列，是生命树阴柔、滋养的一侧。仁慈虽然看上去比力量要消极软弱，但是事实上却更为有力，因为仁慈最终将以柔克刚，战胜纯粹的权力。

西斯廷教堂天花板上画的这 7 个先知和 7 个度有什么关系呢？7 个度也被看作是为了接近上帝，精神上要经历的 7 个过程。整个天花板从东到西依次是：

1.撒迦利亚（Zechariah），他名字的意思是"上帝铭记在心"。他的寓言主要围绕物质世界中所有试图消灭犹太教信仰的帝国展开。每一次，上帝都会眷顾挽救犹太民众，四角的壁画表现的就是这一内容。所以，撒迦利亚代表帝国属性。

2.约珥（Joel）——"上帝就是上帝"。他的名字启发我们要把一切物质世界的事物同精神世界联系起来，也启发我们要记得我们通过 5 种感官认识的一切背后都有上帝存在。因此，约珥就是"基础"（Yesod），是与我们精神相连的纽带。

3.以赛亚（Isaiah）——"上帝是我的救星"。他曾警告犹太人将

壁画《约珥》　　　　　　　　　壁画《以赛亚》

会经历惨痛的失败和折磨。但同时鼓励他们要保持信仰。在作这幅画的时候，米开朗基罗画了两个神情焦急的丘比特，其中一个向后指着耶路撒冷和圣殿的残垣断壁。以赛亚似乎在倾听着噩耗，但是手里的书却没有完全合上——他把手放在他读到的那一页，以便以后再读。以赛亚的画放在"宏伟"的位置上。

4. 以西结（Ezekiel）——"上帝就是我的力量"。他在画卷中央，看上去思绪被打断了，他似乎正在征求右边天使的建议，左边有一个被吓到的小天使。他右边的天使正静静地举起他充满力量的右手（也偶然间展示了他健硕的左二头肌），他的右手指向他的力量之源——上帝。以西结告诉正在遭受苦难的犹太人，最终他们将光复耶路撒冷，在那里建立第三神庙。他展示了坚持到底，直到最终胜利的坚定决心，这也是"永恒与胜利"（Netzach）的寓意。

5. 丹尼尔（Daniel）——"上帝自有公判"。尼布甲尼撒二世征服古以色列，将大量以色列人囚禁关押，一手造成"巴比伦之囚"惨剧。在被囚禁的人之中，丹尼尔是最清秀、最有才华的年轻人之一。就如《但以理书》所描述的，在皇宫的狂欢盛宴上，异教徒把从所罗门圣殿中掠来的圣物当作普通的盘子，上帝在他们头顶的墙上写下"Mene Mene Tekel Ufarsin"，丹尼尔是唯一一个可以理解这句话的人，他告诉暴君尼布甲尼撒二世，经过上帝的审判，现在的巴比伦气数已尽。随后，这一邪恶的政权迅速衰落，犹太人再一次与他们的圣地团结在了一起。丹尼尔是未来犹太人与基督徒救赎思想的代表，因此他坐在"美与智慧"（Tiferet）的中心位置实至名归。

6. 耶利米（Jeremiah）——"上帝赞美我"或"我赞美上帝"。他是所有先知中最严厉的演说家，他无情地批判神职人员和国家领袖的

壁画《以西结》   壁画《丹尼尔》

腐败。哪怕在今天，鞭笞权贵阶级的辛辣话语也还被称作"耶利米风格"。正如耶利米所警告的，上帝通过犹太人严格的审判和有力的惩戒彰显自己的神圣尊贵，随着巴比伦摧毁耶路撒冷，烧毁圣庙，奴役囚禁犹太人，迫使他们逃亡，上帝自然开始了审判。所以他自然是在"力量/律法"（G'vurah/Din）的位置。

7. 约拿（Jonah）——"上帝将会回答"。他的名字寓意天使般的仁慈，代表着"仁慈"（Chessed）属性。约拿拥有让人敬畏的力量，他向尼尼微这个巨大、腐化的异教徒城市传播悔改的思想。市民立刻就注意到了约拿，这让他颇为吃惊，上帝对他们展示了神圣的仁慈。他书中最后一个字来自上帝，他告诉约拿对这个巨城抱有仁慈之心的重要性，不管里面的人是犹太人还是异教徒。

耶利米和约拿身上还有更多的寓意。自米开朗基罗把他们绘制在天顶巨作的末尾之时，他便赋予了他们最丰富的含义——因此在我们私密之行最后，我们还会再谈到他们。

不能忽略的是，基督教廷常用"基督化"的女巫作为救世主降临的前兆。而米开朗基罗却把它略去了，与此同时，他还略去了一些更著名的希伯来先知。的确，教廷自行解读，把其中一些先知作为主要代言人，来论证耶稣是弥赛亚（救世主）这一说法的合理性；但是如果这也是作者创作这些壁画的意图，那他毫无疑问会选择弥迦（Micah）、以斯拉（Ezra）、何西阿（Hosea）、阿摩司（Amos）或者玛拉基（Malachi）——这些先知更常被教廷引用，耶利米和约珥与之相比显得无关紧要。

米开朗基罗一定充分意识到了梵蒂冈教廷想重新解读图像的打算。他目睹过异教徒的雕像被轻微修改，并以天主教圣贤的名字被命名。（实际上，在米开朗基罗逝世一百年后，巴洛克派艺术家贝尔尼尼（Bernini）还要求对几十个远古雕像做了同样的事，来凑足140个圣贤雕像，排列摆放到梵蒂冈教廷圣彼得广场周围的精美柱廊顶上。）所以，为保证未来教廷不会试图去改变他屋顶上异教徒女巫和犹太先知的身份，米开朗基罗小心翼翼地注明了每一个人物的名字。这是件好事，

正是通过这些名字和身份，我们今天才得以了解他想传达的隐秘信息。

　　这位精明的艺术家想要确保人们可以再次发现和确认他想传达的神秘信息，所以他为心存怀疑的人留下了最后一个线索。了解了七个度以及他们的意义之后，你可以抓住另一个重要线索，它就在我们之前分析过的一个角板里。回忆一下，在大卫角板里，有一个隐藏的希伯来字母"gimel"，它由大卫的轮廓和哥利亚的身体组成。"gimel"代表"G'vurah"，它是生命之树阳刚有力的一面，永远在生命之树的左边。再看另一个角板——朱迪思和荷罗孚尼，我们可以清楚地看到朱迪思和她的女佣的身体由他们的胳膊相连接，中间是装着敌方将军首级的篮子，由此构成了另一个希伯来字母"chet"，看上去像希伯来字母 ∏ 的形状（上页图）。

　　值得注意的是，米开朗基罗小心地把女佣黄裙子的边缘暗化，以区别于墙体来凸显这一外形，由此清晰地展现出字母"chet"。为什么他想在朱迪思角板上刻画这一字母呢？字母"chet"象征"Chessed"，代表生命之树温润母性的一面，总是在生命之树的右边。

　　在米开朗基罗日，民众进入西斯廷教堂，当站在人们进入教堂之地的末尾处，位于教皇门的位置，你会看到大卫角板和"gimel"在左边，代表"G'vurah"，内嵌"chet"的朱迪思角板在右，代表"Chessed"。和米开朗基罗一样了解希伯来字母和希伯来神学理念的人，很容易就能明白作者是如何解读他在美第奇宫私人家教那里学来的知识，并完美地将其融入基督教最神圣篇章的核心的。

　　这些信息高高挂于屋顶是有缘由的。实际上，米开朗基罗把他的多层作品设计得太好了，我们走得越高，离大众视线越远，就越能频繁地发现这些信息，这些信息也越让人叹为观止。的确，他把最好的留在了最后，在屋顶的最顶端——那条横贯西斯廷教堂的中轴带里。

第十二章

中间道路

慧眼之人于此见到的每一处美景都是我们最好的快乐之源。

——米开朗基罗

我们最后到达了画作的核心处——中轴带。毫无疑问，这是这里最著名的部分，也是大多数人想起西斯廷教堂屋顶时脑海中所浮现的部分。起初教皇和他的顾问交给米开朗基罗的任务只是模仿一个几何图形进行绘画，这个错视画出现在许多其他教罗马宫殿遗迹的屋顶上。按照惯例，画家会为屋顶"加冕"，加上象征教皇主权的标志——十字架和三重冕，还会加上作者的家徽，有时还会刻上作者的名字。这种德拉·罗韦雷橡树纹章在教堂一开始的装饰中随处可见，这是教皇西克斯图斯四世要求的，他是尤利乌斯的叔叔。除了在教堂入口正上方有一个巨大的三维纹章，还有数百个纹章交织成的"网络"，构成下方墙上绘着的错视画风格织物装饰。这在过去几个世纪几乎是所有教皇建筑屋顶的设计方式，不仅使徒宫如此，圣天使城堡（几个教皇城堡中最著名的）、意大利其他宫殿、别墅和教堂也是如此。

米开朗基罗既不是个模仿者，也不是个阿谀奉承之人。他从天性上就绝不会接受这种追随陈词滥调的任务。如果他不得不为一个作品忙碌数年，哪怕这个作品他并不喜欢，他内心的骄傲也不会允许他交出一份

西斯廷教堂天花板壁画的中心部分

平庸无奇的答卷——这作品必须精妙绝伦，只有他才能构思和完成。因此他更喜欢尽可能地独自工作——他总是要求自己凌驾并超越所有前人的极限，甚至包括自己。因此，在创作西斯廷教堂壁画时，虽然从一开始他并不喜欢穹顶绘画的理念，但他也不能有丝毫懈怠和保留。他并没有把自己禁锢于一堆美丽的图像和图案，也没有局限于对出资人权势的陈腔滥调的颂扬，作为一个艺术家，他决定在屋顶中央加上他眼中上帝与人类纽带的核心与灵魂。这是梵蒂冈教廷第一次（历史上也极为少见）有一个画家否决了教皇对于艺术的观念。

　　正如我们之前所发现的，米开朗基罗用 7 位希伯来先知对应 7 个度，它们是生命之树的下部，他们在左边的"力量"（G'vurah）之柱和右边的"仁慈"（Chessed）之柱之间维持着西斯廷教堂的平衡。那中间的柱子和生命之树的中心树干呢？正如革舜·秀伦（Gershom Scholem）教授在他的经典作品《卡巴拉及其象征意义》（*On the Kabbalah and Its Symbolism*）中所透露的，那便是中间道路——公正（tzaddikim）之路，那是真正的正直与神圣[1]。这一小部分灵魂太过虔诚、太过纯粹，因而他们不需要像一般追求真理的人那样在精神之路上忍受苦难挣扎和人生的沧海沉浮。这也叫作启蒙之路，因为它是直达智慧的"快车道"。米开朗基罗选择用什么来表现这直达上帝的最正确、最直接的道路呢？他眼里什么才是世界力量真正的中心呢？对他而言，是最初的《犹太法典》，也叫《摩西五经》。它由五本书组成，分别是《创世纪》《出埃及记》《利未记》《民数记》和《申命记》，他不仅是犹太圣经的核心部分，也是《旧约》（希伯来圣经的基督教版本）的核心部分。*有趣的是，这五本书在两个不同的体系下，被拆解分割成各个片段进行解读。第一种体系由天主教传教士在几百年前创造，它按篇章和诗节划分，为大多数人所熟知，当引用《犹太法典》时，也被所有人接受和采纳（就如这本书一样），因此人们也用"they quoted chapter and verse"来形容语言精准或表述清晰。另一种切分方法来自犹太人，他们将其分为"par'shiyot"，分周阅读，每周全世界犹太教堂都会在安息日诵读，每年读完一遍《犹太法典》。这一体系已有 2000 多年的历史，且备受《塔木德经》中的圣贤推崇。今天，基本上只有犹太人知道并使用这一体系。当然，500 年前在信奉天主教的意大利也是如此。然而，这恰恰是米开朗基罗选择画在屋顶中轴带上的 ——"par'shiyot"的前两部分，叫作"B'resheet"（起源）和"Noach"（诺亚）。

米开朗基罗必须倒着完成整个作品，从教堂的东墙慢慢推进到圣坛墙，累断了腰，绞尽了脑汁，辛勤工作 4 年多，才画到《犹太法典》

---

* 大多数人都不知道犹太圣经和《旧约》并不是同一本书，《旧约》是在教会安排下，重新编排犹太圣经而成的，它重新编排了先知之书和圣文，加强人们心中希伯来圣经预言了基督降临这一印象。实际上，哪怕是天主教圣经和新教圣经也有很多不同。

叙述故事的开头，当你明白这一点，就知道米开朗基罗的计划是何等让人惊叹折服。大多数关于这幅作品的"官方"解释都误解了为何米开朗基罗要以《诺亚醉酒》（*Drunkenness of Noah*）作为结尾。标准的梵蒂冈教廷指南上说这不仅是为了展现人向恶的倾向，也是为了预示其未来通过基督进行的救赎。但是，选择这个作为核心故事的结尾看上去很奇怪，不仅显得虎头蛇尾还很消极低沉。考虑到其余大多数角板都是鼓舞人心的，这个结尾的出现似乎不怎么说得通。但其实这些解释忽略了一个简单的事实，那就是整个作品是分两部分完成的。在第一部分，很明显米开朗基罗打算以三联一幅的方式完成《犹太法典》的壁画部分，也就是用三个画板叙述中轴带上的一个重要故事。我们今天仍能看到，讲述人类诞生之前故事的有三个画板，亚当与夏娃故事也是三个画板，最后诺亚的故事还是三个画板。在传统的三联一幅作品里，高潮部分总是中间更大的画板，故事的"支撑"部分则画在两边较小的画板上。只要瞥一眼位于角落的以斯帖壁画，你就会发现其中的奥秘：在巨大的中间部分，讲述的是哈曼被处决的高潮部分和导致他被处决的事件——以斯帖的控告和国王重新寻求莫迪凯（Mordechai）的帮助，两边则是哈曼的尸体。米开朗基罗以诺亚的故事作为这一幅的起点，他故事的高潮部分是大洪水来临，这也被画在中间最大的画板上，两边（上下）是两个发生在洪水之后的不那么著名的故事：一是圣坛建立，以此感谢在大洪水中存活；二是诺亚后来喝醉，创造了葡萄园。

我们从书信和他的同辈人那里得知，米开朗基罗在创作"诺亚"时面临着很多问题。他不得不在夏天进行工作，那时罗马极为潮湿闷热，特别是台伯河附近（比如梵蒂冈教廷）。他不得不把一开始的诺亚部分的壁画几乎整个从屋顶上切下来，因为潮湿的天气使它们变得脆弱易损，长上了霉菌。一位叫作雅各布·因达克（Jacopo l'Indaco）的佛罗伦萨友人和助手发明了一种叫"intonaco"的新型配方来制作壁画石膏，新石膏不易长霉，这才扭转了局势。正因为这个和其他的问题——要记住米开朗基罗之前从未作过壁画，他是边作边学，仅是作天顶画的第三组，即诺亚的故事，就花了一年半的时间才完工。这个三联一幅的作品完工后，教皇尤利乌斯十分渴望提前看到这部作品，好卖弄炫耀。米开朗基罗则极力反对，因为艺术家们都不愿意公众看到未完工的作品。但因为尤利乌斯不确定自己能否活到天花板完工的那天，所以他没有被劝服。1510 年，教皇下令拆除脚手架，翘首以盼的民众看到了壁画的第一部分。艺术家和外行们的热烈反响盖过了神职人员和检察官的投诉。画到这里，米开朗基罗也就完成了这一部分的绘制，在没有进一步干扰（或者说是干扰减少）的情况下继续完成剩下的工作。他便有机会站在下面欣赏一番 65 英尺高处的作品到底是什么模样。然后，他发现自己对这些雕像太畏手畏脚了，因为它们大的很大，小的很小。人们一眼就会发现诺亚系列后面的重要画面简化了，人物更大、更有型。就连先知和女巫的体积也从这一处开始变大了。他原本嘱咐过助手要画一些洪水的场景，但对效果并不满意。之后他便决定独自绘制所有主要画面和人物。这会大大影响进度，但为了让作品达到他的期望并保证其质量，只能如此。同时，米开朗基罗也意识到他最初的三联一幅的想法是行不通的。他原本计划将三联一幅画作的最大的一部分，也就是大洪水的场景，作为整个天花板最大的点睛之笔，却发现参观者的目光会自然而然地随着这些画的线条最终落在消极的、非高潮部分——《诺亚醉酒》上。这种布局如果用来描述创世纪初期也会很违和。考虑到这些，米开朗基罗改变了主意。在绘制《犹太法典》的剩余部分时，他便采用了直线叙述的手法。了解了这些之后，我们直接来看《创世纪》部分，其实米开朗基罗在这里就将作品收尾了。

《创世纪》[1] 部分

米开朗基罗一定从犹太人的、神秘的角度了解过"创世纪"的故事。他的老师皮科·德拉·米兰多拉曾做过相关研究，著有《创世六日》（*Heptaplus*）一书，也叫《对创世六日的七重解释》。在第一组画里，我们可以看到《犹太法典》中的原句："最初，上帝创造了天地。"书中描述到，上帝呈现出的蛇形曲线很像画家创作壁画时的样子，他用手将天地分开。这个姿势也说明米开朗基罗理解了希伯来语圣经的中心思想：在犹太圣经中，上帝通过分隔和划分的方式创造了宇宙，他分出了光明与黑暗、白天与夜晚、海洋与陆地。为了模仿这一神圣之举，《犹太法典》要求犹太人也利用分隔和划分的方式区分安息日和工作日、干净和不干净的食物、纯洁和不纯洁的祭奠、道德与不道德的行为等。

为什么上帝的身体会扭成这副模样呢？还有另外一个原因：《拉奥孔雕像》是米开朗基罗创作西斯廷天顶画两年前才发现的。仔细观察这个雕像就会发现，它在刻画上帝的躯干时模仿了古希腊的代表作《拉奥孔雕像》。

希伯来圣经记载的圣人拉希（Rashi）（11世纪的法国特洛伊人）语录深深吸引了所有在美第奇宫的米开朗基罗的老师。尤其是皮科·德拉·米兰多拉认真研读了拉希关于《创世纪》的研究。从第一组天顶画也可以推断米开朗基罗接触过拉希的一些观点。《创世纪》第一章中，每天结束时都有一段话："先是晚上然后是白天，接着便是第二、三、四、五、六天。"描述第一天时它说道："先是晚上然后是白天，这便

---

1. 原文使用的是希伯来语 PAR'SHAT B'RESHEET，PAR'SHAT 也写作 Parashah，即马所拉圣经抄本，B'RESHEET 也写作 Bereshit，Bereishit，Bereshis，Bereishis，B'reshith 等，意思是"起初"（in the beginning）。——译者注

《创世纪》壁画部分　　　　　　　　　　拉奥孔——裸体躯干部分的细节图

是一天。"很奇怪,我们怎么解释这段话呢?剩下几天的顺序是"先白天后夜晚",所以这句话表达不准确,应该把"这便是一天"改成"第一天"。拉希的解释倒是很新奇:上帝想让人类明白,他是天地间的唯一,所以他描述创世第一天时只写了"一",没有神也没有其他任何神圣的事物。果然,米开朗基罗的西斯廷天顶画中,创世第一天的上帝就是独自一人,前三组画里也只有第一幅没有上帝以外的任何天神。

关于这组画再谈最后一件惊人的事情:这幅画是在米开朗基罗悲惨遭遇的结尾画好的。他急着完工,一是自己的身体原因,二是怕健康状况本就很差的尤利乌斯教皇撑不到完工的那天。如果是这样的话,新任教皇可能会终止先前的合同,工程或许会有变数或被叫停。巧合的是,米开朗基罗创作第一组画时没让他的"天使"——助手们帮忙。助手一般会准备完整尺寸的卡通画,方便把人物的草图转化到湿壁画的最后一层灰泥上。自称"不是画家"的米开朗基罗仅用一天就独自完成了第一组画——还是徒手画完的。这可是经验极其丰富的壁画画家也不敢轻易尝试的。

第二组叫《神分昼夜》（*Separation of Day and Night*）。上帝创造了日月，日照亮白天，月照亮夜晚。关于这组画有两个绝妙之处值得一提：一是，画面右侧的月亮实际上没有染色，它是灰泥本身的颜色。这是米开朗基罗专门设计的，想要达到一种超凡脱俗的效果。二是，可以看出这位愤怒的画家想要发泄。从这个角度讲，在这噩梦般的四年，米开朗基罗过着天天站在脚手架上的生活，根本没时间追求自己挚爱的雕刻艺术。他本可能公开表示对尤利乌斯教皇的不满，但也许会招来杀身之祸或失去自由。无奈，他在上帝身上加入了一些贬低的细节。仔细观察会发现这组场景中，创造太阳时上帝把脸转了过去，没有面对观众，

《神分昼夜》壁画部分的造物主背面细节图

他的紫色斗篷好像马上要掉下来了——实在是找不到贴切的词句来形容带着怒气的米开朗基罗绘制出来的这个粗俗的姿态。上帝就好像让月光照在了教皇尤利乌斯二世身上，使他的臀部暴露在教堂这种神圣场所。

第三组画的主题一直存在争议。它呈现的是神分水陆还是皮科记载的使地表中的上下层水分离？抑或是天空上下层的分离？无论哪种解释是正确的，从他对水域的控制便可见这组画清楚地体现了上帝掌控万物的权力。另外，我们还可以发现米开朗基罗的另一处巧妙设计。第六章我们谈到加拉贝德·埃克纳杨教授发表在《国际肾脏杂志》的一篇良心之作推断米开朗基罗当时可能患有肾病——肾绞痛，由于肾功能紊乱最终导致了肾结石和肾功能失调，也导致他多年后因病而亡。我们不清楚这是米开朗基罗家族的遗传病，还是他的用脑方式和生活习惯导致的。但我们知道缺少维生素 D，没有充足的阳光和睡眠，钙摄入量过多，会引发肾病。米开朗基罗创作西斯廷教堂天顶画时就是这样，常年待在室内，睡眠和饮食条件不好，作息不规律，喝的还是罗马当地含钙量极高的水。不管三十几岁时他是否真的患了肾病，可以确定的是从青年时期他就对人体解剖学十分着迷，年仅 18 岁时便悄悄做过非法解剖。埃克纳杨说，米开朗基罗一定听说过盖伦的肾功能论：肾会分离人体内的固体和液体（尿）废物。这组画中，米开朗基罗将土壤（固）和海洋（液）分开就是一种致敬，感谢那些帮助他理解人体奥秘的人。另外，这组场景中上帝的斗篷上也可以清晰地看到肾的形状和几处与人体肾脏相关的细节。

《创造第一个人类》

第四组画《创造亚当》（*Creation of Adam*）无疑是西斯廷教堂天顶画中最著名的。它与《拉·乔康达》（*La Gioconda*）、《蒙娜丽莎的微

《创造亚当》壁画部分（见插图 15）

笑》（*The Mona Lisa*）和《最后的晚餐》（*The Last Supper*）一道被列为世界最著名的三幅画。

这组画中，世上的第一个人类亚当刚刚从尘土中诞生。他呆滞无力，因为还未得到上帝的吹拂———一种神圣的生命的力量。其实除了亚当之外，新柏拉图主义和卡巴拉教派还将他称为"原人亚当"。因为他是最原始的人类，是人类的原型，也是宇宙的微缩模型。

这里的上帝甚至不是一个全能之神的形象，而是一位造物者。他创造了亚当，便是创造了我们人类。这组画中米开朗基罗对上帝的诠释引发了数世纪的争论和疑问：上帝左臂下的年轻女性是谁？左手下的婴儿是谁？如此多的天神围绕着上帝，好像还把他举了起来，这是为何？画中上帝忙得不可开交，周围却有很多多余的人物，他披着一件巨大的紫色斗篷和一块蓝青色的碎布，垂下来的样子像风筝的尾巴，这又是为何？

关于这位神秘女性的身份有两种观点广为流传。一种说这是夏娃或夏娃的灵魂，在等待她真正的灵魂伴侣亚当。另一种认为这是新柏拉图主义的索菲亚（Sofia），是希腊神话中的智慧女神。第二种观点得到了卡巴拉教派的支持。传统犹太人的每日祷告中，人们会祈福表示感谢，感谢生活，感谢被赋予的身体机能。人们感恩上帝，是因为他"给予人类智慧"（这句话的希伯来语是：Asher yatzar et Ha-Adam b'Chochmah），但祷告者说的不是希伯来语中较为常用的"anashim"（与英语的"men，humanity，people"同义），而是"et Ha-Adam"，字面意思是"亚当"（最原始的人类）。这和卡巴拉教派的观点完全吻合，他们认为人类是由智慧（希伯来语"Chochmah"）女神创造的，也就是希腊神话里名叫索菲亚的智慧女神。这可能也是米开朗基罗想要传达的意思。

上帝左手下方的婴儿很可能是亚当的灵魂，正准备进入亚当身体里。请注意婴儿的姿势和亚当是相似的，他正准备通过亚当的左手转移到其体内。通常人都是用左手接受祝福和恩赐的，因为左手血管直通心脏。直到今天，许许多多的人仍在左手腕上带着一串红绳，象征着女王《旧约》圣经里雅各的妻子的恩赐。米开朗基罗深知他的才华也是上帝的恩赐。亚当用左手接受了造物者赐予的灵魂，而米开朗基罗就是个左撇子，两者之间难道只是巧合？

另外，上帝为什么披着斗篷和悬着的碎布，身边为什么会有许多多余的人物，刻画的形象为何如此之复杂等问题都在 1975 年偶然得到了答案。弗兰克·莫什伯杰（Frank Mershberger）教授是一位来自印第安纳的犹太外科医生。他走进西斯廷教堂，抬头看到宏伟的天顶画，心生敬畏，也有种奇怪的熟悉感。这位美国外科医生注意到的正是斗篷独特的形状和悬着的碎布。他过滤掉画中的颜色和旁边的人物之后发现，看到的正是在医学院课本《解剖 101》上学过的图形。大脑、小脑、枕叶、皮质、脑干……都在画中。米开朗基罗藏在这组画里的就是人脑的一个横切图。可是他为什么要这么做呢？

因为他要再一次向懂行的人展示他在非法解剖中偷偷发现的秘密。能发现天顶画中隐藏的人体器官的人一定也为了获取知识而做过严令禁止的事情。看懂奥秘的人保持了沉默，所以这个秘密在之后的很多年被遗忘或消失了。其实这也证明米开朗基罗在解剖学方面是十分专业的。由于他巧妙地隐藏了这些信息，直到 20 世纪才有专业的外科医生重新发现其中的奥秘。

米开朗基罗将这些被禁止的解剖学研究成果藏在画里，传达的信息是：智慧创造了万物，也可以说人类出现在地球的想法源于上帝的"大脑"。这也是卡巴拉教派的一种理念——大脑与智慧之神索菲亚有密切的关联。然而米开朗基罗意识到了更为深刻的真理，这在很久以前的卡巴拉思想中有所体现：并不是整个大脑，而是只有右脑才和智慧之神有关，也就是他画的那部分。米开朗基罗用一种直观的方式呼应了古代的犹太祷告者：上帝创造亚当时赐予他智慧，也就是神圣的右脑。

一些专家认为，上帝周围交织围绕的人物是主要的大脑中心和神经节（也就是神经系统的"高速公路"交叉点）。然而，还有一个更加吸引人的神秘提法。根据《塔木德经》《米德拉什》和《卡巴拉》的说法，使女性子宫受孕的那滴精液并不是来自男性生殖系统，而是来自男性的大脑。根据这一解释，我们都是围绕着造物主的那些人，是亚当和夏娃的后代，等待着被孕育。这使我们所有的人都成了上帝的直系后代，等待着从他的大脑降生——这是一个强大的普世观念。

不仅如此。因为我们知道米开朗基罗是研究过《卡巴拉》的，所以他肯定知道莫查·斯提玛（Mochah Stima' ah）的概念，即隐藏的大脑。这是上帝的一个神秘的方面，隐藏在生命之树上的腐朽之中。它代表了上帝在看似无意义的事件和戒律背后的目的和推理。当信众说"上帝的方式是神秘的"，就暗示着他们对莫查·斯提玛理论的信仰。那就是，在一切超越了我们凡胎肉体有限理解能力的事物背后，都有着经过伪装的上帝古老理论，或神圣的计划。即使是神秘这个词，在希伯来语中也有词根"nistar"，意即"隐藏的东西"。莫查·斯提玛也是人们创作意愿背后的未知目的。这个"隐藏的大脑"（也被称为"隐藏的智慧"）激发了人类去创造、建造、设计——以及雕刻和绘画的意愿。它是我们模仿造物者和赋予这个世界意义与目的的动力源泉。根据《卡巴拉》的说法，它是由生命之树发出的两种情感融合而成的，随之被注入我们体内。高级情感——那些属灵的、超验的、自我控制的——被称为"犹太人的萨巴"（Yisrael Saba），或者"犹太人的长者"。*低级情

---

* 阿拉姆语的"saba"，意思是"明智的长者"，和"sibyl"一词源自同一个巴比伦的词根。

感——那些是物质的、以自我为中心的、冲动的——被称为"犹太人的祖他"（Yisrael Zuta），或者叫作"犹太人的小子"。像米开朗基罗这样高度热情的创作天才，在意志的驱使下不断创造。他的身上，这两种情感——高级和低级——绝对都起了作用。那么，他用女性索菲亚的幌子创作的智慧（即希伯来单词"Chochmah"）也就不足为奇了。索菲亚的两侧画着代表"犹太人萨巴"的白胡子神和代表"犹太人祖他"的婴儿。他们全部被封闭在人的右半边大脑上，将才能和创作欲赐予男人的左手。由此看来，在这个世界闻名的场景里，隐藏的完全是一节被禁止的解剖课程，一次深入《卡巴拉》的旅程，一幅由米开朗基罗扮演亚当的秘密自画像——超乎表象，刻画灵魂的大手笔。

夏娃的创生

即便在上帝创造女人，这个更小、更简单的部分，我们也能找到一条深藏不漏的犹太信息。根据基督教的释意和传统，上帝用亚当的一根肋骨创造了众人之母——夏娃。然而，圣经希伯来语并没有这样说过。原话用的词是"Ha-tzelah"，意思是"亚当的一侧"。拉比圣贤解释说，上帝创造夏娃时，用的不是亚当的头，因为这可能使夏娃感到自负，认为自己高于她的伴侣；用的也不是他的脚，因为这可能会让她感到被踩在脚下而想逃走。用他身体的一侧，是要让她成为他生命中平等的伴侣。正因如此，在夏娃被创造和命名之后的一节中，我们读到："因此，一个人才会离开他的父亲和他的母亲，才会与他的妻子分开，他们才会成为一体。"（《创世纪》）几乎在每一个非犹太人对夏娃诞生的描述中，夏娃都被刻画成从亚当的一根肋骨中产生。然而，在西斯廷教堂的天花板绘画里，她是按照犹太传统，从亚当身体的一侧来到这个世界的。

壁画《夏娃》板块的创作

禁果

　　天花板上的禁果部分也藏有秘密。这是一幅双页画，由两个相等的部分组成。在左边，我们看到仍然无知的亚当和夏娃，正要吃禁果。狡猾的毒蛇处于画的中间，它缠绕在树上，正在引诱亚当和夏娃犯罪。画的右边，我们看到他们被逐出伊甸园。他们露出羞耻的神情，并且已经表现出自然衰老的迹象，因为对他们的部分惩罚是失去他们的永生和不老的青春。乍一看，这似乎是一个典型的关于教会原罪，或亚当和夏娃从天堂被驱逐出来的故事。然而，更深入地看，即使这个板块选择的是这种格式，我们也能发现许多令人惊讶和颠覆的元素。

　　首先，我们来看看禁果本身。我们之前指出过，根据大部分的传统，禁果是一个苹果。事实上，在中世纪的拉丁语中，苹果是"malum"。在其他情况下，苹果变成了"male"或者"mala"。这两

壁画《禁果》版块（见插图 16）

个是"邪恶"的同义词，就像"malicious"和"maleficent"一样。在现代意大利语中，元音被颠倒了，使"mela"成为苹果的代名词。看看西方艺术中描绘禁果的其他任何绘画或壁画，你就会发现一般都是苹果的样子。

这种普遍信仰只有一个例外：即犹太传统。《塔木德经》讨论了拉比们的观点，并提出了一个截然不同的信仰。圣贤们的结论基于一个神秘的原则，即上帝从来不会给我们随意提出难题，问题的解决方法都已被他置于问题自身之中。因此，他们提出，知识之树是一棵无花果树。毕竟，圣经告诉我们，当亚当和夏娃的罪过让他们对自己的裸体感到羞愧时，他们只能用无花果树叶遮盖自己。仁慈的上帝在造成恶果的同一事物中提供了救赎之道。

很难想象，在米开朗基罗时代，甚至是今天，能有许多基督教徒意识到这一点。只有学过《塔木德经》的人才会知道这样的事。然而，确实，在原罪的板块里，米开朗基罗的知识之树是一棵无花果树。如果你仔细观察，就会发现，亚当和夏娃即将摘下的，悬垂在蛇手中的果实，都是鲜绿多汁的无花果。值得注意的是，米开朗基罗选择了一个拉比对这段圣经故事的解释，而不是同时代基督徒们广为接受的版本。

米开朗基罗还使用了一种独特的方式，证明他们在吃禁果之前的无知。如果你看亚当伸手到树上摘果子时的站姿，你很难不注意到他的性器官几乎都碰到夏娃的脸上了。如果她把头稍微往他那边转一点，我们就会有一个"限制级"的天花板。教会并非没有意识到这一点，所以一直到 19 世纪晚期都禁止对这一板块做任何复制。

画中还能找到更多的犹太教义。另一个不同于标准形象的、令人震惊的变化是，亚当是自己从树上摘下禁果，而不是老套的——"邪恶的魅惑女人"把致命的苹果递给他，引诱他吃。这是为了表明亚当在罪中承担的责任和夏娃一样多。为什么？万能的上帝告诉他，除了可以辨别善恶的知识树，他们可以自由地到伊甸园的所有树上吃东西（《创世纪》）。然而，就在后面几节，《创世纪》第三章的开头，当蛇引诱夏娃的时候，我们听到了一个不同的故事：

> 耶和华神在大地上创造的生物中，唯有蛇比任何野兽更狡猾。蛇对那女人说，神有没有告诉你，园里有哪些树的果实是不可以吃的。女人对蛇说，我们可以吃园中树上的果子。但神说，园子中间那棵树上的果子，你们不可吃，也不可摸，免得你们死亡。（《创世纪》）

神不是这么吩咐亚当的。全能的上帝明确说了是善恶之树，而不是"园子中间那棵树"。那是一棵不同的树，生命之树。此外，上帝并没有说过不要碰那棵树。古代的拉比从这个故事中得到了什么？亚当并没有忠实地传递上帝的真言。他没有说清楚究竟是哪棵树，他还擅自改编了上帝的禁令，加了"碰都不能碰那棵树"这一条。亚当的这一罪过使夏娃很容易就中了蛇的谎言的圈套。当万能的上帝与惊恐的亚当对质时，他试图把所有的责任都推给女人。当上帝面对夏娃时，她就诚实多了，直接说："蛇欺骗了我，我就吃了。"请注意，她并没有说"诱惑我"，而是说"欺骗了我"。她是怎么被骗的？ 2000 多年前的圣人编纂的米德拉什的其中一条注释解释了一切：当蛇引诱夏娃接近那棵被禁的树时，推了她一把，让她碰到了那棵树。因为没有发生不良后果，她很容易就相信上帝是在骗他们。事实上，这棵树并不是位于花园中间的那棵树——那是另一棵神秘的树，生命之树——但由于亚当马虎地传递上帝的话语，夏娃不知道真正的禁地是哪里。就这样，她被骗了，而不仅仅是受了诱惑。因此，米开朗基罗决定让亚当平等地承受这份罪恶——这在西方其他任何一种原罪的表现中都是看不到的。

在另一方面，米开朗基罗也选择了遵循犹太传统。只有米德拉什认为蛇本来是有胳膊和腿的。在伊甸园的主流意象中，蛇通常表现为一条巨大的蛇，就像我们今天所知道的蛇一样。有时候，蛇会有一个人头，但最多也就这样了。这里，在西斯廷的天花板上，米开朗基罗再次遵循犹太教义，赋予他独特的蛇手臂和腿。

在蛇的旁边，在这两部分组成的面板的右边，我们看到天使用剑将亚当和夏娃从天堂永远地驱逐出去。这里我们发现了这一场景的最后一个隐秘的信息：美丽的天使是邪恶的蛇的孪生兄弟。甚至他们的姿势和身体姿势也互为镜像。他们的身体共同组成了一个类似人类的心脏的形状。米开朗基罗正在回归他早期诗歌的主题和半人马之战——两种倾向的斗争。根据犹太人的哲学，你可能会记得，我们每个人都有一个终生的内心斗争，一种"拔河"。这种角力发生在"Yetzer ha-Tov"（做好事的倾向）和"Yetzer hara"（做坏事的倾向）之间。请注意，这两种倾向——画中的蛇和天使——在伊甸园中处在善恶树的两边。因为正是在这一点上，人类才第一次认识到这种差异。艺术家在这里的阐述不同于标准的基督教原罪概念，后者与犹太教的概念也十分不同。相反，他的渲染强调了人类自由选择和自由意志的潜力。

这是天花板的第一个 par'shah，即每周《犹太法典》循环阅读部分，完结的地方。下一个 par'shah，将在亚当和夏娃犯下原罪的十代之后，继续这个故事。在历史上的这个时刻，人类已经开始在地球繁衍生息。但不幸的是，人类滥用自由意志，几乎完全遵循了"Yetzer ha-ra"（做坏事的倾向），或邪恶的倾向。这就是米开朗基罗在1508年开始画的天花板画最后一段三联的主题。现在让我们来看看他是如何描述诺亚的故事的。

诺亚的牺牲

正如我们前面所解释的，这三个诺亚的板块并不是严格按照时间顺序排列的。这个场景实际上发生在洪水消退之后，诺亚和他的家人以及动物们已经下船上岸了。为了感谢上帝的救赎，诺亚建造了历史上的第一个圣坛。根据《米德拉什》的说法，诺亚是先知，确切地知道哪些动物后来会被允许用来在圣殿里献祭。在这一场景的众多画作和壁画中，其他的基督教艺术家们展示了诺亚把各种各样不可思议的、不洁的动物拿来献祭：狮子、骆驼、驴子等。米开朗基罗忠实地追随《米德拉什》，只描绘了诺亚所使用的圣经所允许的动物。

画中的诺亚，一只手指向天堂，表明这有史以来的第一个宗教祭祀圣坛不是为崇拜异教徒偶像而建，而是为了唯一的上帝。你还会注意到，左边的两个人物似乎在阴影中——诺亚的三个儿子中的一个，和一个神秘的女性，她头戴异教徒希腊-罗马式样的月桂树叶编织而成的王冠，这王冠象征着胜利女神奈克（Nike）。这两个人其实并没有在阴影里。这些早期画板中的霉菌，造成了不少的麻烦，破坏了画板。大约

壁画《诺亚的牺牲》版块（修复前）

在天花板完工的一代人的时间之后，这一部分的石膏脱落并砸碎在了地上。1568 年，一位名叫多梅尼哥·卡尔内瓦利（Domenico Carnevali）的壁画家不得不爬上一个很小的脚手架，补上坠落的部分。很明显，他的油漆或灰泥中的化学物质与米开朗基罗和他助手的配方质量并不匹配，而且随着时间的推移，修补部分的颜色不可挽回地变深了。这可能是好事，因为这样我们就能够很容易地区分最初的作品和后来添加的内容。我们不知道卡尔内瓦利对画中的女性人物有什么想法，但奈克是否出现在米开朗基罗的原始版本中是值得推敲的。

大洪水

诺亚板块最后一个三联画的主要场景中，一块壁画不见了。位置就在版画右边，被困在临时帐篷里的那个人上面。这一损害发生在 1795

壁画《大洪水》（见插图 17）

年，当时储存在圣天使城堡的教皇军械库的弹药意外爆炸。巨大的爆炸
震撼了整个街区，值得庆幸的是，只有这一大块，而不是整个天花板都
掉下来。在米开朗基罗之后的将近三百年的时间里，没有人敢上去在绘
画大师的作品上画蛇添足；所以出于对米开朗基罗的尊重，这一块一直
没人填补。

再一次，一些《塔木德经》的知识将帮助我们更好地理解这个画
作。在希伯来语中，单词"teivah"对应原始的《犹太法典》文本中的
单词"ark"。然而，"teivah"这个词并不是指船或帆船。它真正的意
思是"盒子"。在你所见过的每一幅作品中，艺术家都展示了诺亚方舟
是一艘巨大的、有曲线船体的适航船只。然而，根据《塔木德经》和
《米德拉什》的说法，这是一种巨大的箱状结构，它不可能在洪水滔天
的水面上漂浮，也不会因为神的气息或是天上的风在海浪上浮起来。在
西斯廷教堂的天花板上，米开朗基罗把方舟画成一个巨大的盒子，再一
次遵循了犹太传统。

壁画《大洪水》，中间左边的细节（见插图 13）　　壁画《大洪水》，中间右边的细节（见插图 14）

　　当然，米开朗基罗和他那群快乐的佛罗伦萨人也无法抵抗罗马的猛烈袭击。在画作的左边，我们看到一头驴子的头。在画面右边的同样高度，有两个小一些的人物，他们刚从水里爬出来，躲在临时帐篷后面的岩石上。他们几乎不知道，他们很快就会因为他们的罪恶而被淹死，因为唯有命中注定在神命的方舟上的人才能在大洪水中幸存下来。这两个罪人在背景中看起来像两只水鼠；他们趴着，用手和膝盖着地，穿着明显代表罗马城的红色和金黄色。为了确保让大家相信这是一种侮辱性的信息，那构成驴头的背景的女人衣服的颜色也是同样的罗马色。

诺亚醉酒

在《圣经》中，诺亚拯救了地球上的生命并建造了第一个圣坛，他还种植了一个葡萄园（在左边的背景中）并发明了葡萄酒。此后不久，他成为自己最好的客户，我们可以从他臃肿的身体和前景中后部分场景的发红特征中看到。诺亚赤身裸体睡着了，这一幕被他的儿子哈姆（Ham）发现。他没有掩饰父亲的裸体，而是跑去告诉他的兄弟闪姆（Shem）和贾费特（Japhet）。他们拿着一件衣服，恭恭敬敬地走进父亲睡觉的地方，把头转开，以免看到父亲丢人的样子。在《创世纪》第9章24节，《犹太法典》说："诺亚醒了酒，知道小儿子对他做的事。"《塔木德经》的信徒想知道，在他昏迷的时候，诺亚是如何知道哈姆在自己昏睡时对自己做了什么。拉比·萨缪尔（Rabbi Samuel）在《创世纪》中后来发生的一个其他教王子舍根（Shechem）的故事中发现了这两个故事的相通点。在这段故事中，他偶然瞥见了这位族长雅各唯一的女儿黛娜（Dinah）的身体。在看到她暴露身体之后，舍根无法控制自己并强奸了黛娜（《创世纪》）。拉比·塞缪尔的结论是，哈姆在他的动物冲动的鼓动下，也对他的父亲进行了类似的性骚扰。这确实让诺亚在醒来时说的话更说得通。当他咒骂儿子的行为时，他的反应也变得更加容易理解。

在米开朗基罗的版本中，他画了诺亚的另外两个儿子，闪姆和贾费特，他们来到诺亚的房间为父亲盖上裸体，但是转头以免看到父亲。哈姆已经回到他们后面，指着诺亚，没有转头。哈姆甚至从背后抓住了他的弟弟（可能是贾费特），好像是要劝他不要盖住他们的父亲。这位艺术家已经赋予了哈姆同性恋的倾向。他拥抱他的弟弟，看起来也会对贾费特进行性骚扰。

关于这一幕的官方解释也是五花八门，从预示着耶稣的化身（种植

壁画《诺亚醉酒》

一种新的葡萄树），到对激情的暗示（因为红酒的血色），再到通过基
督的救赎的机会（掩盖一个人过去的罪恶）。然而，一个清晰而又新鲜
的视角使得米开朗基罗似乎更有可能再次追随《塔木德经》的教义和遵
循他自己的性倾向。

　　还有一个原因，中央地带似乎直指了这个相对较小的、悲观的
调子。正如我们在伊甸园画作的两个部分所看到的，米开朗基罗非常
清楚人类灵魂的两个方面的概念——"Yetzer ha-Tov"和"Yetzer ha-
ra"——即超然的精神倾向和动物的物质主义的倾向。在那个画板上，
他把蛇和天使配对，相互映照，以代表人类灵魂中善与恶之间的相互斗
争。在诺亚三联画中，他把大洪水放在中间，由诺亚的灵性的一面（献
祭的场景）和诺亚的罪恶享乐的一面（醉酒的场景）包围着。

　　艺术家并没有让我们对诺亚留下负面的印象，但是当我们把诺亚
三联画作为一个整体来看待时，我们就可以理解他当初设计这幅画的方
式。我们可以看到，当我们离开西斯廷的时候，他给我们带来了一个深

刻的精神问题。米开朗基罗正在问我们，我们的倾向是什么：是超然的精神倾向？还是动物的物质倾向？他的作品是激励我们向上帝靠近了一步，还是离上帝更远了？

　　中央的犹太法典的画作在这里宣告结束。在我们离开西斯廷之前，我们必须先看看米开朗基罗在他放下画笔之前，隐藏在天花板壁画上的一些强大的最终秘密。他似乎一直在为最后最强劲的信息蓄势。

第十三章

气 话

上帝在细节中。

——出自路德维希·密斯·范·德罗（Ludwig Mies Van Der Rohe）
的作品《西斯廷的天花板》（the Sistine ceiling）

在地狱般的长达四年半的奴隶生涯中，这位激进的艺术家决定最大限度地利用这一机会，用剩下的壁画留下隐藏的信息以作为自己的遗产。这就是为什么他在描绘犹太先知耶利米的章节里藏了一大堆秘密。

教皇之上的人

我们需要特别注意这幅忧郁的先知的画像，画作的左边，这个区域被称为"阴险的面孔"，代表着一个人的阴暗面。在《卡巴拉》中，它也是"G'vurah"和"Din"，即权力和审判的侧面，这是生命树的严格的方面，它与判罪和施罚有关。

我们看到这位先知悲伤而愤怒地凝视着坐在宝座上的教皇，在帝王的华盖之下。正如你们所记得的，耶利米是虔诚的使者，他警告圣殿的腐败祭司们，他们的青铜和金子将被带走，他们的庙宇将被摧毁，除非他们清理内部的腐败。他把自己的嘴用招牌盖上，意味着深奥的知识占

壁画《耶利米》（见插图 19）

据了他的思想。（米开朗基罗在其他作品中也采用了同样的姿势，包括他纪念洛伦佐·德·美第奇的葬礼，这是一个以洛伦佐命名的公爵。）

整幅画充满了不祥的预感。在耶利米画像的背景中，这两个小人物并不是在其他地方可以看到的可爱小天使。相反，我们看到一个悲伤的青年和一个年龄不详的悲伤女人开始离开小教堂。年轻男子的金发和女人的红色头巾向我们低语："看看先知身上的颜色。"当然，耶利米的衣着也是用同样的红色和金色装饰的。为什么呢？这是因为它们是象征罗马的传统颜色，而罗马是梵蒂冈教廷的故乡。我们以前见过，在大洪水组画里，在米开朗基罗想要取笑罗马时，就用这种颜色描绘小人物。几个世纪后的今天，红色和金色是城市的颜色，在出租车、官方文

洛伦佐·德·美第奇雕像
（佛罗伦萨新圣器室藏）

件，甚至罗马足球队的制服上都能找到。这就是米开朗基罗想要表达的意思，他是在向罗马而不是古代耶路撒冷发表演说。这个女人穿着带兜帽的旅行斗篷，带着一个包袱。她似乎要离开她的家了。年轻人垂头丧气地盯着自己的脚，如果我们从下面眯着眼看，就会发现一些有趣的东西。小男孩的脚的位置，刚好构成了一幅错视画，即他的脚似乎正踩着一卷从国王的教皇平台之上铺开的羊皮纸卷轴。

大多数梵蒂冈教廷的导游从来不谈论几乎看不见的卷轴。许多人甚至不知道它的存在；几乎所有知道这一点的人都会说，米开朗基罗写了希腊字母"阿尔法"和"欧米伽"（意指开头和结尾），都是关于耶稣和完成巨型壁画的。这些都不是真的。他还没有完成；他还在壁画上画了另一条天花板。而且，卷轴上没有希腊字母。

毫无疑问，在米开朗基罗自己的手里，ALEF，希伯来字母表的第一个字母的名字，是用罗马字母写的。这对从犹太人的角度研究圣经的人来说，是一个很清楚的参考。耶利米不仅是他同名预言书的作者；他还在犹太传统中被视作《哀歌》（*The Book of Lamentations*）的作者。这本悲情的书描述了巴比伦人毁灭耶路撒冷的可怕细节，每年都是在九月九日（Tisha b'Av）肃穆的圣日上诵读，这一天世界范围内犹太人都禁食和对圣殿的毁灭表示哀悼。在米开朗基罗日，如果有任何世俗的基督徒读过这本书的话，这本书应该是用拉丁文写的。只有研究过希伯来语和犹太教（如米开朗基罗的私人教师马尔西利奥·费奇诺，尤其是皮科·德拉·米兰多拉）的犹太人和基督教徒才会知道，《哀歌》是一种以希伯来字母顺序书写的、以希伯来字母开头的诗歌。其原因是基于一个深奥的教派概念：因为全能的上帝用希伯来字母表的 22 个字母创造了整个宇宙，从 alef 开始，所以上帝也可以摧毁它。

在单词 ALEF 的旁边，米开朗基罗画了$\mho$希伯来文的另一个字母"ayin"。为什么？这两个字母通常不写在一起。只有精通犹太传统的

耶利米画像的细节

人才能告诉你答案。《塔木德经》教导说，如果一个大祭司不能区分这两个字母——alef 和 ayin——听起来似乎是一样的发音，那他就不应该在圣殿里服务。为什么会有这样的规矩呢？首先，大祭司必须是神谕可靠的传递者。一个词的读音从 alef 到 ayin 的改变或者反过来，都可以明显地改变它的意思。大祭司的不当言论会对传统教授造成极大的伤害。另一个更深刻的原因是关于这两个字母在精神上代表的基本概念。字母 alef（有时在英语中被写成 "aleph"，所以头两个希伯来字母 "alef" 和 "bet" 构成了 "字母表" 这个词）不仅是希伯来字母表中的首个字母；也是《十诫》（*Ten Commandments*）的第一个字母，它传达的信息是一神论。根据希伯来命理学（gematria）的神秘系统，alef 的值为 1。这就是为什么它常被用来代表上帝，因为上帝的鲜明特点就是唯一。另一个在卷轴上的字母 ayin 的值是 70。在圣经希伯来语中，"70"用来表达多样性，例如"世界上 70 种语言"和"70 个国家"。《塔木德经》（Tractate Succah）和米德拉什（《太初·拉巴》）都讨论过诺亚三个儿子的 71 个子嗣。他们中有 70 人找到了地球上的 70 个其他教国家，而只有一个人找到了当时的犹太人，他们是世界上唯一的一神论者，非异教徒。因此，一个大祭司必须能够清楚地分辨 Alef 和 Ayin，分辨"唯一"和"七十"，分辨那些致力于一神论信仰的纯洁和那些屈服于异教徒行为的不道德。这条"1：70"的信息，不仅是对犹太大祭司的强烈警告，也是对任何一神论信仰的守护者的强烈警告，也包括教皇，要保持信仰的纯洁和保持面对来自物质文化和其他教文化的挑战的人的虔诚。在犹太人的传统中，我们发现警世格言"存于世，而不融于世"。在福音书中，耶稣说："把上帝的给上帝，凯撒的给凯撒。"（《马太福音》）。米开朗基罗教廷试图模仿凯撒大帝的雄伟，却忽略了基督的谦逊和贫困，这让米开朗基罗深受困扰。他认识到，梵蒂冈教廷已经成为一个充满肆无忌惮的腐败、贪婪、裙带关系和军事冒险主义的地方。精神领袖不再关心"一"与"七十"之间的区别。因此，米开朗基罗敢于以愤怒的先知耶利米的方式表达他的愤怒，他预言了那些没有注意到这一信息的人注定要灭亡。当然，这是极其危险和极具煽动性的言论。

在教皇自己的皇家教廷里，在教皇镀金的宝座上写下这条信息，是多么危险的事。难怪米开朗基罗把文字弄模糊了，让人们几乎看不到卷轴。但是他留下了足够的东西让我们理解他的意思。卷轴的其余部分仍然很难破译。尽管如此，他对教会的严厉批评还是得到了验证，因为即使是现在，在 21 世纪，梵蒂冈教廷也确保了这幅画在任何经过授权的复制品中都没有很明确地出现过，也没有在任何的官方指南中指出或讨论过。

具有讽刺意味的是，教皇尤利乌斯二世会坐在耶利米下面，而且他所有的权力和财富的象征从头到脚都充满了对他的谴责：大理石平台、他的宫廷、镀金的宝座、他珍贵的戒指、他的天鹅绒长袍、金色的牧杖、珠光宝气的三重冠，还有头上教皇的华盖。这就是为什么米开朗基罗决定在华盖上设置一系列他自己的符号，以确保他的信息始终凌驾于教皇本人之上。正如我们将看到的，除了耶利米的脸，他身后的两个人物、他的手势和 Alef-Ayin 的卷轴，还有更多的信息有待发现。

正如我们在第九章所描述的，几乎所有的犹太祖先都被描绘成心满意足、内心安宁的家庭成员；这些都是圣经犹太人的正面肖像。只有两

萨尔蒙 – 博兹 – 奥白斯弦月窗（修复前）

个例外，这是两个非常奇怪的人物。其中一个我们已经讨论过，就是愤怒的年轻人阿米娜达，她戴着强迫犹太人戴的羞耻徽章，并且将恶魔的角尖头朝下指向教皇的宝座。第二幅壁画的名牌上写着萨尔蒙－博兹－奥白斯，画中刻画了一位怒气冲冲的老男人，正朝着手中拐杖顶部的雕刻人头大喊大叫。木制人头似乎就是照着男人雕刻而成的，比如它同样留着尖尖的胡子。这个人头的面部表情和他一模一样，而且看似是正对着他吼了回去。

弦月窗的另一半却是一位美丽的年轻女人，正轻柔地遮住安睡中的孩子的双眼，将男人的怒吼隔绝在外。天花板上的所有形象都运用了写实手法，除了这位男性。他更像一个漫画人物，并且这是画者有意为之，是为了讽刺一个以坏脾气著称的大胡子老男人，被称作儒略二世的尤利西斯二世，他本人的王座正好在这幅画的下方。只要简单对比一下这幅画像和拉斐尔美化过后的尤利乌斯画像，就会发现两者的颧骨都十分突出，表明他们就是同一个人。但如果当时米开朗基罗对教皇的侮辱太过明目张胆，那么米开朗基罗的脑袋就得放在刽子手的案板上以供展览了。

波阿斯和阿米那达手中持剑指着尤利乌斯的方向，两者的正中间就是耶利米的名牌，上面写着他的拉丁文名"Hieremias"。其他女巫和先知的名字的名牌都是由可爱的小男孩和丘比特举着。到了 Heiremias 这里却变成了一位肌肉发达的年轻女人，举牌的样子好似一名马戏团壮汉。她外貌朴实，胸部以一种尴尬的方式暴露在外，十分醒目，并且恰恰就在教皇的王座的上方。尽管尤利西斯曾信誓旦旦地表明将守贞，但他是一个出了名的色鬼。实际上，他在担任红衣主教的时候就感染了梅毒，并且在任期间始终饱受病痛折磨。米开朗基罗正如这位年轻女人，揭露了一切掩藏的秘密。

教皇的王座位于西斯廷教堂前部的讲坛之上，右方是祭坛。上方

壁画《耶利米》板块下方的细节，刻有他的拉丁语名字"Hieremias"

是 15 世纪的著名壁画《摩西的故事》（*Scenes from the Life of Moses*），其作者是另一位风格明丽的佛罗伦萨艺术家桑德罗·波提切利，他与美第奇家族同样关系深厚。画中的一幕描绘了牧羊人摩西意识到面前是上帝显灵的场景。神吩咐他脱掉自己的鞋子，因为他所站之地是神圣之地（《出埃及记》）。摩西得知只有脱掉鞋子之后才可接近在燃烧的荆棘之中临在的上帝。因此在米开朗基罗笔下，天花板上的其他所有犹太先知都是赤足，以示身处神圣之地，虚拟的所罗门圣殿。但有一个例外，那就是耶利米穿着又脏又旧的靴子。教皇头顶的脏鞋子既是一种挑衅，也传达出如果对教皇的行为和教权不加以约束，那么教会的神圣性终将被打破。这位艺术家在告诫人们，梵蒂冈教廷在渐渐失去上帝的庇护。

　　米开朗基罗的这部作品极具预示性和警示性。就在他完成画作的 15 年后，1527 年，法兰克新教徒洗劫了罗马，其行为之恶劣耸人听闻，强奸谋杀了数千人。他们还占领了梵蒂冈教廷，抢走了所有他们能带走的金银财宝，这恰恰印证了耶利米和米开朗基罗的预言。

最后的辉煌

人们的反应几乎一样。

第一次来到梵蒂冈教廷的游客抬头看西斯廷教堂的天花板，目光就会被所有壁画中面积最大最恢弘的人物吸引。他们目不转睛地盯着，满是惊叹，不夸张地说，还常常会倒吸一口凉气。米开朗基罗在进行约拿画像的绘画时，就打算把它作为最后的内心自陈，并且把它放在了整个耗时长、内容繁重的工程的最后，由此成就了单纯从艺术角度来说的传世佳作。然而，有些人深知他有多擅长用看似简单的笔触传达最深层次的内涵。对这些人来说，这幅约拿画像简直就是一座金矿。它不仅是一幅伟大的画作，更是一部对米开朗基罗内心情感极具说服力的记录。当时的他奉命来完成一项他并不情愿的工程，而且是为了教皇，让他在近十年间无论是身体上、精神上还是艺术上都饱受折磨。

了解了这一点，我们就得问了：为什么在圣经所有的先知和著名英雄中，米开朗基罗却选择了约拿？他甚至为约拿留出了最神圣的位置——圣坛的正上方。约拿画像所占面积大于所有其他人物。并且他还特地运用绘画手法达到"呼之欲出"的效果，游客至今都不太相信这幅画只是二维的。

有一种说法是，在米开朗基罗快要完成天花板的作画时，他的老对头布拉曼特（最早把米开朗基罗拉入这趟浑水的建筑师）到教堂来看即将完工的壁画。他不情愿地对米开朗基罗说："好吧好吧，你还是能画画的。但是一名真正的画家会利用错视画营造出来的形象使得观众印象深刻。"那时米开朗基罗确实已经利用天花板各处的拱形建筑设计元素来完成错视画的设计，比如拱形的肋骨，让正方形的白色柱脚看上去是裸男群像的立体椅子。然而，他并没有完成人物形象的立体塑造。如今，经过了四年的实践，绘画对他来说已经不是什么挑战了。那些想要诋毁米开朗基罗的人声称他无法脱离雕塑家的角色。米开朗基罗为了他最后一幅，也是最重要的立体画代表作积蓄着力量，只为将他的能力与才华展现到极致。约拿的两条腿似乎伸出了墙，在空中晃荡着，下方就是圣坛；他的肩膀和头都似乎依靠在西斯廷教堂的屋顶上，向着空中伸去。该画作运用的技法无与伦比，有力地反驳了米开朗基罗的批评者们。但我们还是要回到那个问题，为什么米开朗基罗选择了约拿作为他的"立体"人物呢？

这一点一定让他的委派人十分惊慌失措。因为他选择了撒迦利亚、约珥、以赛亚、以西结、丹尼尔、耶利米和约拿作为作品的中心，但是这七位先知中没有一位是新约英雄。即使是从希伯来圣经的内容来说，约拿似乎也不值得受到这般重视。约拿之书总共只有 4 个短章节，加起来共 48 个句子。而在基督教圣经中，约拿之书包含在"小先知"部分之中。在犹太教版本中，约拿甚至没有自己的先知之书；只是把他与其他 11 位先知合到了一部作品之中，世称"Trey Assar"，也就是"十二先知书"。

然而对米开朗基罗来说，西斯廷教堂里的约拿是最能代表他心声的。因为他在约拿身上看到了自己的另一个人格，因为这位先知在神的强迫下，勉强接受了一项他百般不情愿的使命。

米开朗基罗曾在佛罗伦萨的美第奇家族的统治下非常满足地做着雕塑，同样，约拿对其在以色列的生活也十分满意，而当时以色列处在耶罗波安（Jeroboam）的腐败统治之下。据《塔木德经》记载，耶罗波安是以色列历代国王中最为邪恶、最盲目崇拜偶像的。（现在的酒庄里，耶罗波安酒瓶是规格最大的，同时也是最高档的酒瓶之一。）

- 上帝要求约拿去尼尼微（现位于伊拉克）为腐败的其他教统治者及居民做预言。米开朗基罗则是被要求放弃雕塑，离开他深爱的佛罗伦萨，几年都待在梵蒂冈教廷做一件他压根看不上的事——作画。
- 约拿曾试图逃离上帝的召唤，想要登上开往另一方向的船。但他被上帝追赶，最终被吞进大鱼的肚子里三天。米开朗基罗也多次想要逃避教皇委任的繁重工作，但最终却在西斯廷教堂画了四年多的天花板，忍受着身体和心灵的双重折磨。
- 约拿和米开朗基罗都曾哭着祈求上天将自己从"深渊之中"解放出来。约拿在被救出鱼肚之后，就去往尼尼微为民众布道，引导他们悔改以完成使命。令人惊奇的是，仅用了一天时间，整个尼尼微，上至国王下至乞丐，都披麻蒙灰，很快开始寻求上帝的宽恕，所有人都放弃了对偶像的崇拜。沮丧的约拿在离开城里后仍然闷闷不乐，因为尼尼微的悔改可能会让他的告诫变得不那么可信。米开朗基罗沮丧的是，他努力试图净化充斥着享乐主义的教廷，但却没有获得同样的成功。因而他在西斯廷教堂时始终内心郁结，只想尽可能快地完成天花板工程，逃离教堂。

除此之外，还有一些其他因素。

米开朗基罗就曾经着重刻画过约拿，并且直到职业生涯的终点又将约拿代表的内涵搬到了作品之中。他曾在美第奇家族的秘密学校学习作为《塔木德经》拉比应当如何传道，这次经历基本上决定了他会选择约拿。因为米开朗基罗看重约拿，犹太教徒也同样。他们在每年最神圣的日子——忏悔日都会将约拿放在及其重要的位置，而这一传统持续了几个世纪，一直沿用到今天。

"Yom Kippur"，也称赎罪日，在此期间，人们将从哈桑纳节，也就是"一年之首"，进行为期十天的忏悔。《塔木德经》解释说，就在这十天的第一天，上帝会"书写"未来一年每条生命的律法，要么会生，要么会死，要么会受神庇佑，要么会被谴责，要么会变好，要么会饱受折磨。但这一律法直到赎罪日结束才会最后盖棺定论，所以只要你忏悔，就仍然可以逆转上帝的严厉审判，因此这十天也被称作"敬畏日"。在这十天，每一天的流逝都意味着你离上帝的审判之日越来越近，直至你再无逃避的可能。

在赎罪日当天太阳升起之时，犹太教祷告书给出天堂大门关闭的画面。人们的祷告也会从"请为我们书写美好的一年'变为'请为我们定下美好的一年"。就在大门关闭的前一刻，根据犹太教的传统，人们要诵读某一特定经文，也就是约拿的四个章节。全世界的各个犹太教教会都会诵读这一部分作为这天的结束语。犹太教选择约拿作为圣日祷告收尾的先知，所以米开朗基罗选择他作为在西斯廷教堂的告别发言人。

了解了为什么在犹太教传统中会选择约拿作为结束祷告的先知，也就同样了解了驱使米开朗基罗选择约拿的原因。

《塔木德经》拉比认为，约拿的经历传递出了一个关键信息，那就是，在这一天，犹太人最关切的就是能否与上帝达成和解。正是他的经历提醒了我们，上帝会审判整个世界，不仅是犹太教，还有尼尼微人以及所有其他国家。这强调了一个真理，那就是上帝的随从有义务帮助恶人走上正道。没有人能够在免受上帝之怒的情况下逃避这一责任。无论你到哪里，即使躲在海底的鲸鱼肚子里，也无法逃开上帝的法眼。我们永远不要失去对恶人的信心，无论他们的罪行有多恶劣，都是可以被感化，从而发生改变的。忏悔永远都不晚。最重要的是，上帝永远会接受我们的忏悔，哪怕是在毁灭即将来临的最后一刻。上帝并不希望毁灭作恶者，而更希望改变他们的行为，赦免他们的罪。

想象一下这些观点对米开朗基罗的影响有多大。约拿是圣经中受派遣为其他教徒传教的先知。而米开朗基罗明白，这也是他的使命。尽管他也像约拿一样拼尽了全力，却仍然无法逃避这项令人沮丧的任务。米开朗基罗因为教廷及其主教的腐败而深感困扰，他不能忍受教廷政策对奢靡与金钱的欲望，并感到教廷急需彻头彻尾地忏悔和改变。对于米开朗基罗所处的时代来说，许多人认为这是不可能实现的奢望。一些思想家比如马丁·路德（Martin Luther）等人最终彻底放弃了改革教会，转而创立了另一种形式的基督教。毕竟在他们看来，如此罪孽深重的体制已经完全没有改头换面的可能。但《圣经》告诉我们，这是真实存在过的经历。尼尼微曾是一座庞大的邪恶之城，但全城人却在毁灭到来的前一刻及时悔改。约拿就是由此学到了至关重要的一课：不要放弃那些罪人，拯救他们永远不晚。

因此，米开朗基罗在西斯廷天花板工程的结尾，画了一位先知。正是这位先知发现，虽然他内心充满怀疑与不详的预感，但只要将他的真意传达给了那些听众，就能因此拯救他们。也许，米开朗基罗在祈祷着教会能够像尼尼微人一样，也听从他的劝导。

解读隐藏信息

现在我们知道为什么米开朗基罗要选择约拿作为他的最终传意者，但是他的真意究竟是什么？让我们仔细探寻其他复制品，来分析一下巧妙地隐藏在其中的线索。

请注意，约拿的左肩膀上有两个小天使，或者是丘比特，一个在上一个在下。这两者都没有出现在经文里。那他们在这幅画中的作用是什么呢？上面的天使伸出了五只手指，向我们比出了数字"5"。下方的天使则直接盯着约拿赤裸的双腿，仿佛在说："找到这下面的'5'。"

值得注意的是，这是天花板上唯一一位双腿裸露的希伯来先知。并且他暴露在外的双腿向两侧叉开，只用一块布遮住了裆部。正如我们所看到的，米开朗基罗并不避讳男性的裸体；事实上，他在整个西斯廷教堂都绘满了男性裸体，这也让教会十分惊慌失措。因此，米开朗基罗并不是因为害羞才将约拿的裆部遮了起来。然而，如果我们观察这双仿佛从平面伸出来的腿是怎么摆的，就会发现它们组成了一个希伯来字母。

这个字母代表着数字"5"，和字母的"he"。它在希伯来字母表中的写法是"ח"。

米开朗基罗需要加上这块不同寻常的遮羞布，来形成希伯来文字中间的空隙。这些天使就是在指引我们，让我们去看"he"，而它的意思就是"5"。

数字"5"有什么特别之处呢？在《圣经》中，"5"是一个非常重要的数字。在英语中，有"Pentateuch"一词——"penta"意为

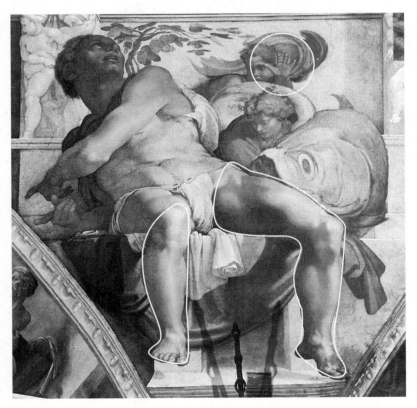

壁画《约拿》，他的双腿构成了希伯来字母"he"，他的双手构成了希伯来字母"bet"（见插图20）

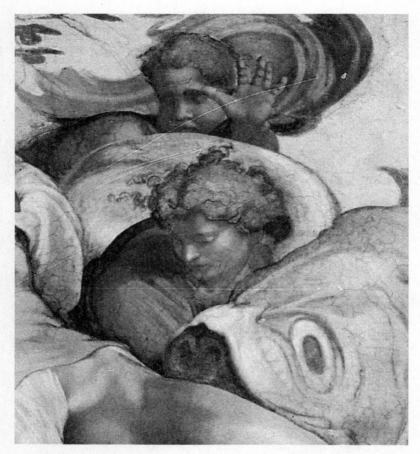

两个提供线索的小天使的细节图

"5"——即摩西五经，其中包括：《创世纪》《出埃及记》《利未记》《民数记》和《申命记》。在希伯来语中，这些书叫作"楚玛什"（Chumash），是希伯来语"5"的来源。米开朗基罗时代，教会竭力否认摩西五经的重要性，认为摩西五经不过是残存的《旧约》罢了，《新约》的出现顿时让其中陈旧的法则相形见绌。米开朗基罗却向罗马教廷传递了这样一条信息：教会若忽视其《犹太法典》的根，否认《旧约》的重要地位，那它将会消失。

众所周知，米开朗基罗是一名新柏拉图派哲学的狂热追随者，他希望各种信仰能够和谐共存。基督教于他，并非进化产物，也不是替代其他宗教的更高信仰。它生来就为与宗教源头共存，敏锐感知自身来源。摩西五经永远都是理解我们如何与造物主相连的关键。即使《新约》有其价值，《旧约》也仍然值得推崇。

旁人只留神于约拿手指所处的奇怪位置，米开朗基罗却借此再次强调这一观念。和米开朗基罗一样熟悉希伯来字母的人，一定不会没有注意到，约拿左右手交叉，扭曲成奇怪的样子，指尖空隙清楚地呈现了字母"ב"的形状——也就是希伯来字母"bet"。

读过《圣经》原版的读者都知道，"bet"是犹太法典开篇的首个字母。为强调其重要性，这个字母在每份手写卷《圣经》中都会写得很大（譬如比后文的字大一倍），这些手稿保存在犹太教会堂供人们阅读。

总结一下：米开朗基罗一方面让其中一个天使保持伸出 5 根手指的姿势，另一方面让另一个天使引导我们往下看，注意到约拿的双腿。他的双腿展开，看起来像是希伯来字母"5"。这个数字则象征着摩西五经，米开朗基罗认为，摩西五经是犹太教和基督教的共同起源。约拿的手指也弯成了摩西五经中第一个字母的形状。

卡巴拉派学者试图解释，为何字母"bet"能担此殊荣，成为五书中上帝指定的首个字母。根据惯例，"bet"不仅是一个字母，还自成为一个词。"bet"意为"房子"，而其中最为神圣、深远的含义，则是上帝之屋，也就是"圣殿"，且最终将建在耶路撒冷。摩西五经卷首暗示，我们的首要义务就是让上帝在我们之中找到居所，这指明了人类与上帝的关系。

米开朗基罗对此观点推崇备至，从画中字母位置可见一斑，说明它意义非凡。我们也不要忘记修建西斯廷教堂的目的：代替神庙，并根据《圣经》的指示修筑。米开朗基罗装饰着上帝之屋——"圣殿"指向了《圣经·旧约》中神秘的首字母。米开朗基罗在最后一幅壁画中告诫众人，即使在罗马建立庙宇，代替位于耶路撒冷的神庙，也不要忘记《旧约》一书。

古犹太人为《圣经》作的注释。因此，即使更为有名的基督教的注解说约拿被鲸吞噬了，他也并不理会。毕竟希伯来语只把它称作"dag gadol"——"大鱼"罢了。拉比认为可能是海怪，待救世主弥赛亚到来时，这些巨大的海中怪兽吃掉正直的灵魂，庆祝他们获得救赎。这些即是约拿右侧壁画内容。

此外，从先知约拿的左肩伸出树叶繁茂的枝杈，显然，意为kikayon树一夜之间长大，枝叶越过他的头顶，为其遮挡巴比伦的阳光，约拿的故事大约如此（《约拿书》）。米开朗基罗还列举了另外一个例子，为我们介绍了在《塔木德经》中约拿的背景，用于传递大胆而隐晦的信息。根据其他所有描绘约拿的解释，kikayon意为"葫芦树"，但米开朗基罗画在教皇圣坛的树上并没有葫芦。《塔木德经》中的圣人认为，那可能是蓖麻树，而人们认为，根据惯例，蓖麻制成的油不能用来点亮圣殿中的犹太教灯台。这位来自佛罗伦萨的艺术家又一次对当时腐败的罗马教会表态：表面神圣的事不一定都适合用来提供神圣服务。先知的头顶上，教皇圣庭下的头顶上方，时刻提醒着人们，在圣殿，亵渎上帝的行为毫无容身之处。

终于，凭借其天分，米开朗基罗成功找到了用一种聪明的策略表达多种《圣经》思想的方法。上帝是这样描述尼尼微城人的罪行的："但是尼尼微城中，十几万人甚至无法分清他们的左右手。"（《约拿书》）。试想，如果一个人非常糊涂，连他的左右手都无法区分，那么他又如何区分善恶、对错呢？万能的上帝借此定义何为道德混乱。

再看看约拿的双手。看看他左右交错的双手，放在奇怪的位置，那样扭曲着。米开朗基罗想借此表达些什么呢？显然，这是故事的中心：误入歧途的国家甚至都无法分清左右。米开朗基罗认为，他所在的教会正是如此。他无法容忍蛮横专制、染上梅毒的尤利乌斯二世带领宗教迷失方向，偏离创始人的初衷。教会变得越来越像尼尼微，离耶稣的故乡——拿撒勒相去渐远。但若公开谴责，则将让传教士萨伏那洛拉（Savonarola）陷入危险境地。后来他还是被烧死在佛罗伦萨的火刑柱上。米开朗基罗只是想通过他的艺术告诫人们。当米开朗基罗获得这个机会在罗马教堂的"圣殿"里一抒胸臆时，他无比希望将来的参观者能明白他在这些画作里的意图。

最终，米开朗基罗得以用自己的方式报复尤利乌斯二世。这个教堂本意在于彰显教皇的显赫地位与无限权威，竟被高于其上的约拿抢了风头……不仅如此，约拿抬头仰望着更高的权力，相较之下，教皇却垂首低头。

约拿的凝望的目光是解开最后一个秘密的关键——这个秘密与基督教有关。米开朗基罗一定知道，在希伯来语中，这位先知的名字有着另一层含义。从第十一章可知，约拿（在希伯来语中发音为"yo-NAH"）可理解为"上帝将给出答案"。但它还有另一层含义，即"鸽子"。在基督教的传统中，从天空飞向地面的鸽子是圣灵的象征。大多数对基督接受洗礼的描写中能见到这种说法，根据《马太福音》第3章第36节，耶稣看到圣灵向下飞翔，最后落在他的身上。西斯廷教堂内，平图里乔及贝鲁吉诺画在圣坛右侧的15世纪壁画，可作为这一说法的经典例证。其实，那也是鸽子作为象征的又一标准场景，位于基督教圣坛（圣彼得大教堂的教皇圣坛也包括在内）上方的墙壁上。其旨意为圣灵降临圣坛，为照亮并保佑圣殿。那约拿为何望向上方？米开朗基罗想借此说明，在尤利乌斯二世教皇统治的时代，西斯廷内并没有圣灵存在。

他还在等待神灵降临教堂（如阿西西城的圣弗朗西斯），让暗无天日之处重见光明，令傲慢自大之所充满人性，使狭隘偏执之地感受仁爱。约拿后背倾斜，头部靠向西斯廷教堂顶部，只为让天堂的纯净之光进入教堂，照亮彼时黑暗压抑的教会。

现在我们大致了解了这位艺术家欲传达于我们的信息：一位名为"鸽子"的犹太先知坐在教皇的圣坛上，代替常常出现在圣坛上代表基督教的鸽子，仰望光的方向，先知的姿势使他与卡巴拉教获得联系，如同"怜悯之树"状，将物质世界和神圣世界联系起来。米开朗基罗在一幅画中将艺术和宗教相融，使犹太和基督教传统相连，让愤怒与怜悯交织，模糊了天堂与人间的界限。

1512 年 10 月下旬，经过四年半近乎折磨的岁月，米开朗基罗终于得以摆脱西斯廷教堂，他欢欣鼓舞，永远都不会回到那个地方画画了。但他并不知道，23 年后，他的命运会发生怎样的变故……

第三篇

摆脱限制

Beyond the Ceiling

第十四章

回　归

是爱，用他那温柔的双手，擦拭着我的眼泪。
——米开朗基罗

　　从西斯廷"解放"出来后，米开朗基罗终于能够扔掉画笔，开心地重拾他最爱的锤子和凿子。回到真正热爱的岗位，他必定是极其欢畅的。刚刚离开教堂，他就开始用几块巨型大理石雕凿教皇的坟墓。此前几年，他被迫投入大量精力为西斯廷教堂顶部绘制壁画，只得暂时放下他挚爱的雕塑，而今他如饥似渴，想弥补失掉的时间。修建新圣彼得大教堂的巨大建筑工地旁，沉睡已久的巨形大理石终于派上了用场。米开朗基罗准备雕刻六尊男子裸体雕塑，加上一座犹太先知巨形雕像。创作灵感的爆发标志米开朗基罗的技艺进入了全新的时期。创作《哀悼基督》和《大卫》两尊雕塑时他采用了高度打磨、抛光方法，但现在他并未按照这一传统方法创作，而是选择完善当时十分有名的"未完成"雕刻方式。数百年前，艺术界尚未兴起印象派和立体派运动，米开朗基罗就已经率先提出了同样的概念。他极力减少精细雕塑的创作，最主要的目的在于，通过作品传达他的思想和感受，而非仅仅制作出一堆好看的石制装饰品。沿着未来主义的创作方向，如果获得足够的帮助，并且创作不受打扰，按照要求，米开朗基罗或许能够雕刻尤利乌斯教皇坟墓中的所有人物，数量达 40 多位。*

借此技艺，米开朗基罗也能在其后期作品中暗藏更为隐晦的信息。但令人奇怪的是，他从未在绘画中使用"未完成"技艺。这位大艺术家似乎不能，或许也不愿让他的雕刻天分和绘画技艺联系起来。

也是在那时，米开朗基罗决定一心一意地创作几乎是他最喜爱的雕塑，也是他心目中最伟大的犹太先知——摩西。

坟墓设计之初，米开朗基罗计划在象征荣誉之地雕刻一座巨型摩西雕像。雕像将位于金字塔结构中层的中心。初始计划中，希伯来先知会坐在新圣伯多禄大教堂中心高处，正好位于教堂的巨型圆顶下方，后来改为安放今天看到的主祭坛。这十分符合米开朗基罗的想法，将两种信仰永远联系在一起，既令人仰视，也让人难以忘怀。

为了准备这次雕刻创作，这名佛罗伦萨艺术家回到了儿时生长的地方——卡拉拉，那里仍是山峦起伏。这次旅行很像朝圣，在西斯廷教堂绘画时经历过恐惧和惶恐之后，他的身体和灵魂甚至也在这个过程中得以洗净。在大理石采石场他一待就是几个月，苦苦寻找着最适合用来雕刻《摩西》的那块石头。这将成为他在雕塑方面的最高成就，凭此杰作，他强势回归雕塑界。尽管其他所有坟墓雕塑中都使用了"未完成"技艺，米开朗基罗在雕刻《摩西》时却全然摒弃这一手法，反而亲手雕刻、用心打磨了数月，直到雕像抛光近乎完美，甚至比《哀悼基督》都还要闪烁耀眼。

几乎无人知晓，如今人们看到的《摩西》，并不是米开朗基罗在1513—1515 年雕刻的《摩西》。按照教皇的指示，米开朗基罗使用惯用伎俩将犹太人的智慧暗藏在雕塑中，总是让人难以预料。摩西五经

---

* 如果他真的能够用这种方式修筑坟墓，那么这将成为世界第一尊并且是最大一尊印象派雕塑作品，比毕加索（Picasso）、贾科梅蒂（Giacometti）和罗丹（Rodin）的作品都早上几百年。

中，《出埃及记》第34章第29节中写道："出现了！摩西从西奈山走下来，手持两块'十诫'石板[1]。下山时，摩西并未意识到，他的脸如金光闪耀，那是因为上帝和他交谈过了啊。"其实，这道圣光太过强烈，后来摩西只好戴上面具，这样以色列同胞见到他时不会因此失明。这样神圣的光来自何方？《米德拉什》和《卡巴拉》有其解释。摩西独自一人登至山峰顶峰，无人能陪伴这位先知上山，他为他的子民请求上帝原谅他们所犯的罪：崇拜金牛（《出埃及记》）。圣光尤其强烈。摩西身旁的凡人都无法抵御这一强光。摩西在西奈山停留了44个日夜，不吃不喝不睡，只是为了获得精神启蒙，不仅是为了自己，更是为了所有子民。以色列的孩子们犯下了盲目崇拜罪，罪恶至深，为了替他们赎罪，需要极大甚至超乎人类所及的努力，不可思议的是，他们的罪恶竟很快在埃及得到救赎。"赎罪"（atonement）这一个词，也可以读为"at-one-ment"——意为与神和宇宙万物合为一体的精神追求。摩西到达山顶，实现了这一目标。根据《卡巴拉》，他成功到达生命树顶层——知性层，这一层代表最具远见卓识，理解和认识也最为深刻。此前任何人都不曾到达这一层面。以色列人被发现崇拜金牛，摩西便砸碎了第一块"十诫"石板作为表态。上帝要求摩西重新雕刻一对"十诫"石板代替原来的那对。传说，上帝将整部《犹太法典》《塔木德经》和所有《卡巴拉》的神秘要诀都传授给了摩西。因此，摩西脸上泛起圣光，承上帝之启迪，享上帝之圣光。《米德拉什》中写道，上帝更欲传授摩西犹太民族及世界的未来之奥秘，却因弥赛亚的到来中断。上帝赐予摩西一道圣光，以认可他非同寻常的见解。这道光绝非平凡之光，却

---

1. 先知摩西在西奈山上从上帝耶和华得来的两块"十诫"石板。"十诫"，是《圣经》记载的上帝（天主）借用以色列的先知和众部族首领摩西（梅瑟）向以色列民族颁布的十条规定。据《圣经》记载，这是上帝亲自用指头写在石板上，后被放在约柜内。犹太人奉之为生活的准则，也是最初的法律条文。

是上帝创造整个宇宙和生命树分支时所用的原始之光。

米开朗基罗感到与摩西十分亲近。毕竟他俩有着相同的志趣，都是在石头上敲敲打打传递信息的"山中之民"。因为这一条米德拉什注释，米开朗基罗想要把摩西画上去，因为他被神赐予了预言的能力，能洞察到人类遥远的未来。正因如此，米开朗基罗重拾了雕塑《大卫》时就已经炉火纯青的技艺。在他的手下，摩西的眼睛稍稍间隔开，眼神深邃，且不聚焦于任何一位注视者。如今你来看《摩西》的话，就会发现，无论你站在哪里，摩西的眼睛都不在你身上。因为摩西紧紧盯着的，是未来。

在原来的计划里，摩西像应在尤利乌斯二世的陵墓上空，位于陵墓金字塔结构的正中间。米开朗基罗计划利用穿顶窗户倾泻而下的光线，使之照耀在墓碑之上。摩西的脸被他擦得十分光洁，阳光投射下来照亮了他，摩西在反射的阳光中熠熠生辉。米开朗基罗甚至还在他的头上雕了两个突出的尖点，好继续反射光线，这样，摩西看起来就好像真的从头顶散发着神光一样。这就是摩西像的另一个秘密——他并没有角。这位大艺术家不打算仅仅完成一件雕塑大作，更打算创造出足以媲美好莱坞电影的特殊光影效果。所以，摩西像必须被提到高处，直面前方，看着大教堂的前门。人们从下面往上看的时候，是看不见摩西头上的凸起的，只能看到反射出来的光线。这又印证了米开朗基罗多么富有远见——他将摩西像打造成一件宏伟的定点艺术作品，定点艺术在 20 世纪晚期可是相当风靡。这就是米开朗基罗继西斯廷穹顶之后精心完成的雕像——坐得笔直、双腿并排、直面前方……摩西保持着这个姿势，一坐就坐过了 20 多年前途未卜的时光。而此时，梵蒂冈教廷内的权力变迁瞬息万变，围绕这座巨大陵墓的未来，人们争论不休，最后它的命运被改变了。

在摩西身上，米开朗基罗倾注了自己的所有心力与灵魂，以至于等到庞大的工作量一完，他就抓着摩西的肩膀大吼："说话，该死，说话啊！"到了如今，罗马已经没什么值得他留下来的了。尤利乌斯死了，西斯廷穹顶画也完成了，给他立个纪念碑的计划也被新教皇利奥十世（Leo X）取消了。利奥十世正是乔瓦尼·德·美第奇（Giovanni de'Medici），"伟大的洛伦佐"的兄弟朱利亚诺的私生子。朱利亚诺被暗杀后，洛伦佐收养了乔瓦尼，把他当作亲生儿子那样抚养长大。乔瓦尼和米开朗基罗一起在美第奇宫里长大，甚至可能还像男孩一样睡在同一张床上。如今，他们的死对头尤利乌斯·德拉·罗韦雷二世死了，德·美第奇家族找到了完美的解决方案来抵御梵蒂冈教廷的持续攻击——他们贿赂了许多主教，以保证自己的人能够被选上教皇。他们用接管梵蒂冈教廷的方式战胜了它。据说，乔瓦尼要接管教皇寓所的时候，他咯咯笑着对他兄弟朱利亚诺说："上帝给了我们教皇的地位，现在，我们来好好'享受'它吧。"

如果说米开朗基罗曾希望美第奇家族的教皇来改革教会，把罗马变成一个艺术与哲学的新雅典的话，他一定会对利奥十世的法条失望透顶。利奥十世不像"伟大的洛伦佐"，在他统治下，教会的腐败尤甚往昔，而罗马则是满眼的声色犬马，德·美第奇家族为了自己的内部和军事事务耗尽了梵蒂冈教廷的财富。不过尽管米开朗基罗意识到尤利乌斯墓永远不会建在新的圣彼得教堂里，他还是完成了前面提到的雕塑作品，这是为了能在画了那么长时间的西斯廷穹顶之后，再捡起雕塑的眼力和手艺。另一个原因则是，尤利乌斯仍在世的亲戚每月付给他 200 斯库多[1]，这可是一笔不小的收入。

利奥十世解除了和米开朗基罗关于尤利乌斯·德拉·罗韦雷陵墓的合同，并委托他在佛罗伦萨建造未完工的圣洛伦佐家庭教堂的外立面。

1.斯库多，19 世纪以前的意大利银币单位。——译者注

米开朗基罗欣喜不已，他终于可以离开罗马去心爱的托斯卡纳了。

米开朗基罗在托斯卡纳的这些年，是他生命中一段漫长的生活史和艺术史，但愿我们不要被这段时光吸引而大肆谈论这些，而是能尽量专注于他藏在罗马梵蒂冈教廷的秘密上。但是，1513—1534 年这段时间，米开朗基罗和他周遭的世界都经历了翻天覆地的变化，这些变化在他的生命里留下了或多或少的痕迹。到了 1534 年，他又被召回到了西斯廷教堂继续创作壁画。如果要了解这里面的秘密，我们就必须了解他 1513—1534 年这段时间的生活情况。一言以蔽之，在这 21 年里，他为佛罗伦萨留下了两个永恒的艺术遗产：为了纪念"伟大的洛伦佐"的劳伦提安图书馆和圣洛伦佐教堂的新圣器收藏室。米开朗基罗设计了屋子、烛台、坟墓，雕刻了几乎所有的雕像。这是一项多么伟大的壮举，尤其是在圣器收藏室（也叫德·美第奇教堂）完成以前，他已经近 60 岁了。然而米开朗基罗的热情没有减退，他仍在这些建筑奇观里隐藏了隐秘的象征符号。比如，进图书馆的漂亮台阶正好是 15 级——"15"让人想起耶路撒冷圣殿里利未人曲折的楼梯，每上升一步都象征着离悔过和灵智更近一步。在圣经里的《诗篇》中，有 15 篇"升天诗篇"，一篇对应一个台阶。还有两个侧梯，每个楼梯由 9 级台阶组成。在犹太人神秘的传统中，"9"是真理的象征。两个侧梯，一共 18 级台阶，而"18"在犹太人心中象征生命。在这里，米开朗基罗最后致敬了他伟大的赞助人洛伦佐对生命的热爱，也蕴含了自己对真理的追求和在动荡世界里对精神和谐的渴望。

世界真的十分动荡。当米开朗基罗在佛罗伦萨兢兢业业地工作时，他曾经做过的一个关于罗马的预言应验了。正如前面所讨论的，他的耶利米壁画是为了警告梵蒂冈教廷要在精神上和道德上净化自己，以免遭受耶路撒冷圣殿相同的命运。上帝在梵蒂冈教廷降下了惩罚，腐败的罗马教会被一位凶残的敌人洗劫一空，黄金青铜荡然无存。米开朗基罗画

位于佛罗伦萨的劳伦提安图书馆门前的台阶

完西斯廷穹顶五年后，愤怒的德国牧师马丁·路德就将他的抗议贴到了教堂门口。仅仅十年内，他的宗教运动就如浪潮般席卷了欧洲，还成功打入了许多团体和教派——他们都有一个共同的憎恨对象——梵蒂冈教廷。1527年，德国男爵联盟下有一支叫"国土佣仆"的路德派军队占领了罗马，还将之洗劫一空，超过2万名平民被屠杀。这正如米开朗基罗预言的那样，罗马被占领，被亵渎，被抢走所有的黄金与青铜。这一事件震惊了整个天主教世界，却点燃了改革主义者的希望：没准这最后会让梵蒂冈教廷忏悔，继而摆脱腐败。然而，米开朗基罗，还有其他怀抱这个希望的人，深深地失望了。梵蒂冈教廷的使徒宫里，腐败的交易照常进行着。

罗马遭到洗劫后十天，那些想要重拾佛罗伦萨荣光的年轻自由思想家们奋起反抗，试图推翻洛伦佐·德·美第奇腐朽堕落的后代。米开朗基罗同样深恶痛绝洛伦佐·德·美第奇后代的堕落，也渴望参与到这场群起响应的反抗运动中来。也有可能是因为起义领袖们大多都是英俊的青年，米开朗基罗也正想寻找这样的同伴，这才投身到了这场事业中。他激情十足地投入革命的队伍中去，与这些年轻人日夜为伍，不知疲倦地工作，设计新城墙和防御设施，集结军队，制定战略，照顾得了瘟疫的同伴。三年后，也就是1530年，德·美第奇家族和梵蒂冈教廷在一系列非神圣同盟的帮助下，即将重新占领佛罗伦萨，狠狠地惩罚叛军。米开朗基罗被公开宣告为新政权和教会的敌人，还有人明码标价要他的性命。起初他消失得无影无踪，但仅仅一个半月后就重新出现了。原来，他和美第奇家共同的老朋友们说服了教皇克莱门特七世（Clement VII）赦免他，只有这样圣洛伦佐教堂的德·美第奇教堂才能完工。因此，人们说米开朗基罗的天赋救了他一命。然而直到最近，我们才发现，事实可能远非如此。

1975年，意大利艺术历史学家保罗·达·波杰多（Paolo Dal Poggetto）发现了米开朗基罗是怎么在1530年突然消失的，要知道那时候可还有教皇和皇家派出的杀手在佛罗伦萨地毯似地搜捕他。原来，这位大艺术家早已设法回到他的工作半成品——德·美第奇教堂去了。教堂下面藏着一个秘密的存储室。不知道这是他自己造的，还是他发现的，但他说服了教堂的副院长允许他藏在那儿，再给他偷偷运点食物和素描炭，以便必要的时候尽可能让他藏得久一点。5个世纪过去了，他当逃犯时候画的草图仍旧留在他藏身之地的墙上。米开朗基罗的教堂工程确实不止救了他一次性命，然而，经过这个插曲，米开朗基罗觉得自己已经受够德·美第奇家族和佛罗伦萨了。他在1534年前完成了教堂的所有工作，甚至都没有留下来看安装雕像或参加落成典礼就回到罗马，那年德·美第奇家的克莱门特教皇去世。之后，他再也没有踏足过佛罗伦萨。利奥十世答应米开朗基罗回佛罗伦萨的根本原因是让他负责圣洛伦佐教堂的外立面设计，但是这本应该气势恢宏的外立面却是个失败的半成品。直到今天，德·美第奇家族的教堂都没有外立面，只有光秃秃的石头。让人不禁会想，这究竟是历史的复仇，还是米开朗基罗的报复？

这位大艺术家在这段时间还发生了一件大事，值得在这里提一下。他恋爱了。噢，他以前恋爱过很多次，恋爱对象有漂亮年轻人，有模特，有歌手，还有学徒。年轻的男性对他来说有强烈的吸引力，他们体格健美，对生活充满热爱和激情。有些情况下，米开朗基罗的爱恋是肉体的、互惠的，有些时候又不是。关于他的取向，在那时的一些圈子里大家都心知肚明，但他非常谨慎，尤其是目睹了狂热统治下的宗教裁判所和萨沃纳罗拉是怎样惩罚喜欢同性的男人之后。即使是伟大的列奥纳多·达·芬奇，在第二次被指控为"鸡奸者"后也被迫逃离了佛罗伦萨。但米开朗基罗仍旧给他心爱的年轻人写情诗，他同时代的人记录说，当他的爱情有回应时，他就作出了伟大的艺术、图画和诗歌，而当他感到被拒绝时，则进入了无力创作的愤怒和沮丧中。

1532 年的春天，这位伟大艺术家跌入了一生中最抑郁的泥潭。圣洛伦佐教堂的外立面倒了，巨大的中央大理石石柱在运输过程中被砸成了碎片，他还遭到了收养家庭的背叛，成了社会的弃儿，渴望看到佛罗伦萨一个新的黄金时代的梦想已经破灭，在圣彼得大教堂里建造尤利乌斯二世陵墓的计划也被取消，他在这上面付出的心血比雕刻自己的纪念碑还要多。尤利乌斯二世在世的亲属们还控告了他，即使他们知道梵蒂冈教廷内不允许这样做，还坚持想让他完成教皇的坟墓。他的亲生家庭一直在榨取他的钱财，用去给他无能的兄弟做生意，再在生意失败的时候捞他一把，还用他的钱来摆平法律事务，找补失去的家产，支付婚礼费用等。但米开朗基罗的家人从来不会表示感激，只会一边榨取更多的钱，一边憎恨他的成功。1528 年他弟弟死了，就在父亲卢多维科死去三年后（卢多维科死时 87 岁，这个年纪在当时已经是很长寿了），这位大艺术家只能与那许多未解的情绪和尤甚往昔的孤独度过余生。

即使他的身体健康状况已经前所未有的糟糕，他还是得操劳德·美第奇教堂的事，还是为了给那个曾经出卖他、试图杀了他的家族增荣添光。为了尽快完成圣器收藏室的工作，找到下一个更令人满意的主顾和佣金，米开朗基罗又一次把自己逼上极限。他二三十岁的时候，可能扛得住这样夜以继日、少吃少睡的工作，但现在他已经 50 多岁了，这样工作迟早会让他付出代价的。消息一路传到了梵蒂冈教廷，说米开朗基罗瘦得皮包骨，眼神也不好，还有间歇性眩晕和周期性偏头痛。教皇很担心米开朗基罗，于是命令他停止圣器收藏室的工作，马上赶去罗马彻底解决尤利乌斯二世陵墓零零总总的事情。这位固执的天才不情不愿地停下了手里的工作，去了罗马，收拾好自己，好去教皇教廷上说话。那是 1532 年的春天，也是米开朗基罗人生的春天。

克莱门特七世在位时的使徒宫里，米开朗基罗忙于各种社交活动，这时候，一个人迅速地抓住了这位艺术家对男性美的审美目光——这是一位来自古罗马贵族家庭的年轻人，名叫托马索·德·卡瓦列里（Tommaso dei Cavalieri）。卡瓦列里有着运动员般的体格，极其英俊，是当时有文化的绅士的象征。他同样深深痴迷艺术与建筑，有的时候还创作一二。他喜欢穿怀旧的服装，比如用闪光丝绸制成的紧身上衣，上面带有古币的金腰带。对于米开朗基罗这位 57 岁孤独的艺术家而言，这位 23 岁的年轻人似乎已经超越了他最浪漫的美梦，那不仅仅是一见钟情，而是天雷勾动地火。找到这样一位拥有他理想中男性魅力并且能够分享他创作激情的年轻男人，这就是一个奇迹。而对于年轻的托马索而言，受到世界最著名艺术家和建筑师的热切关注就好像是梦想成真。很快，这位艺术大师表现得好像一个初尝恋爱滋味的毛头小伙：为其心中所爱写情书和浪漫的十四行诗以及描图画像。

雕像《胜利》，米开朗基罗作，1532—1534 年，佛罗伦萨维罗奇奥宫藏

历史学家和其他学者猜测，米开朗基罗和托马索有过更亲密的身体接触。大多数人对此表示怀疑，但坦率地说，这并不重要，甚至这和我们没有任何关系。重要的是，在其绝望深处，米开朗基罗发现了爱、激情和全新的灵感。事实上，他最终真正理解了他的老导师马尔西利奥·费奇诺的新柏拉图爱情理论，即对另一个灵魂（在这种情况下是另一个男人）完全无私的爱，将会使他更接近上帝。他在为托马索写的情诗中这样写道：

> 透过你美丽的眼睛，我看到一道甜美的光芒，然而我却无法透过我的眼睛看到它，视线如此贫瘠……
> 纵使没有羽毛，但你的翅膀使我飞翔
> 因为你的思想，我越来越接近天堂。

米开朗基罗写给托马索的所有的诗都反映了对性和精神觉醒的深切感受。他径直回到佛罗伦萨，完成了庞大的德·美第奇教堂项目，并且雕刻了另一个杰作——《胜利》（Victory）。这件作品似乎与佣金没有关系，因此这位艺术家必定是兴之所至才雕刻它的。

据许多专家介绍，神秘的《胜利》雕像是一幅隐藏的浪漫双人肖像。一位英俊的年轻人，俊美便是他的武装，他将一位年长者囚禁身下，那位年轻人被认为是托马索，而年长者不是别人，正是伟大的艺术大师本人。最终这件作品的伟大之处不是因为力量，不是因为艺术，而是因为爱情。米开朗基罗自己也支持这种解释，在这段时间他所写的爱情诗中隐藏着双重含义：

> 如果被征服和被压制是我的命运，
> 赤裸、孤独，却并非奇迹
> 纵使全副武装，但成为他的俘虏，我甘之如饴。

雕像《胜利》的细节图   朱利亚诺·德·美第奇之墓里的雕像细节图（1532—
1534）

　　当然，征服了米开朗基罗的贵族骑士当然是托马索，我们在原意大利语全诗中找到以下在句首或者句尾成对的字母：t-o、m-a 和 s-o，对应起来恰恰是托马索。

　　值得注意的是，在新的圣器收藏室里，在同一时间，米开朗基罗正在为朱利亚诺·德·美第奇完成纪念雕像。历史学家一致认为，雕像的脸与朱利亚诺并不相像。然而他们没有提及的是它与《胜利》中的年轻脸庞几乎一模一样。很显然，恋爱中的艺术家无法停止想念托马索。

　　1534 年，完成佛罗伦萨的任务后，米开朗基罗立马收拾了行李，搬到了一个他憎恨的城市——罗马，只为接近他所爱的人。此时他在信和诗中写道，自己感觉像一只凤凰。传说中，这种神奇鸟类年老时在火中燃烧、涅槃重生。因为对托马索的激情，他再次感到年轻和强大，他准备好前往罗马和梵蒂冈教廷，甚至在需要的时候直接吐在他们脸上。就在这个时候，他写信给他心爱的人：

我比以往更珍贵，
现在，有你在心中，我值得更多，
正如裸露大理石块上雕刻的痕迹
让无名的岩石更有价值……
水也好，火也罢，我都可以忍受；
你的爱散发着光芒，吸引着我全部的视线，
当我吐露每一分恶，我终将治愈。

米开朗基罗很快就会需要所有这些将重新燃起的能量。他的人生道路不仅指引他回到了罗马，很快还将再次带他进入西斯廷教堂。

第十五章

秘密：最后的审判

什么样的精神如此空洞和盲目，
以致无法认识到脚比鞋更高尚，
皮肤比衣服更漂亮的事实？
——米开朗基罗

　　回到罗马，米开朗基罗立即被赋予了另一项艰巨的任务。他童年的"兄弟"朱利奥·德·美第奇（Giulio de' Medici），现在的梵蒂冈教廷教皇克莱门特七世传召他到使徒宫，并交给他一个艰巨的任务。克莱门特希望确保他的家人在佛罗伦萨和罗马都有米开朗基罗独创的纪念碑，希望在罗马也有能与讨厌的教皇尤利乌斯在西斯廷教堂留下的记忆相抗衡的艺术。于是，他吩咐米开朗基罗重绘西斯廷教堂的整个前墙。

　　祭坛上方的这面墙壁早已覆盖了珍贵的壁画杰作，其中包括22年前米开朗基罗的天花板项目的绘画板块。两扇大窗户之间是无与伦比的圣母玛利亚升天壁画，西斯廷教堂创始人教皇西克斯图斯四世跪在她身旁。这一献给圣母玛利亚的场景是15世纪西斯廷教堂整个初始概念的关键，其作者是平图里乔，每个升天日（每年的8月15日，现在这一节日更像是一个意大利国家文化节，这一天每个人都会走出镇子）教皇法院都需要使用它。在圣母和西克斯图斯上方是最初的一些教皇，

15 世纪时由波提切利的佛罗伦萨团队以及其在摩西和耶稣主题壁画中两个第一分队共同绘制，摩西和耶稣主题壁画也是他们独一无二的艺术作品。

克莱门特不希望这个狡猾且反叛的艺术家在西斯廷教堂最重要的小教堂里进行另一个以犹太人为主题的绘画。毕竟，他是美第奇家族的。克莱门特知道米开朗基罗在佛罗伦萨的受教情况，也知道他正在接受他新柏拉图式的把戏——或者说克莱门特认为是这样。克莱门特下令说前墙必须得是《最后的审判》的纪念版。根据基督教的传统，耶稣在这时回归人世，辨别是非与善恶，并据此判决所有的灵魂。正义的人死后会升上天堂，而邪恶的人将会在地狱中永久受惩。因为厌倦为教会的灵魂而战，厌恶有知识、有教养的伟人的后人沉溺享乐，米开朗基罗对基督回来审判梵蒂冈教廷和美第奇家族的想法感到非常高兴，没有提出任何反对意见。

米开朗基罗同意接受这项任务，但是提了一个条件：为了恰如其分地把握这幅绘画的重要的宇宙主题，他需要封锁前窗并首先改造整个前墙。克莱门特迫不及待地同意了这一要求。这样一来，这个作品将占用一个巨大且连续的墙体，必将更加令人印象深刻。合约签署后不久，克莱门特走向了自己最终的判决，享年 56 岁。他的继任者是红衣主教亚历山德罗·法尔内斯（Alessandro Farnese），教皇名号保罗三世（Paul III）。

法尔内斯家族同样是一个富裕贵族。保罗三世被任命为红衣主教，这是因为他的姐姐朱莉娅（Julia）一直深受衰落的波吉亚家族"毒教皇"——亚历山大六世（Alexander VI）的宠爱。既然保罗成了教皇，法尔内斯家族就有机会享受梵蒂冈教廷和梵蒂冈教廷的金库。保罗的大宫殿在他还是红衣主教时就已经在建造中，如今随着米开朗基罗为其宫殿的外墙、上院和花园所做的新设计即将完成，整个宫殿的建造即将竣工。*

　　保罗让米开朗基罗将《最后的审判》的壁画工作继续下去。他想着现在要永恒颂扬的就是法尔内斯家族而不是美第奇家族了。然而，没有克莱门特这样有疑心病的人紧盯着，米开朗基罗再次成功地在壁画中渗透了许多层隐藏信息。如今，大多数前往西斯廷教堂的世界各地的游客并不知道谁是克莱门特七世或者谁是保罗三世，他们纯粹是奔着米开朗基罗来这儿的。《最后的审判》已经成为这位艺术家才能和哲思的永久见证。

　　第一步是重塑整面墙。米开朗基罗先是密封窗户，然后毁掉先前的壁画并且拆除约拿身下德拉·罗韦雷家族的王冠，从而巧妙地重塑墙面。在这之后，再将整面墙刷上数层以形成新的表面。这样做是为了防范开裂和霉变，天花板早已有这些问题了，但米开朗基罗还有另一个更微妙的理由。实际上他使巨大的墙壁向内倾斜了整整一脚的距离。只有在西斯廷教堂内，看着墙壁的上角，才能发现壁画向墙体方向倾斜了12英寸。对此常听到的解释是这位挑剔的艺术家不希望灰尘积聚到他的壁画表面，所以才将墙体向内倾斜。然而这个理论根本说不通。事实上，在倾斜的情况下，壁画更容易因为教堂游行时的无数蜡烛受到烟尘的影响，更别提潮湿空气和人体汗水带来的污垢和灰尘，并且在20世纪后期的大清洗之前，前墙与天花板一样脏。真正的原因是米开朗基罗想要巧妙地，更确切地说是米开朗基罗下意识地想要让观众意识到他的

---

* 法尔内斯宫殿竣工后，罗马历史上一些最奢侈的宴会便是在其上层大厅举行的。宴会上所有的盘子、碗、高脚杯和其他厨房用具均是由纯金打造。每一餐饭结束时，法尔内斯家族的主人会打开俯瞰台伯河的宫殿后窗，愉快地将脏污的用具从窗户扔出去。客人们对此目瞪口呆。然而他们不知道的是，法尔内斯的仆人正躲在窗台下，铺开大网，准备接住所有的黄金器具，以便在下一场宴会上演同样的把戏。

想法可以仲裁是非对错。当你站在祭坛前凝视《最后的审判》时，隐约可见墙体形状倾斜而上，告诉你这位艺术家的想法能够评判世人的行为。毫无疑问，这种轮廓对应希伯来语中的卢赫（luchot），即摩西律法石板，更广为人知的称呼是"十诫"。

新的墙面准备好之后，米开朗基罗设立了一个标准的脚手架，并且找到了两位值得信赖的助手来准备草图、石膏和涂料。这一次，就连配色方案都与他之前的不同。正如前文所说，米开朗基罗几乎不在天花板上使用蓝色油漆。壁画的蓝色是从波斯（今伊朗）进口的半宝石——青金石手工制作而成，价格昂贵。此外，尤利乌斯二世要求艺术家自行支付原料所需，所以米开朗基罗不可能用昂贵的蓝色和黄金画天花板。现在，富有的法尔内斯家族（和教会）支付了前墙的花费，金钱不是问题了。对于这幅巨大的作品来说，数百个人物背后的天蓝色背景使其成为历史上最昂贵的画作之一。

米开朗基罗自己一个人画，带着一两个助手，从墙的顶端开始，慢慢画下来，耗时七年多。60多岁的时候他还在梯子上爬上爬下，而在16世纪大多数他的同龄人都已经退休或者死亡。当他完成后，这将是世界上最大的一幅《最后的审判》——事实上，它的确是有史以来由一位画家单独完成的最大的一幅壁画——同时也是最空前绝后、最神秘、最具象征意义的。现在，拥有举世名望、财富、爱情和反叛者怒火的米开朗基罗用这件作品打破了全部的传统。

在顶部平板形绘画的两条曲线中，他从天使手中基督的殉难仪器开始：十字架、荆棘王冠、鞭笞时倚靠的柱子以及醋泡海绵裹着的棍子。奇怪的是，传统的指甲和鞭子并没有出现。天使既没有翅膀，也没有光环，更没有婴儿脸。他们都是肌肉发达、面容精致的英俊青年，几乎全都是裸体，甚至露出他们非常像人类一样的生殖器。这些天使是典型的米开朗基罗作品，但是对于其他画家来说则太过怪异。我们尚不清楚他

壁画《最后的审判》的形状与两块"十诫"石板
的对比图

们能否将这些受难的标志带往天堂，或者带给我们以供瞻仰，但是他们的动作、手势以及表情的丰富程度令人震惊——每一个都是不同的。

这些天使的下方是善良的灵魂，他们在耶稣的头上形成一个圆圈。他们不是著名的圣人、教皇或在这类画中常见的皇室画作赞助人。相反，这些真正圣洁的灵魂大部分在生活中默默无闻，在来世得到回报，与基督周围的天使混合在一起。壁画中一个迷人的细节是，耶稣的头顶正上方是一位英俊的金发天使，他穿着红色衣服，指着这群善良之人中的两个男人，他们显然是犹太人。

其中一个人戴着教堂强迫犹太男人佩戴的双尖帽，以向众人强调中世纪将犹太人视作魔鬼的偏见。在他对另一个年长的犹太人说话时，

壁画《最后的审判》（修复前）中的细节展示，在耶稣上方，那些获得恩赐的灵魂将直抵天堂。画中红色衣服的天使在指着两个犹太人以及皮科·德拉·米兰多拉

他的姿势和在西斯廷教堂天花板上的诺亚的姿势一样：一根手指向上指，表明信主独一。另一个人戴着一顶黄色的耻辱帽，是1215年教会命令犹太男人在公共场合佩戴的那种帽子。他们的面前是一个披着头发的温和的女人，她在面前赤裸的年轻人耳边低语。这个年轻人很像米开朗基罗年轻的导师皮科·德拉·米兰多拉，米兰多拉教授教给这位青年艺术家很多关于犹太神秘主义的秘密。根据传统的教会教义，就像但丁在《地狱》第一章中清楚表达的那样，对于那些神所恩赐的人的描述近乎亵渎。犹太人从不希望得到上天的恩赐。即使是他们最伟大的英雄，如摩西、米里亚姆、亚伯拉罕和莎拉，也最多只能期待不入地狱，哪怕是徘徊在地狱边缘也是可以的。然而在米开朗基罗《最后的审判》中，犹太人却在最重要的位置，比耶稣基督还要高一等。即使在当今21世纪，天堂是否为犹太人留有位置仍然是许多基督徒争论的一个热点话题。在16世纪，米开朗基罗在这个问题上所采取的立场明显违反了当时的官方教义，可见他是多么有勇气。因此，这就不难解释为什么米开朗基罗把天国的犹太居民画得很小以至于很难被人注意到了。

目光转至左侧，在十字架下，我们看到的是正义的女性，或者说，受恩赐的女性。若不是看起来有些女性特征的脸以及不太真实的乳房，这更像是一个男性健美者。米开朗基罗再次选择了他描绘女预言家时的做法，将肌肉男的形体与女性的头发、脸部和胸部结合起来。在16世纪的一个教堂里，在一个许多神学家仍在争论女人是否有灵魂的时代，米开朗基罗向我们展示了许多引人注目的女性，她们应该在天堂永生，每一个都有自己独特的外表和个性，而且她们都是裸体。

在右侧柱子下面是正义的男性，或者说，受恩赐的男性。在这之前，在描绘被上天选中的人获得恩赐升上天堂这一点上，其他艺术家在创作时显得非常保守：通常他们在天堂问候彼此时仅仅是握一下手以表贞洁，最多按照古罗马的方式抓住彼此的手腕。

在壁画《最后的审判》被上天恩赐的男性部分，人们激情地拥抱和亲吻（修复前）

在人群中间的顶部，两个年轻的男子全身赤裸着激情地拥抱在一起亲吻。在他们身后有一个很模糊的轮廓，看起来像但丁，和从前一样满脸忧郁和不满。在他们旁边，一个强壮的裸体男人正在把另一个裸体男性拉向云端与他一起。在他旁边，我们可以清楚地看到一堆赤裸的金发男孩正在相互亲吻。在右侧，一个年轻人凝视着一位长者的眼睛，同时亲吻他的胡须以示崇敬。今天，大多数游客甚至没有注意到这幅壁画中的充满爱的男性部分，甚至不知道有这么一部分。但是如果给他们指出来，他们中的许多人会心烦意乱。如此一来，我们也就能想象到这在16世纪会是多么令人震惊和厌恶。

在这幅画作的这一部分，在亲吻的情侣下方是许多夹杂在男性之中或是站在男性身后的女性，在这个男性主导的部分几乎隐而不见，没有什么存在感。她们是妻子和母亲，这似乎是为了表明这些男人并不是靠

左侧：壁画《最后的审判》的细节——耶稣和圣母玛利亚正在向下看

下面左侧：贝尔韦代雷·阿波罗的头像；由里奥卡瑞斯创作的希腊青铜雕像的罗马复制品，创作于公元前330—前320年，梵蒂冈教廷博物馆藏

下方右侧：贝尔韦代雷的躯干，由雅典的阿波罗人作，创作于公元前2世纪，梵蒂冈教廷博物馆藏

自己得到了恩赐，而是在他们身后坚强和虔诚女性的帮助下才达到了这样一种状态。

在中间，我们看到了基督，回归之后终结人类的历史。圣彼得在他左侧（我们的右侧），与另一个在他身旁的罗马守护神圣保罗重新统治天地。耶稣的右侧（我们的左侧）是他的母亲玛利亚。这个耶稣与所有传统上对于耶稣的描绘完全不同：没有胡须，肌肉非常发达，性感的同时又很严肃。他看起来很不像基督徒，更像是异教徒的希腊雕像，确实可以这么说。事实上，他是两个希腊雕像的组合，两个雕像都很有名，都在梵蒂冈教廷博物馆展览。

耶稣的头正是满头金发的太阳神阿波罗。最初，位于梵蒂冈教廷的贝尔韦代雷·阿波罗（Belvedere Apollo）雕像的头发是纯金色的，直到罗马帝国衰败后金色才不复存在。耶稣过度肿胀的躯体就是贝尔韦代雷的躯干，在米开朗基罗的时代被称为贝尔韦代雷大力士。米开朗基罗非常喜爱这个躯体，即便是在他生命的最后几天，几乎完全失明时，他会摸索着穿过教皇宫殿的走廊去看一看这座古老的雕像，去再一次用他的指尖而不是眼睛研究和敬仰它。由于他对这个肌肉雕像的热情，这座雕像也被称为米开朗基罗的躯体。再一次，米开朗基罗通过把他最喜欢的艺术元素放到画作之中满足了他对雕塑的爱。

根据圣马修，耶稣在复活时应该是坐在荣耀宝座上。根据米开朗基罗，耶稣还没有站起来，他正在站起来。他正在起立，准备对人类执行可怕和严厉的判决。他的母亲圣母玛利亚正在向远处看，她似乎不想看到壁画另一边的惩罚。她的面部还有一个秘密，直到最近的清洁和修复后才被发现。尽管所有的人物都是由米开朗基罗像自己在做雕塑时用凿子一点一点雕刻那样一笔一画绘成的，玛利亚的脸却是由一堆彩色的小点组成，像数字图像里的像素一样。在这，艺术家正在开拓一种新的艺术手法，被称为点彩画法，大多数人认为这是在 19 世纪 80 年代晚期由巴黎的乔治·修拉（Georges Seurat）发明的。通过对玛利亚的刻画，米开朗基罗的艺术创作进一步引领了未来的艺术发展。事实上，正是由于玛利亚，米开朗基罗的个人精神道路以及这幅壁画的命运在 16 世纪 30 年代晚期才发生了惊人的秘密转变。

维托丽娅·科隆纳（Vittoria Colonna）和第五纵队

　　正如我们所看到的那样，并不是只有米开朗基罗对梵蒂冈教廷的幻想破灭了。自 1517 年马丁·路德第一次反抗教会开始，欧洲的一大部分已经变成了新教徒区。16 世纪 30 年代在那不勒斯，一个规模很小但是影响力很大的秘密组织在胡安·德·瓦尔德斯（Juan de Valdés）的领导和精神感召下形成了。瓦尔德斯来自一个由改宗者组成的西班牙家庭。所谓改宗者，就是被西班牙裁判所逼迫，转而信任天主教的犹太人。[1] 他的父母以及他的叔叔中的至少一位都在后来由于秘密维系或回归犹太教而被宗教法庭逮捕并折磨。瓦尔德斯被送到了天主教大学，在那里他掌握了希伯来语、拉丁语、希腊语、文学以及神学。他被认为是 16 世纪最伟大的西班牙作家之一。他是文艺复兴时期的另一个天才，受到了当时的皇帝、教皇和知识分子的欢迎。为了逃离危险的西班牙宗教裁判所，瓦尔德斯去了意大利，于 1536 年在西班牙统治下的那不勒斯逝世。他是一位英俊潇洒、极具魅力的演说家，吸引了大批热切的听众。他的家乡成为之后艺术和知识沙龙的早期发源地，如 20 世纪巴黎由格特鲁德·斯泰因（Gertrude Stein）和爱丽丝·B. 托克勒斯（Alice

---

1. 有一条经验法则，那就是如果一个西班牙家庭名字以 z 结尾（比如 Valdez），这个家庭可能一直都是基督徒，然而如果结尾是 s（比如 Valdés），那么他们可能最初是犹太人，在 1492 年后被迫改变了宗教信仰。

B. Toklas）所举办的沙龙就是其中之一。这吸引着当时伟大的艺术家、作家和思想家，就像数十年前洛伦佐的伟大的家乡在佛罗伦萨的地位一样。一些经常来参加这些聚会的人包括红衣主教雷吉纳尔德·博勒（Reginald Pole），最后一位因反对亨利八世与凯瑟琳离婚而逃往英格兰的坎特伯雷大教堂的大主教；皮耶罗·阿雷蒂诺（Pietro Aretino），一位粗俗的诗人、批评家和色情文学作家；皮耶罗·卡恩塞齐（Pietro Carnesecchi），当时最伟大的外交官、政治顾问和辩论家之一；贝纳迪诺·奥齐诺（Bernardino Ochino），一个圣芳济教会的修道士和受欢迎的牧师；朱利亚·冈萨加（Giulia Gonzaga），令人瞩目的罗马贵族富翁韦斯帕夏诺·科隆纳（Vespasiano Colonna）的遗孀；还有她的妯娌维托丽娅·科隆纳。维托丽娅是另一位意大利文艺复兴时期的天才，少数几位出版了作品的女诗人之一，她有一位忠实的追随者，这位追随者不比当时任何一位男性诗人差。在她丈夫战死后，她投身于当时的诗歌和知识之中。在这个私人的那不勒斯知识分子圈子中，在似乎无害的艺术晚宴的幌子下，新的秘密的运动正在酝酿，目标就是改革梵蒂冈教廷和天主教。尽管这些策划者的背景有很大不同，他们许多人有一个共同点：他们要么是认识米开朗基罗，要么是他的朋友，而米开朗基罗是教皇指定的艺术家和建筑师。

瓦尔德斯（Valdés）公开反抗梵蒂冈教廷滥用权力和其虚伪的面孔。他希望每一个基督徒都能够阅读《圣经》，而不是将《圣经》用做教会统治的工具。他提出了一个聪明的分析方法来解读《新约》，这与犹太人通过《塔木德经》的推理和《米德拉什》的领悟来与其经文互动是一样的。他认为每一个基督徒都可以在自己现有水平的基础上探索《圣经》，并且会被《圣经》启迪。事实上，这就是他的信条：光照派教义。瓦尔德斯经常用《米德拉什》来阐述他的教义，也常从摩西·迈蒙尼提斯（Moses Maimonides）那借用暗喻。迈蒙尼提斯被犹太教、穆

斯林教以及基督教看作 12 世纪全西班牙最伟大的思想家。他也被称为
RaMBaM（这是他全名 Rabbi Moses Ben Maimon 的缩写），他是一位犹
太智者、老师、《圣经》和《塔木德经》评论家、哲学家、诗人以及翻
译家。同时他还是一位备受欢迎的全职解剖学家和内科医生。瓦尔德斯
喜欢引用迈蒙尼提斯把神的启迪比作一个巨大的皇家宫殿的描述。一些
参观者会羞涩地站在门前，一些人则会在花园里漫步，一些人会进入门
厅，一些人会站在远处，一些人——被上天赐福和启迪的那些人——则
会处于宫殿中心，无拘无束。然而，他说所有人都根据其水平受到了神
的恩典。因此，不可能因某些人还没有达到能够进入这座神圣宫殿中心
的水平而去谴责他们。他写道："那些从外面凝望这个神圣宫殿的人，
他们不是陌生人。"这样看来，他否认其他教，也否认炼狱的存在，而
梵蒂冈教廷则通过出售臭名昭著的赎罪券，将这些作为谋财的诡计。他
教导人们说救赎不是像梵蒂冈教廷所称的那样要通过出生时的洗礼以及
对教会完全的服从来实现的，而是通过一个充满爱的上帝赐予所有人的
恩惠实现的，是通过当一个人成年时能够理解洗礼的含义时进行洗礼实
现的，是通过每一个尽最大所能学习和研究《圣经》实现的，是通过每
一个人在日常生活中虚心效仿耶稣实现的。只有明白瓦尔德斯的启蒙思
想对于米开朗基罗的影响，我们才能理解为什么在《最后的审判》中救
赎的灵魂在许多不同的水平并以许多不同的方式通往天堂。

瓦尔德斯 1541 年逝世后，他的光照派小圈子也散了。这个组织的
中心北移到了位于维泰博的红衣主教博勒的住处，今天从罗马北部出发
驱车一小时可达。这个组织的新任领导者不是博勒，因为这样就太明显
了。这个组织已经被监视了一段时间，尤其是被红衣主教吉安·彼得
罗·卡拉法（Gian Pietro Carafa）密切注视。他狂热推行宗教裁判所并
且支持恐怖统治。真正的领导人是一名修女——维托丽娅·科隆纳，从
位于维泰博的修道院掌管着一切。通过她强大的家庭关系和影响力，她

建立起了一个地下网，很快覆盖了全意大利和欧洲大部分地区。思想自由的牧师、政治家、外交官以及知识分子全都秘密地加入了其中——成为隐藏于梵蒂冈教廷内部的"第五纵队"，从内部进行改革，并且最后使天主教和新教之间达成和谐状态。这个由梦想家组成的集团有一个新名字：Gli Spirituali，也就是精神信仰。他们最终的目标就是在两个基督教教派之间的裂缝越来越大之前将其团结在一起，从而组成一个教会，实现净化和重生。

几年前在罗马居住时，维托丽娅和米开朗基罗成为好友，一直到她去世前，他们的关系变得越来越亲近。他们给彼此写很长的信，彼此写诗互致敬意，并且经常互赠礼物。许多历史学家用米开朗基罗写给维托丽娅的诗来证明他是异性恋。他们之间的爱是如今我们称之为"柏拉图式爱情"的缩影。他们爱着彼此的思想。米开朗基罗很激动能够有维托丽娅这样一个知识上的伙伴和精神上的伴侣。如同过去他热情地把自己置身于新的思想和运动之中，他现在则成为一个完完全全的精神信仰者。

在《最后的审判》中，圣母玛利亚转向另一边，不看耶稣实行的残酷审判，这有一个深层次的含义：米开朗基罗象征性地表达了对教会的厌恶。当然这必须保密，因为只有天主教艺术家才被允许在梵蒂冈教廷内部工作，特别是在教皇的教堂里。如果米开朗基罗被发现拒绝了教会而投奔了瓦尔德斯的新教派，他不仅会失去工作，也会失去自由，甚至可能丧生。前几年，由于支持佛罗伦萨的独立运动，梵蒂冈教廷悬赏通缉米开朗基罗。即便如此，他的反抗精神仍不熄灭，他继续向这幅巨大壁画中注入越来越多的隐秘信息。

如果我们仔细观察圣母玛利亚，我们会看到她只在向下看一个人，一个凝视着圣劳伦斯的肩膀和他的烤架的女人。实际上，圣母玛利亚的脚站在烤架顶部。这个女人的脸因为烤架变得模糊，确实如此。她就是

圣母玛利亚在圣劳伦斯和他的烤架之上；耶稣在抓着自己肤体的圣巴塞洛缪之上（修复前）

在圣劳伦斯肩膀上方的女人是维托丽娅·科隆纳，在圣巴塞洛缪肩膀上方的男人是托马索·德·卡瓦列里

地下运动的秘密领导者——维托丽娅·科隆纳。

　　耶稣也在向下凝视着一个人，一个没有名字凝望着圣巴塞洛缪（Saint Bartholomew）肩膀的男人。圣巴塞洛缪和圣劳伦斯一样，坐在耶稣脚下充满荣耀的位置。英俊的外表和大大的眼睛与我们看到的米开朗基罗 1532 年之后在佛罗伦萨雕刻的雕像一样，从这一点我们可以看出那时米开朗基罗人生的另一大爱好——托马索·德·卡瓦列里。在这幅壁画上，他看起来太老了，满头白发、发际线后退，尽管他的脸很年轻，几乎没有任何皱纹。这可能是故意为之，要么是米开朗基罗所为，要么是他的朋友丹尼尔·达·伏尔特拉在 1564 年检查这幅画时所做的修改。在那不勒斯有《最后的审判》的原版复制品，是未被修改前的样子。这个油画复制品是由米开朗基罗信任的朋友马塞洛·韦努斯蒂（Marcello Venusti）在米开朗基罗本人的指导下于 1549 年所做。在这个壁画的韦努斯蒂版本中，我们可以找到同一名男人，但是顶着满头的黑发，看起来非常像 38 岁时的托马索，当时米开朗基罗正在帮助韦努斯蒂创作这幅画。

　　米开朗基罗为什么要选择这两位圣徒来保护自己的两位最爱？圣劳伦斯的意大利名字是洛伦佐，正是米开朗基罗的第一位赞助者和保护人。而且，圣劳伦斯是当时罗马的早期基督教教会的会计，他认为教会的真正财富不在于所拥有的黄金，而在于其子民的信仰。这也是米开朗基罗向当时的教皇教廷传递的内容之一，自始至终都表现在自己在西斯廷教堂的屋顶壁画上。[1]

---

1. 那些觊觎教会里黄金的罗马异教徒们并不买账，他们活烤了劳伦斯，这也是为什么画劳伦斯的时候总要带上一副烤架。在今天，劳伦斯是厨师和烧烤的官方守护神。是谁说的教会没有幽默感来着？

圣巴塞洛缪不仅是动物标本剥制师和制革工人的守护神，也是粉刷工的守护神。在米开朗基罗的这幅壁画的粉刷工作出现严重问题后，他试图利用一切办法来完成这幅巨大的壁画，因此也有充分的理由解释为什么要将这位粉刷工守护者画入其中。

圣巴塞洛缪不是在罗马被杀害的，而是在亚美尼亚被活剥了皮。依照传统，他的皮被放置在台伯岛教会的祭坛里，位于文艺复兴时期的罗马的两个犹太人社区之间。穿着打扮像圣巴塞洛缪的这个人是米开朗基罗的一个朋友，他因为作品中有太多裸露的皮肤和下流的诗歌而陷入了麻烦，他叫皮耶罗·阿雷蒂诺，是一名色情文学作家，也是神修派的阴谋者。米开朗基罗并不是在取笑圣巴塞洛缪，而是在传达自己的观点，他认为与伪善的教会有纠纷的阿雷蒂诺，像这样的人与上帝的关系，比很多所谓的宗教权威与神的关系都要更近。

画中所描绘的圣徒几乎都以殉道的方式来表明自己的信仰。（一个特殊的例子是彼得，画面中的他手里是耶稣给他的钥匙，而不是被画成被反过来钉了十字架。）画面中巴塞洛缪手里拿着他完整的皮肤以及那把用来剥他皮的刀。这儿的人皮里有一个比较有意思的点：画中的巴塞洛缪／阿雷蒂诺是完全秃顶的，留着长长的灰色胡须，而人皮上的脸是刮干净了胡子的，而且是满头的凌乱黑发，它们并不匹配。这是因为皮子上的那张脸不是别人，正是米开朗基罗自己。正如我们在"圣母怜子"的故事里讨论到的，在梵蒂冈教廷教会委托创作的作品中，艺术家不能有署名。在这儿，米开朗基罗没有署自己的名字，但他偷偷将自己的脸画在了壁画上。这也是这位讨厌绘画的雕塑者的又一个反抗。他像是在说再次被强制要求在西斯廷教堂作画如同被活剥了皮一样糟糕。

尽管这还不是这儿的人皮的完整象征含义。托马索是在这幅巨大的绘画作品中唯一一位和耶稣有直接的眼神接触的人，他的双手并拢在祷告（直到在不久前的清洗工作之后，我们才能清楚地看到耶稣和托马索的眼睛是对视的。）。米开朗基罗觉得自己是个罪人，不配上天堂，他认为自己能够得拯救的希望是他对托马索无私的真爱。他把托马索放在这儿作为自己的求情者，为自己的案件向基督这位审判官求情。为了确保让我们理解他认为一个男人的爱（即使是对另一个男人的爱）可以使人得到救赎，他在自己被活剥了皮的身子旁边放了另一对男人，他们正在天堂里热情地亲吻。托马索在这儿的身份并不只是一个猜想。我们有一个唯一尚存的线索，是米开朗基罗亲手写的。1535 年，也就是在他正着手该壁画的设计时，他又写了一首情诗给托马索。在这首十四行诗中，米开朗基罗将自己比作卑贱的桑蚕，因为桑蚕的保护外壳是用来为

上图：《最后的审判》的马塞洛·韦努斯蒂壁画版本（位于那不勒斯的卡波迪蒙蒂国家博物馆），图中细节展现的是托马索·德·卡瓦列里的脸和黑发

右图：来自《最后的审判》的细节图——带有米开朗基罗面孔的人皮

别人做衣裳的：

> 为拥抱我主高贵，乞求同归宿；
> 为我主活体着衣，当以我死躯；
> 穿过岩石蜕皮乃蛇，
> 越过死亡更新是我。

得救的人和下地狱的人

在这幅壁画的左下方，也就是在圣母玛利亚和这些被赐福的女人下面，是那些复活了的善良灵魂。他们正从地里爬出来，肉身也在慢慢地恢复。地狱的魔鬼正在用尽力气试图把他们拉回去，但是看上去是天使们更占优势。在角落里我们看到一位牧师正在祝福这些成年的灵魂——这也许意味着米开朗基罗是一名光照派教徒，在光照派的信条里洗礼是为成年人准备的。早期意大利基督教新教的另一个形式是诵读玫瑰经，玫瑰经在壁画的这个角落里可以找到，用来救赎一些灵魂。瓦尔德斯和他的跟随者们认为神的恩典是救赎的关键，而不是对教会的盲目顺从。事实上，我们可以从这儿得到"救赎的恩典"的概念。玫瑰经是谦卑的一种表现，用在信徒日常背诵"万福玛利亚"的祷告词时。该祷告词通常以"万福，玛利亚，满有恩典……"开始。这是和传统的《最后的审判》的另一个不同之处，传统的《最后的审判》里得救赎的灵魂通过诸如赞助教堂修建、使更多人改宗到教会、为教皇占领一座城池等行为来赢得救赎。

在底部中央，也就是在吹喇叭的天使下面，在右手边，在被赐福的男人们和殉道的圣徒下面，我们可以看到地狱的景象：硫黄与火、黑暗的洞穴、在冥河上为下地狱的人摆渡的船夫以及拖着恶魂去往永死的

《最后的审判》细节图（修复前）《懊悔》

魔鬼。最著名的图像之一是一个正被恶魔咬住的灵魂最终认识到自己的罪是何等的大。米开朗基罗在这儿用了一个意大利语的双关语——"被咬"的意大利语是"morso"。图中这个可怜的被咒诅的灵魂正在懊悔——"懊悔"的意大利语是"rimorso"。

在这个图的右边，一场战争即将打响。愤怒的天使们战胜了最邪恶的灵魂，他们其中一些灵魂代表着罪恶。其中一个人被画成了"贪婪之罪"，因为在他旁边挂着一个大大的钱袋子。

另一个在当时猖獗但是在如今的教会里已经消失了的罪恶是买卖圣职，这个罪恶在但丁的《神曲》（*Inferno*）里有写，并且最后得到了惩罚，这也是米开朗基罗最喜欢的作品之一。买卖圣职指的是在教会的等级制度里售卖牧师的职位。在文艺复兴期间，教皇为了筹钱就向出价最高的人售卖红衣主教、大主教等职位的行为很常见。这种行为更增加了米开朗基罗时期教会的腐败与混乱。在米开朗基罗 1512 年的一首诗里，他把梵蒂冈教廷描述成通过卖基督的血来换钱的形象，买卖圣职这一行为极大地激怒了这位艺术家，我们可以在这儿找到证据：这个被诅咒的人是倒立的，悲剧地模仿了圣彼得的殉道方式；钱袋子是金色的，用红绳子系着——与之前米开朗基罗用来羞辱罗马和梵蒂冈教廷教会的颜色一模一样。挂在这个被咒诅的人旁边有一对铅制的钥匙，这也是一个讽刺行为，讽刺梵蒂冈教廷城和罗马教皇的位子是这一对钥匙。米开朗基罗画了所有天使里面最愤怒、最强壮的一位天使，让他痛打这个堕落灵魂的屁股，让他下地狱。

右边更远些是另一个赤身裸体的人，但是他的脸更像是讽刺漫画里的人，而不是一个真实的人。他象征着性欲，没有爱的性。在这里，米开朗基罗让罪行和惩罚相匹配起来，如果我们看得仔细些，可以看到这位"性欲人"正在被自己的睾丸拖曳到地狱。不过他正在咬自己的指关节让自己不至于痛苦得出声尖叫，这有点新奇。

细节图，来自《最后的审判》（修复前）——倒置的"买卖圣职人"（通常被定义成"贪婪之罪"）和左边挂着的钱袋子，以及右边正在被自己的睾丸拖曳着的"性欲人"

卡巴拉教的审判

当然，在《最后的审判》中，米开朗基罗并没有忘了自己喜欢的《卡巴拉》。这幅壁画包含了他隐藏在天花板中的同样的平衡构造

方法。在圣母玛利亚旁边的这一对对称的壁画，我们找到了希伯来文
"Chessed"的痕迹——生命树的女性和慈爱的一面。在耶稣旁边，
在他左边或阴险的一面，在生命树的另一面找到了"G'vurah"和
"Din"——代表男性化的力量和审判。在"Chessed"这边，我们发
现：通过恩典被拯救的灵魂、仁慈的处女、被赐福的女性灵魂和在顶部
的救恩十字架。在G'vurah / Din这边，我们发现了被诅咒和要下地狱
的灵魂、基督审判官、被赐福的男性灵魂以及在顶部用来鞭笞的柱子。
在审判一方，即使是已经殉道的圣徒也看起来很生气，指着让他们遭受
酷刑和死亡的道具，给那些过得非常舒适的梵蒂冈教廷教会里的人，也
就是给那些在下面凝视他们的人，好像在说："这是我们为自己的信仰
所做的——那你呢？"

　　这一次，米开朗基罗并没有在作品中隐藏希伯来字母来表达女性与
男性、仁慈与力量的平衡，而是用普通的视图在壁画的顶端隐藏了其他
古老的女性气质与男子气概的神秘符号。在代表女性化的"Chessed"

顶部是十字架和荆棘冠冕😊，这是爱神维纳斯的十字架，在他当时的时代非常流行，被看作占星术和炼金术的符号。

在代表男性的"G'vurah"顶部的柱子毫无疑问是雄性的。经过仔细检查，我们可以看到艺术家故意夸张体现了一个天使的背部肌肉，这位天使正在向上顶柱子的底座，使得他分开的圆背看起来就像阴囊一样，与柱子融为一体。从整体上看，这是战神玛尔斯的男性象征:😊。

为了在构图中达到一定的平衡，还必须有一个中心。根据《卡巴拉》的说法，的确有一个中心点：它就是雅各的梯子。在《创世纪》的第 28 章第 12 节中，雅各梦到了一个圣梯，天使通过这个圣梯来回穿梭在地球和天堂。这个圣梯是天地之间、人类与天使之间、物质世界和灵魂世界之间的纽带。《卡巴拉》说，整个创作都是围绕这个阶梯展开的。大多数看了《最后的审判》壁画的人都以为耶稣是这幅画的中心——但他们搞错了。真正的中心在耶稣的下面，也就是圣劳伦斯和他的烤架坐在一起的地方。几个世纪以来，批评人士一直抱怨说，圣劳伦斯的烤架没有竖着的支架，比起烤架它更像一个梯子，他们是对的。确切地说，这是雅各的梯子。梯子底部的横档恰好处在整幅巨大壁画的中心，如果仔细观察，你会发现该画的动态运动完全是围绕梯子的角度旋转着的。米开朗基罗再一次在有史以来最著名的天主教艺术作品中嵌入了犹太神秘主义的中心教学。

这一次，米开朗基罗设法在他的作品中融入了大量的大胆想法。正如我们所看到的，他找到了一种方法，将他的男性爱人、对犹太人的尊重、对梵蒂冈的腐败和不道德的蔑视、试验性的绘画技巧以及他隐藏着的、颠覆性的对新教的信仰统统囊括了进去。这最后一个可能是其中最大的秘密了——当米开朗基罗在为天主教教会创作这个作品的时候，他已经舍弃了天主教，并投向了另一个信仰。

令人惊讶的是，每年数百万来西斯廷教堂参观的人都没有注意到

壁画《最后的审判》（修复前）局部图——米诺斯王和教皇的司仪比亚吉奥·达·切塞纳的脸

这一点。这位聪明的佛罗伦萨人用这么多颜色和意象再次成功地迷惑了参观者，只有那些在教堂里花费了大量时间的人才有幸注意到其中的细节。一个确实花了很长时间来检查这幅壁画的人是教皇的司仪，当时米开朗基罗正因为这份工作累坏了。司仪算是教皇的参谋长，管理着梵蒂冈教廷教会的日常运作。在教皇保罗三世的时代，司仪是一位傲慢自负的神职人员，名叫比亚吉奥·达·切塞纳（Biagio da Cesena）。在壁画完成之前他就公开谴责米开朗基罗，指责他用"淫秽狂欢和异端邪说"来填满神圣的教堂。米开朗基罗用本章顶部的引文回答了他，然后就继续自己的创作了。在壁画的右下角，就在出口（今天公众进入教堂的门）的旁边，是地狱中被诅咒的灵魂——希腊神话中的米诺斯王（King Minos）。米诺斯喜欢黄金并且鄙视人类，他因此得到了永恒的诅咒。这里他被画成长着驴耳朵，且被大蛇缠住了，大蛇永远咬着他的生殖器。这位被诅咒的王是米开朗基罗在创作这幅壁画的七年中绘制的最后一个人物。

　　当这部作品最终于 1541 年面向民众开放时，所有罗马人都来看这位伟大的艺术大师最新的杰作。很快，大家的反应分成了两派：一派的参观者认为这是他们见过的最鼓舞人心、最深刻的宗教和艺术作品之一；另一派则认为这是一部其他教淫秽作品。当辩论正在激烈进行的时候，突然一个人开始咯咯地笑起来了，紧接着另一个人也笑了，然后另一个人也笑了……很快，所有罗马人都歇斯底里地笑了，因为很明显，米诺斯王松弛的肉身和丑陋的身材不是别人，正是比亚吉奥·达·切塞纳——这位仅次于教皇保罗三世的司仪。根据当时的说法，切塞纳不得不含着泪俯伏在教皇面前，乞求教皇将他从壁画中挪出来。教皇很尊重米开朗基罗（也有可能是厌倦了切塞纳的自命不凡），他回答说："我儿，全能者已授予我掌管天地的钥匙。如果你想从地狱里出去，自己去找米开朗基罗谈吧。"显然，他和米开朗基罗并没有讲和，现在切塞纳永远地陷入了地狱中。

第十六章

最后的秘密

正如许多人相信的，我也是如此认为的，我做的这份工作是
出于上帝的旨意。尽管我已年纪老迈，但我不想放弃；我出于
对上帝的爱而工作，并将全部的希望寄托在他身上。

——米开朗基罗

　　或许米开朗基罗将他的愤怒掩饰得太好了。他刚完成《最后的审
判》不久，傲气的保罗三世就命他为一整座教堂绘制壁画。这座新建的
小教堂便是教皇保罗三世法尔内斯下令修建并亲自命名的保禄小教堂。
米开朗基罗不情愿地同意了，但他提出一个条件：还得允许他进行雕
刻。他想完成教皇尤利乌斯二世那拖延良久、动工时断时续的墓碑。米
开朗基罗想要兑现那未竟的承诺，摆脱良心的煎熬——他也想让尤利
乌斯那些还在世的亲戚别再来烦他了。教皇保罗代表米开朗基罗做了
些艰难协商，将米开朗基罗的雕塑工作量减少到三座。相较于将近 40
年前尤利乌斯令他建造的 40 多座雕塑和纪念金字塔，这确实是大打折
扣了。然而，对于一位六十好几的雕刻家来说，这显然还是相当大的劳
动量。

　　米开朗基罗立刻开始规划最终的陵墓设计，同时也设计着全套壁
画，使它能够完全覆盖这座全新的教堂。正如他在摆脱为天花板作画的
重负时那样，如今米开朗基罗身上的雕刻能量喷薄而出。很奇怪的是，

他很轻松地完成了足量的人物来履行完了合约条款。他本可以按照原来的设计，把摩西的两侧配上他的囚犯或是奴隶之类的。但恰恰相反，他却恳求教皇允许他创作出两个新人物，他认为这两个人物会更配这座更为端庄的陵墓。根据当时的报道，他只用了一年的时间就完成了两座真人大小的雕塑。另外，跟之前一样，他渴望回归到犹太教圣经里的图像上。这次，他挑选了犹太法典的两位女领袖：利亚（Leah）和拉结（Rachel）。

雕像《拉结》（接受／信仰）　　　　　　　　雕像《利亚》（积极／力量）

　　在《创世纪》一书中，她们两姐妹都嫁给了犹太的第三位族长雅各。两姐妹连同她们的两位侍女，一同成为以色列十二支族的族母。在米开朗基罗为尤利乌斯设计的第五版，也是最终版的陵墓中，他把她们置于墓碑的两侧。在写给教皇保罗三世的信中，米开朗基罗罕有地解释了设计的象征意义。既然自己请求教皇命令德拉·罗韦雷家族同意对墓碑设计做这最后一次的改动，这位神秘的艺术家第一次觉得不得不给出个解释了。在这封私人信件中，米开朗基罗引用了但丁《炼狱》（*Purgatory*）中的内容，正是在《炼狱》中，但丁遇上了利亚。名字含义在犹太语中是"双眼无神"的利亚向但丁抱怨：自己必须得时常对镜理妆、饰以花环，以使自己富有魅力。但她天生丽质的妹妹拉结却什么都不用做。出于这个原因，利亚象征着"积极信仰"，这种信仰要求人们主动努力，以使自己在上帝面前更有魅力。利亚与自身未经努力便享有美貌的拉结形成了对比。拉结代表着"沉思信仰"，这种信仰无须主动地努力。在完成的部分中，我们清楚地看到利亚手拿花环、焦虑地扫视镜子，而美丽的拉结只是望向天空承受恩泽。在这个作品中，米开朗基罗也再次阐释了宇宙二元性这种强大而神秘的理念：仁慈与力量，主动冥想与接纳冥想。在利亚和拉结中间、在宇宙平衡的地方，他放上了将近 30 年前就刻好的摩西雕像。摩西靠近拉结（沉思）的右侧身体是坐着的，而靠近利亚（积极）的另一侧身体是运动的，正要站起来。

　　然而，墓碑最终的选址不会是梵蒂冈教廷。德拉·罗韦雷家族已失去权力、不得民意许久了。而且，在尤利乌斯下令拆除第一座圣彼得大教堂时，很多前任教皇的陵墓也被摧毁，他的这一行为亦未得到原谅。因此，他的遗体和墓碑就安置在了一个朴素得多的地方——圣彼得镣铐教堂的家庭教堂中，这个教堂藏于山巅之上，俯瞰罗马斗兽场。

　　这个新选址自然也给这位艺术家抛出了一个新难题。他原本设计的摩西像要与环境相关联，它高耸于圣彼得教堂中央，经由穹顶窗户射入

雕像《朱利叶斯二世纪念碑》，罗马温科利的圣彼得教堂藏

的阳光恰好洒落其上。正如我们讨论的那样，为了让光束像是从这位伟大先知的头部与脸部散发出来的，米开朗基罗在雕像的头上制作了两个节点，还给脸部进行了抛光让它表面能够反光。既然摩西像会坐落于地面上，放置在一个远离圣坛右侧的壁龛中，这种绝妙特别的效果就难以实现了。

　　米开朗基罗再一次地打破了这些规则。他竟然重塑了自己最为喜爱、早在 30 年前就已完成的雕像。他把摩西的左脚和下面的那条腿向后移了一步，把他的左侧大腿（对参观者来说是右侧）降低了一点，以使雕像看起来像是要站起来走出门去把"Luchot"带给人类。"Luchot"是他刚刚在《最后的审判》壁画上完成的两片相同的摩西律法石板。米开朗基罗通过这种方式，在概念上，把摩西雕像的这一面与利亚象征的

雕像《摩西》细节图

《摩西》雕塑上方的仿真窗户，米开朗基罗开的洞被封上了（在这扇画出来的窗的正上方）

"积极"/"力量"联系起来。然而，比这更让人难以置信的是他对摩西头部的改动。米开朗基罗在早已完成的头部之中雕刻了一个全新的头，以此使得雕像头部向左扭转了 90 度。这就是摩西头部看上去有点畸形的原因，而这也正是人们所谓的"扭曲的犄角"。为了挽救他所珍爱的特殊效果，米开朗基罗改动了旧雕像，以使它与新环境相联系。改变了雕像的身体姿态后，他在教堂天花板上抠了一个长方形的洞，以使阳光洒落在新面部以及头部的节点上。雕像的头部经过扭转，能够更好地反射光线。

墓碑一立好，当时的报导就描述了罗马的犹太家庭如何在安息日下午凝视着摩西，又是如何向自己的孩子讲述这位伟大先知和两位正直的女首领利亚和拉结的故事。我们不知道是因为犹太人给予了过多的关注，还是因为天主教徒忽略了主圣坛上圣彼得的镣铐而仅仅喜欢另一侧犹太主题的雕像，但不管是什么原因，教堂主管下令将米开朗基罗在天花板上挖的洞永久封堵起来。就如他的作品《大卫》一样，如今的摩西雕像再也无法展示它特别的光学效应了。数百年来，人们都认为米开朗基罗实际上是一个反犹分子或是误读了错误的犹太法典译本，他故意给可怜的摩西安上了一对角。但他们其实是大错特错了。

还有一个近期才为人发现的陵墓秘密。摩西上方尤利乌斯二世那倾斜的雕像最终得以确定：那显然是米开朗基罗自己的作品，而非其助手的。对雕像清洗、储存后，可以明显看出它出自大师之手。还有一个证据就是，雕像的脸并非已故教皇的，而是米开朗基罗的自画像，它自豪地向下凝视着他那粗糙的雕塑家之手、凝视着他最爱的雕像。最终，这位艺术家战胜了教皇。

回到梵蒂冈教廷，他在新建的保禄小教堂内绘制了两幅宏大的壁画——《圣保罗的皈依》（*Conversion of Saint Paul*）和与其相对的《圣彼得的殉道》（*Martyrdom of Saint Peter*）。由于这个教堂不对外开放，我们便无法探究米开朗基罗藏在这两幅作品中的各种秘密。一言以蔽之，这两幅画让教皇保罗及其朝廷十分不舒服，所以他们取消了与米开朗基罗的其他协定，再也没让他在梵蒂冈教廷绘画了。没有一点记录表明这些转折性事件的发生让这位艺术家有所沮丧。

在此之后，梵蒂冈教廷就只给米开朗基罗委托建筑项目了。教会统治集团一定思考过，把具有侮辱性或是颠覆性的信息藏在建筑物里是毫无办法的。当然，他们错了。

后来米开朗基罗得到了一份为圣彼得大教堂设计宏大穹顶的工作。众所周知，他是多么热爱古罗马建筑的简洁与完美。在所有建筑中，他最钟爱的是纪念希腊罗马神明的中央神殿——万神殿，这座神殿是哈德良（Hadrian）在 2 世纪上半叶建造的。米开朗基罗向教皇提议：高度仿制万神殿穹顶建造新圣彼得大教堂顶部。可怕的教皇回复说哈德良的穹顶是异教徒的东西，梵蒂冈教廷教堂的穹顶必须是基督教的外观风格，就像一百年前布鲁内莱斯基在佛罗伦萨建造的那样。这位失望的艺术家设计出了如今众所周知的鸡蛋形穹顶……它有一个世上多数人都不了解的小细节。

天主教有一个传统：为了展示其权威性，任何一个城市的大教堂圆屋顶或者说穹顶都必须是最高最宽的。* 当 89 岁的米开朗基罗离世时，这个为穹顶所制的巨大鼓形基底早已完工。当然，建造也停工了几周。正如所有承包商或是工程师所言：任何时候只要建筑项目长时间停工，就有必要重测一切数据。这是因为，建筑物可能会发生移位、收缩或是膨胀。他们对米开朗基罗设计的穹顶基底进行重新测量时发现，他再一次瞒过了梵蒂冈教廷。它的直径比异教徒的万神殿足足少了 1.5 英尺。

---

* 同理，美国的国会大厦圆顶是华盛顿特区最高的建筑物。

上图：雕像《佛罗伦斯圣殇》中尼哥底母的面部细节

左图：雕像《佛罗伦斯圣殇》，米开朗基罗创作，1550—1555 年，佛罗伦萨大教堂博物馆藏

但除了完成穹顶的建造，希望没人发现之外，什么也做不了。直到今天，梵蒂冈教廷穹顶的宽度都在罗马排第二。

　　米开朗基罗晚年致力于新《哀悼基督》的雕刻工作，但这并不是为了哪个教皇，而是为了自己消遣，也很可能是为自己的坟墓所修。自打给西斯廷教堂天顶作画以来，他的视力就一直饱受折磨从未恢复，到这时，他已几近失明。此时，他雕刻更多地是依靠感觉而非视觉，但他仍坚持着，甚至在逝世前的第六天还在尝试新的雕刻方法。他晚年最负盛名的《哀悼基督》就藏于如今坐落在佛罗伦萨的大教堂歌剧博物馆。他把余下的所有精力都投入到了顶部的雕刻中，到他一路向下完成大半的时候，他却在大理石和自己的雕刻中发现了越来越多的瑕疵。发现自己的双眼双手再无法展示出心中设想的米开朗基罗大为沮丧，他一时怒不可遏地砸碎了基督像的腿部，还把它们给了自己的仆人。于我们而言，所幸他的仆人将所有的碎片保存了起来，又把它们卖给了一个商人，这个商人把所有的碎片再次拼接到了一起。

　　我们还可以看出米开朗基罗为何将他全部的精力都注入到了顶部的创作中。从身后抱住耶稣的是戴着头巾的尼哥底母（Nicodemus）。根据基督教传统，他是为了生存及服务上帝而隐瞒真正信仰的象征。胡安·德·巴尔德斯指示他的秘密教徒神修派执行那个他称之为"nicodemismo"的任务，隐瞒他们光明派教徒的秘密身份，以试着对教会进行渗透、由其内部进行改革，同时躲避宗教仲裁所对其的追捕和杀戮。当我们认真端详尼哥底母面庞时，会看到一个男人最后的自画像。在这个男人漫长的一生中，他隐藏起了如此多的真正信仰，这个人就是米开朗基罗·博纳罗蒂。

第十七章

"美化的世界"

美丽的事物带给人最大的痛苦莫过于无法感知它。
——米开朗基罗

下落才能实现升华。
——《卡巴拉》谚语

1564 年冬日，于罗马。

佛罗伦萨黄金时代最后的艺术大师，89 岁的米开朗基罗，已奄奄一息。随他熄灭的还有意大利文艺复兴的最后一点余烬。其他所有的伟大人物如达·芬奇、拉斐尔、布拉曼特、波提切利、洛伦佐·德·美第奇都早已去世。如今艺术、科学发展受阻受限，书籍当众销毁，自由思想被迫深埋地下。罗马的犹太人被活活监禁在一个叫作犹太区的牢狱之中，狱墙外，他们一切珍贵的圣殿、学习中心都遭到摧毁，再无一丝痕迹。战争笼罩着欧洲。世界似乎正倒退着滑入黑暗之中。事情怎就衰落到如此地步？

回首 16 世纪 40 年代，教皇保罗三世开始采取反改革的镇压手段打击天主教世界中日益增多的改革者、路德教信徒和自由思想家。清教徒之所以进行如此强烈的抵制，其中一个原因便是原教旨主义者对米开朗基罗《最后的审判》的问世感到十分愤慨，因为这幅作品中成百上千一丝不挂的人物就处在梵蒂冈教廷的中心地带。无情的红衣主教卡拉法和他的间谍开始在全欧洲追捕属灵派。那些未被捉到处决的人不得不四处逃跑，最终在流亡中死去。像朱利亚·冈萨加和维托丽娅·科隆纳那些幸运的人，则在受到围捕、当众焚烧之前，便死于自然的疾病了。属灵派曾把红衣主教雷吉纳尔德·博勒当作最后的希望，他已深入到教会统治集团中。在举办特利腾大公会议的时候，他率领了一支庞大的改革主义代表团队伍。他们本想和马丁·路德单独见面，设法达成协定，允许天主教和新教两种信仰再次融合形成一个新的教会。然而，梵蒂冈教廷的强硬分子却将这些程序拖延了许久，导致举办开幕式后不久，马丁·路德就逝世了。这便是末日的开端。

当博勒看到梵蒂冈教廷的抗拒派已接管了教会的时候，他就装病，在被捕之前逃跑了。特利腾大公会议为新教徒和天主教徒之间的一切调解敲响了丧钟。它也摧毁了一切宽容对待在欧洲的犹太人的希望。宗教裁判所获得了更多的权力，很快，可怕的红衣主教卡拉法就列好了禁书目录，在罗马的中央地带设好了刑讯室。艺术作品也遭到了谴责，教会的大量时间和精力都耗费在讨论米开朗基罗在西斯廷壁画里所表现的"淫秽异端"思想上了。宗教裁判所得以复兴、扩建，为了震慑大半个欧洲，裁判所公开焚烧《塔木德经》的复制本、画作，还有自由思想家、犹太人、艺术家和同性恋。

1549年，和解迎来了最后一搏。教皇保罗三世法尔内斯死后，红衣主教团准备只选举属灵派秘密成员红衣主教博勒为新一任教皇。原本有三分之二的红衣主教会把票投给他，然而在最后一刻，后来的法国红衣主教却使选举陷入僵局。经过一连串的行贿、政治活动，再加上至少一种毒药，折衷之下选出了新教皇——尤利乌斯三世德尔蒙特（Julius Ⅲ del Monte）。说到这里，这位新上任的尤利乌斯根本不关心宗教改

革或艺术——或是任何与智力有关的事情。四年前，他爱上了一个 13
岁的街头男孩并强迫自己富有的哥哥收养了这个孩子。一坐上教皇宝
座他就以这个如今 17 岁的男孩被收养的名义，任命其为侄子枢机英诺
森·乔基·德尔蒙特（Cardinal Nephew Innocent Ciocchi del Monte）。虽
然宗教裁判所在欧洲迫害、烧死同性恋者，教皇和他大字不识的小情人
仍旧在新建的朱利亚庄园（今罗马伊特鲁利亚博物馆）的豪华后宫约
会。在这懒散无为的教皇任期内，疯狂的红衣主教卡拉法变得越发有影
响力，这使得红衣主教博勒不禁担心自己生命可能受到威胁，所以他在
1554 年天主教玛利亚女王登基时返回了英格兰。在玛利亚的统治下，
博勒放弃了属灵派的理想，对新教徒实施打击报复，认为正是他们折磨
残害了自己的家人。这个本可以成为伟大改革家和促成和解的教皇在
1558 年却被当作杀人狂魔处置而死。皮耶罗·阿雷蒂诺是米开朗基罗
另一位尚健在的同盟，来自地下组织。他公开背叛了米开朗基罗并大声
谴责这位艺术家在《最后的审判》中把自己化作永生的圣巴塞洛缪，而
这恰恰是他此前称赞米开朗基罗的地方。尤利乌斯三世教皇任期期间也
是 50 年来第一次米开朗基罗在雕刻和绘画方面的天赋被梵蒂冈教廷忽
视。只有保罗三世任期的教堂建筑工程仍可继续进行；除此之外，这位
年迈的艺术家被卑鄙地冷落到一旁。

　　米开朗基罗，这一自由艺术和自由思想的最终壁垒，于 1555 年坠
落。尤利乌斯三世死后，下一任红衣主教团选举了红衣主教马塞洛·塞
尔维尼（Marcello Cervini）为教皇。塞尔维尼是文艺复兴和改革家们最
后一线希望。这位才华横溢、谦逊开明的托斯卡纳人为众人拥戴，决心
重整梵蒂冈教廷，与新教徒修好。孤注一掷的红衣主教团在第一轮投票
中立刻一致投选他为教皇。令他的支持者恐惧的是，一向谦逊的马塞洛
宣布尽管被赋予教皇这一新的职权，他也不会更改自己的名字。而几个
世纪以来，红衣主教改新名加冕为教皇是一项传统，因为人们认为保留

原来的名字会带来霉运（过去那些保留原有名字的教皇在任期内均以失败告终）。马塞洛拒绝接受迷信，以教皇马塞洛二世（Pope Marcellus Ⅱ）之名加冕。他没有沉迷于加冕礼和各种宴会，而是倾尽加冕基金捐赠给穷人。希望再次燃起。终于有一位教皇有能力和决心改革梵蒂冈教廷，恢复文艺复兴思想，为两个冲突的信仰达成和解而努力。他宣称，将会建造一座新的教堂，回归雕刻艺术和灵性。22 天后，他去世了，据官方资料显示，死因是"身体过度劳累"。无须多言，马塞洛是最后一位拒绝更改姓名的教皇。

接替他的不是别人，正是红衣主教吉安·彼得罗·卡拉法。正如我们之前提到的，他对天主教徒和犹太教徒来说如怪物般残忍。对于米开朗基罗而言，卡拉法也是他人生中最糟糕的梦魇。卡拉法又名教皇保罗四世（Pope Paul Ⅳ），他设立了禁书目录，严禁所有女性进入梵蒂冈教廷，烧掉了《塔木德经》和《卡巴拉》书册，将罗马的犹太人赶到犹太人区，为富足自己的侄子和情妇，他对教友过度征税，同时却又竭尽了教堂所有积蓄。他公开拷打、烧死同性恋者，任命两个侄子（分别为 14 岁和 16 岁）为红衣主教，并称当时弗兰西斯·德雷克爵士（Sir Francis Drake）从新大陆引入欧洲的马铃薯为撒旦送来的欲望之果，禁止食用。保罗四世卡拉法给西斯廷教堂带来了更大的浩劫。他下令迁移至圣所幔帐的象征——分隔栅，向东移动几英尺，切断了教堂同犹太圣殿之间的联系。他强行要求米开朗基罗这位年长的大师把《最后的审判》中出现的裸体人物加以调整以"适用于"罗马教堂。米开朗基罗激动地回击道："如果圣座把这个世界打造成一个更加宜人之所，绘画艺术也会跟着照做。"那是米开朗基罗最后一次接触卡拉法。下一任教皇庇护四世（Pius Ⅳ）也没有好到哪里去。米开朗基罗被委托修建的唯一一个工程就是通往罗马城的庇亚门（Porta Pia）。

在米开朗基罗去世两年前，城门刻上了庇护的名字，以及一个与众不同的设计元素——奇怪的缀以流苏的圆形凹痕。

梵蒂冈教廷用了不止一个世纪才发现，这位建筑艺术家运用这些设计又一次侮辱了一位教皇。庇护四世，抛开其自命不凡的虚荣心，实则来自一个普通家庭：他父亲是一名会放血术的理发匠。庇亚门上不寻常的纹饰实际就是流动工作时理发匠的洗脸盆，上面挂着一条毛巾。米开朗基罗再次给了膨胀而自负的教皇一记耳光。尽管庇护无视这一公开其卑微出身的行为，他仍要为自己公开侮辱这位伟大艺术家的恶劣行径负责。待米开朗基罗临终之时，他最后一个幸存的学生助理丹尼尔·达·伏尔特拉被下达令人难以接受的最后通牒。实际上，因为特利腾大公会议已经花费很多时间和精力谴责西斯廷教堂《最后的审判》中出现的"大量淫秽和异端邪说"，伏尔特拉只有两个选择：或是亲眼目睹这一巨作的毁灭，或是对其进行修改删减。怀着沉重的心情，丹尼尔开始为自己恩师的名作中引起异议的部位加上了腰布和遮羞布。自此米开朗基罗给予世界的秘密信息开始被慢慢地"遮掩起来"。业已闻名于世的西斯廷教堂天花板也面临着删改或毁坏的威胁，但最终却由于一个原因毫发未损。因为没有人知道如何重建米开朗基罗未来派的"浮桥"脚手架，而这又是不影响整个教堂几年内正常运转的唯一办法。米开朗基罗的绘画巨作因其非凡的工程技艺得以存活。

正是因为这位奄奄一息的艺术家本人导致这些秘密信息即将湮没于世。在生命最后一刻，在简陋的公寓里，陪在他左右的只有四五位挚友和一个助理，还有他一生所爱的托马索·德·卡瓦列里（后结婚育子）。他在病床上要求他们把所有的笔记和设计都烧掉。无价的素描簿、手抄本、著作和雕像都灰飞烟灭。他的诗作早已由侄子改编，才得以出版。葬礼安排则是给这位佛罗伦萨人的记忆带去最后的凌辱。他的遗体将会以一个罗马艺术家的身份在附近的圣徒教堂下葬，这座教堂是西克斯图斯四世和巴乔·蓬泰利修建的，他们正是建造西斯廷教堂的教

上图：米开朗基罗在庇亚门创作的其中一
个古怪的装饰的细节图

左图：罗马庇亚门

皇和建筑师，是米开朗基罗一生中悲惨苦难的源头。这所教堂除了使他的人生如此悲惨，建筑本身在米开朗基罗的时代也处于黑暗中，鲜为人知。被认为不够资格葬在梵蒂冈教廷，甚至是拉斐尔下葬的万神殿里，对这位艺术家来说已经是莫大的侮辱。此外，没有把他的遗体送回佛罗伦萨，而是安放在罗马这座人人知道他憎恨的城市，这一决定也是极其不尊重的。他失宠的人生谷底实际上就为死后声名大噪埋下了种子。

　　米开朗基罗被葬在罗马这一莫大的侮辱，终于让佛罗伦萨的公民意识到自己对米开朗基罗欠下的文化和精神债务。他们立刻发起公共募捐，用来雇用佛罗伦萨最好的窃贼，这两个窃贼坐着牛车去了罗马。太阳落山后，他们闯入教堂，偷了艺术家的遗体，用绳子把他卷起来，冒充一捆破布。他们把他放在车后面，迅速返回，天一亮就到达了佛罗伦萨。欣喜的佛罗伦萨人马上将米开朗基罗的遗体下葬在圣十字大教堂，时至今天我们仍然可以在那里瞻仰他的坟墓。

十分讽刺的是，19 世纪 50 年代，也就是米开朗基罗下葬在圣十字大教堂 300 年后，这所教堂终于有了如今著名的外观。它由犹太建筑师尼科洛·麦塔斯（Nicolò Matas）设计而成。因为自己的名字不会出现在教堂中，麦塔斯坚持要在前门放置一颗大卫之星。今天，这座埋葬着《塔木德经》和《卡巴拉》最著名的支持者遗体的教堂上就刻着一颗巨大的六芒星。

属灵派和其他自由思想家在落败后销声匿迹，实际上使传扬米开朗基罗秘符含义的任何希望都随之破灭。很快，他们被世人遗忘。代代更替，灰尘、污垢、汗液和蜡烛的烟灰渐渐遮住了西斯廷壁画，明亮的色彩日益黯淡，深嵌其中启发世人的信息也随之湮没。随着工业时代的来临，空气污染给西斯廷壁画又增添了一层污垢。20 世纪，梵蒂冈教廷的西斯廷官方手册出版，这位艺术家所有真实意图的揭示彻底没戏了。没戏指的不单单是梵蒂冈教廷自身没有意识到西斯廷壁画的真正含义；还是指官方出版物实际上在很长一段时间里剥夺了更为深入的自由分析或由非天主教进行解释说明的权利。

教皇约翰二十三世（John XXIII）在位期间，教堂中光明再现。至今意大利人都称赞这位和蔼可亲的教皇是一位"好教皇"（Il Papa Buono）。大屠杀期间，身为红衣主教，他甚至非法为找到的所有犹太人伪造和分发领洗证，从而挽救了数万条犹太人的生命。1958 年他（偶然）升为教皇，发起了一场重大的教堂"大扫除"。他召集了第二次梵蒂冈大公会议（常称梵二会议），在这次会议上教堂中反犹太人和犹太教的惯例教义得以废止。多亏约翰教皇，天主教徒再也不会斥责犹太教徒"背信弃义"，而是把他们看作"我们的长兄长姐"。他开启了米开朗基罗四个世纪前在其艺术作品中呈现的和解和包容。如今，教皇约翰二十三世还有另外一个名字——神圣的约翰二十三世（Blessed John XXIII），其命名日为 10 月 11 日。

佛罗伦萨圣十字大教堂前门

　　教堂自由化的下一重大举措就是1978年出人意料地选出了第一位波兰教皇若望·保禄二世（John Paul Ⅱ）。他成为第一位踏入犹太教堂的教皇，也是天主教禧年2000年第一位访问以色列的教皇。选择这一时间是非常合乎时宜的，因为"jubilee"一词直接源于希伯来语"yovel"（欢喜欢呼）一词，在古代以色列每五十年则庆祝一次圣禧年。为这至关重要的一年做好准备，教皇若望·保禄在1980年下令对西斯廷教堂进行最全面的清洁和修复。之前曾尝试过修缮天花板以恢复原貌，但看起来却十分怪异。所谓的专家在过去几个世纪里爬上摇摇晃晃的梯子，就为了抹掉天花板上的面包、牛奶，甚至希腊葡萄酒，然而一切都是徒劳。这项20世纪的工程整整花了20年，直到新千年来临之际才结束。世界顶级的工程师们曾多次尝试打造一个现代、先进的脚手架，如此一来就可以在天花板上工作。最后他们得出结论，唯一的办法就是再用金属建造一个原始的米开朗基罗"飞拱"桥。他们甚至重新打开并再次用起了这位大师在 16 世纪初侧墙上打过的孔。

随着修复工程接近完工，教皇若望·保禄二世在教堂做弥撒时向外界揭示了米开朗基罗和他的西斯廷壁画的"原貌"：

> 似乎，米开朗基罗在创造人类、男性和女性方面，随心所欲追随《圣经·创世纪》的指引，其中揭示道："男人与其妻双双赤裸，但他们并不感到羞耻"（《创世纪》）。如果可以这么说的话，西斯廷教堂即是人体神学的至圣所。为证实上帝所造的男人和女人的美丽所在，它还用某种方式表达出对美化世界的渴望……
>
> 若我们凝视《最后的审判》时，为其壮丽和骇人所倾倒：一方面艳美那些美丽的躯体，一方面又美慕那些遭受无尽诅咒惩罚的人们，我们也会理解整部作品被一束独特的灵光和唯一的艺术逻辑渗透：教堂颂扬的信仰之光和逻辑，忏悔道："我们相信唯一的神……万物之主，有形无形之主。"
>
> 基于这一逻辑，在来自神之灵光的照耀下，人体依然保留着那份壮美和高贵。（1994 年 4 月 8 日）

好在米开朗基罗一部分远见被现代教堂领袖所接纳。如今，梵蒂冈教廷正渐渐追随上米开朗基罗在五个世纪以前种植在墙壁中的思想之种。腐败而令人狂热的教皇早已远去，但这位艺术家在充盈着爱和普遍信仰的西斯廷教堂中留下的远见卓识仿佛愈加生机勃发。

结论

那么，西斯廷教堂是什么？

主啊，请恩准我永生渴望做自己做不到的事。

——米开朗基罗

要看到事物表面以下的东西；不要让一件事物的众多性质或其价值
逃过你的眼睛。

——马可·奥勒留，《沉思录》

人们常说，成功对不同人来说意义不同。

单论成群的游客转移到罗马和梵蒂冈教廷朝圣祭拜，西斯廷教堂无
人能及，堪称典范——有些人建议应该把它列入世界奇观之一。

然而还有另一种方法来判定人类付出的努力是否能实现目标。了
解教堂创造者想要实现的目标是很重要的一点。我们不仅需要知道今天
的西斯廷教堂是什么，还要知道它的创始人想要它成为什么。他们今天
还会觉得这座教堂很成功吗？正如我们所看到的那样，教堂已经经历了
改造、扩建、装饰，甚至在岁月的流逝中有些部分已经遭到污损。它不
仅结构有所改变，而且在哲学和神学方面也有所修改。与圣保罗教堂不
同，西斯廷教堂从不"刻意讨好所有人"，但它曾发出过不同的"声
音"并传递着不同的信息。其最强烈的信息无疑来自米开朗基罗，他与
西斯廷教堂经久不衰的名气有着密切的联系。然而，他的信息——"看
得见和看不见的东西"——几个世纪以来一直遭到隐瞒、曲解、审查、

忽视和遗忘，如今只能在我们这个时代重现。米开朗基罗曾经祈祷说："主啊，让我总是渴望超越自己的成就。"我们不禁会问：他是否觉得自己用壁画完成了目标？对米开朗基罗来说，西斯廷教堂算得上是一种成功吗？

水手们问出现在西斯廷教堂祭坛上的先知约拿："你从事什么职业？你从哪里来？你的家乡在哪？你属于哪种人？"要想评估西斯廷教堂的成功，我们必须考虑其历史、主要建筑师及其与当代的相关性。其最初意味着什么？随着时间的推移，它的功能——在实践上、精神上和概念上分别是什么？也许我们要问的最有意义的问题是：米开朗基罗希望西斯廷教堂给人类带来什么启示？他对西斯廷教堂的构想——在他所处的时代和之后的时代——是什么？他的设想成功化为现实了吗？

让我们从米开朗基罗之前的设计师说起吧。他们希望教堂向人们传递什么信息以及如今这些信息是否仍然存在相关性？

巴拉蒂娜小教堂：前米开朗基罗教堂

教皇西克斯图斯四世在 15 世纪创立了西斯廷教堂。表面上，教皇极其希望宣扬壁画《西斯廷圣母》的奇迹。当然，由于其身上带着一种在很多前任教皇和后继者们身上都有所体现的自负，西克斯图斯六世极其希望展示出其家族接管教皇职务的欢欣鼓舞。为了同时传达这两大信息，他将一幅圣母升天的壁画摆放在教堂的正前方，就在他的座位旁边。在对他的虚荣心和家庭的自豪感有所了解以后，我们可以推断他可能将西斯廷教堂称为"神圣的教堂，在德拉·罗韦雷圣殿上洒下永恒的荣耀"。

如今，西克斯图斯的两条信息都沦落到了不光彩的境地。西斯廷教堂根本没像他设想的那样赞美他、他的家族、德拉·罗韦雷家族以及他们视自己为救世主的自大。除了教堂的名字（"西斯廷"取自教皇西克斯图斯四世）外，他唯一留下的痕迹是象征家族的橡树和散落在房间周围的橡子（橡树果实）。现在，挥散不去的只有佛罗伦萨艺术家们对教皇家庭的种种冒犯而非对其伟大的不朽见证。洛伦佐·德·美第奇确信西斯廷教堂永不会实现西克斯图斯为德拉·罗韦雷家族创造积极的公共关系形象这一梦想。

教堂描绘《西斯廷圣母》的这一原始主题也不复存在。自 16 世纪 30 年代起，当米开朗基罗摧毁了平图里乔最初留在祭坛前面墙壁上的圣母飞升壁画时，房间内所有图像都没留下和这一主题有关的任何痕迹。

因此，随着时间的推移，西斯廷教堂的头两个主要理念（即约拿问题中所指的"职业"）变得无关紧要。为了取代这两个主题，人们提出另一概念来印证教堂的独特性。梵蒂冈教廷的神学家们将西斯廷教堂变为"新耶路撒冷的新圣殿"。他们解释说这是为了用一座天主教的原始教堂来替代公元 70 年罗马人摧毁的耶路撒冷原始圣殿。犹太人失去的东西将会以一种转换的宗教形式显示出来。正如我们之前表明的那样，正是基于这一原因，西斯廷教堂的度量和比例与《圣经》中先知塞缪尔所描述的所罗门圣殿完全一样。

有趣的是，犹太教寺庙与西斯廷教堂之间的这种相关性后来被教会故意地削弱了。狂躁的反犹太教教皇保罗四世（这位红衣主教对圣灵派进行了窥探和迫害）认为西斯廷教堂过于犹太化，因此下令将大理石隔断护栏向东移数英尺。该隔板最初标记着幔帐挂在圣殿的哪个位置。幔帐是分隔普通圣所和至圣所（Kodesh Kodoshim，极其神圣的地方，只有大祭司一年才能进去一次）。现在，当游客进入西斯廷教堂时，他们会在介于至圣所和地势稍低的那半间房之间的大厅中央发现一个小斜坡，这里差不多被大理石隔断了一个世纪，一直到可恨的保罗四世出现。天主教徒和犹太人都讨厌这位教皇。他把宗教裁判所的折磨带入了罗马，列出了禁书的名单，向基督教徒征收重税为自己建造超越其他其他教教皇的巨大石像，对不纳税者设立债务人监狱并将身处罗马的犹太人围困在一个地狱般的贫民窟里。庆幸的是，他没能活着完成其对教堂的其他改造——检查吊顶和彻底摧毁米开朗基罗的《最后的审判》。在保罗四世实现这个愿望之前，死亡天使便带走了他。*

随着至圣所原始分界线被摧毁以及如今大量游客可通过这些界限自由进入至圣所，将西斯廷教堂视作所罗门圣殿替代品的这一理念也几乎完全为人们所遗弃。

西斯廷教堂和"秘密会议"

还有一项习俗与西斯廷教堂密切相关。秘密会议（conclave），即新教皇选举，就正是在这里举行。"conclave"这个词来自拉丁语"conclave"（拿着钥匙），这意味着选出新教皇之前红衣主教团要被关在使徒宫中。在西斯廷教堂建成前，选举投票在许多场所秘密举行，通常在罗马之外的地方，以避免流言蜚语和政治压力。有一次，在维泰博市的公爵殿里，红衣主教们争吵了好几个月，气急败坏的维泰博公爵把他们锁在了大殿里，只给他们面包和水，甚至移除大殿的屋顶以迫使他们选择一名新教皇。因为几个世纪前秘密会议就转移到了西斯廷教堂，所以

---

* 在他去世的那天，罗马人兴高采烈地捣毁了债务人监狱的大门并释放了将近400名囚犯。然后他们冲到贫民窟，拆毁了那里的栅栏门，解救了他们的犹太人朋友和邻居。随后天主教徒和犹太人一起捣毁了罗马所有他们憎恶的教皇雕像。他们从其中一个巨型雕像上取下了教皇的头颅，在上面放了一个犹太"耻辱帽"并围着它跳舞，边跳边唱着"哈曼[1]死了，哈曼死了"。

1. 哈曼，波斯王亚哈随鲁在想，曾设计阴谋杀死所有犹太人，《以斯帖记》，这里用哈曼比喻保罗四世。——译者注

那个要拆除这个著名屋顶的威胁从此再没出现过了。

如今的西斯廷教堂是否还与这一功能密切相关，是否可能像一些人表明的那样是以宗教目的命名的？将它称为"秘密会议室"（Conclave Room）是否合适？两个原因表明这一称呼不合适。首先，米开朗基罗的壁画与教皇继任过程这一主题鲜有联系或根本没有关系。此外，传统上教皇是终身任职的，尤其是在现代医疗条件进步和寿命延长的情况下，因此秘密会议并不常见。实际上，在罗马，当某人想要描述一件很少发生的事情时，他会说"教皇何时去世"而不会说"千载难逢"。

米开朗基罗的西斯廷教堂

在米开朗基罗的努力下，西斯廷教堂有了全新的意义。现在教堂中满是名副其实的画作宝藏，不仅引人注目，还令人神往。其旨在教导和在精神上陶冶观众。但以何种方式呢？我们已经公开了许多艺术家隐藏在壁画中的秘密信息；但是对其想要传达的内容是否存在一个总体陈述？他提供（线索）了吗？判定米开朗基罗是否成功，我们首先需要深入探究他内心的想法并找出其总体规划的关键，即其作品中的"隐形大脑"。我们必须回答这一问题：米开朗基罗到底想通过西斯廷教堂的壁画来完成什么？

"葬礼纪念碑"？

如果我们能在米开朗基罗创作过程中将自己置身于其脑海中，我们会在他的脑海中发现什么未说的想法？尤利乌斯二世命令米开朗基罗在天花板上作画时，他被迫放弃的项目是其中一条线索。他专注于自己真正的激情所在——雕塑。尤其是他忙着雕刻的教皇期望放在圣彼得新教堂中央的巨大金字塔墓。尽管我们只有少量完成的和半成的纪念碑碎片，但多亏了那些罕见的草图和米开朗基罗向康迪维（Condivi）口述的回忆录，我们了解原始设计的模样。宽阔的长方形底座由古希腊古罗马建筑格局中壁龛和拱形梁交织而成，壁龛上有象征艺术与科学的古典图形装饰，肋柱上画着裸体的其他教"囚徒"。这是为了体现儒略二世实际上是真正的艺术赞助人（真实）和崇高的知识分子（假的），他把世界从无知中解放，把欧洲从当时所谓的"土耳其威胁"（假的）中解放出来，并且随着他的逝去，文化世界会受到重创（可能是这样，但只有在他的工资单上的艺术家和建筑师才会受到影响）。在这一低水准上，米开朗基罗设法开始创作六个囚犯与奴隶的雕像，其中四个在佛罗伦萨的学院美术馆，另外两个在巴黎的卢浮宫。对于他是否完成这些雕塑存在争论，因为它们似乎仍被困在大理石内，当你亲自观看时就会感受到这种惊人效果。

石中囚徒（学院美术馆，佛罗伦萨）

金字塔的下层或中层应该有四个巨大的圣经人物图——两个希伯来先知和两个基督教圣人。我们并不知道尤利乌斯为何选择这四大雕塑，但我们知道其中确实只有一个是米开朗基罗创造的——正如本书前面提到的、闻名世界的《摩西像》。

在金字塔顶，尤利乌斯要求画上两个天使的图像，一个微笑着，另一个哭泣着，他们共同举起一个躺着尤利乌斯的葬礼棺木。这明显是对所罗门圣殿中耶和华的约柜的一种体现。约柜盖上有两个小天使，神就出现在两个小天使之间。这一神圣的位置被称为荣耀宝座。尤利乌斯二世希望米开朗基罗将其永久地雕刻在上帝的荣耀宝座上，这是其狂妄自大的一个典型事例。

这种设计也体现了教会的精神进化理论，即所谓的继承主义。就像达尔文在进化论中描述从恐龙到猿猴再到人类的进化过程一样，继承主义认为人类从异教哲学发展到犹太主义并最终完全实现了向基督教教义的精神发展。因此，尤利乌斯打算建造一座吸引观众目光的巨大纪念碑：从经典的希腊罗马数字到犹太人和早期的使徒英雄并最终看到朱利亚诺·德拉·罗韦雷时期的巅峰，即教皇尤利乌斯二世本人。

这一夸张的项目需要 40 多个大型雕塑，全部由米开朗基罗亲自创作。其他艺术家可能需要几辈子才能完成这一疯狂的计划。当米开朗基罗被迫中断其在坟墓上的工作转而为西斯廷教堂的天顶作画时，他知道在西斯廷教堂作画的这几年绝对会导致其无法完成罗马金字塔上的雕塑。具有讽刺意味的是，因为命令米开朗基罗为西斯廷教堂作画，尤利乌斯反而摧毁了其创造巨大葬礼纪念碑的构想。

精明的米开朗基罗从一开始就必须意识到这一点，因为他把教堂的天顶变成了坟墓项目的一个二维版本。对此最好的证明来自于这位伟大艺术家自己的双手。如今，我们很幸运，因为能在佛罗伦萨的乌菲兹美术馆看到其下半部分的设计原稿。

对于任何看过西斯廷天顶壁画的人而言，无论是亲身体验或是通过复制品感受，这幅草图中的元素都让人感到熟悉：以各种姿势斜躺的裸体男性、展示自身肌肉的较大古典裸体男性、身着各式古典裙装象征智慧的女性形象、坐在大理石基座和建筑上的气势雄伟的先知以及举起上部基座的丘比特裸像。

即使是令人敬仰的霍华德·希巴德教授在其对西斯廷教堂天顶极为传统的解释中也表示："米开朗基罗发明了对建筑王座和人物雕塑的转化并通过这种形式将尤利乌斯的坟墓转化为绘画。"[1] 看起来似乎很奇怪，这是西斯廷教堂的多层意义之一：它是对尤利乌斯二世极其自大形象匹配的一个巨型葬礼纪念碑。这也有助于解释米开朗基罗如何对教皇希望在教堂顶画上上帝和信徒壁画的设计做出改变。当尤利乌斯在主持天顶揭幕时，他会欣喜地凝视着自己装扮成先知撒迦利亚的模样，坐在教堂王者之门顶部的一处荣耀之地，就好像坐在不可能出现在其坟墓

教皇尤利乌斯二世墓碑草图，米开朗基罗作，佛罗伦萨乌菲兹美术馆藏

上的荣耀宝座上一样。

　　所以，对于自私的教皇来说，西斯廷教堂的天顶可能的确是一座墓葬碑。为了挽救自己的生命并彻底摆脱尤利乌斯的计划，米开朗基罗只得说服赞助人，表明自己只是采用不同的方式来纪念他。但我们知道这与事实严重不符。考虑到米开朗基罗在其作品中插入了许多对尤利乌斯粗鄙的谩骂并用秘密信息指出他的腐败和滥用权力，艺术家真正的目的当然不是赞扬当时的教会领袖。

　　那么米开朗基罗真正的信息是什么？

"艺术家的自画像"

　　西斯廷教堂一个更深刻且合理的解释是，它或许只是米开朗基罗的一幅巨大的自画像。这些画作是为了反映他的生活和信仰：他的感情在两者间徘徊，他一方面喜爱犹太传说和智慧，另一方面热爱异教徒的艺术和设计；他在对上帝的精神之爱与对男性身体之爱之间内在冲突；他尊重基督教（即使他不再信仰天主教），却对教皇在梵蒂冈教廷文艺复兴时期的腐败义愤填膺；他热爱古典传统，又强烈捍卫自由思想和新的想法；他内心的犹太神秘哲学主义刺激他将神秘主义带到新柏拉图主义和世俗肉体描绘中。

　　很可能，正是源于这种强烈的冲突与冲动，他摒弃所有传统，想出小教堂意义下的"统一论"。任何真实的人物肖像都必须是多方面的。要把汹涌的激情、爱和伟大的米开朗基罗的仇恨表现出来，则需要整个西斯廷教堂的天花板和前壁。正如著名的英国建筑师克里斯托弗·雷恩（Christopher Wren）爵士总结自己的生活和作品所说，"如果你想看我的纪念碑，看看你周围，"米开朗基罗可能选择在教堂天花板写下他的自传。

　　然而，把西斯廷主要作为自画像观赏并不全面。尽管对自己的艺术技巧深信不疑，米开朗基罗是一个非常谦虚的人。他过着极其节俭的生活。尽管他是当时收入最高的艺术家，但他穿得很简朴，住在一套简陋的公寓里，几乎把他所有的收入都寄到了佛罗伦萨的家里。是的，他在《最后的审判》中失败了，但不像尤利乌斯二世，他不需要整个教堂或大教堂来宣扬他的自我。此外，他认为自己空前绝后，永远是雕刻家，而不是画家。如果他总结自己的生命，那肯定是一尊雕像，而不是一幅壁画。

"并且他叫了那个地方的名字……"

　　如果我们关注米开朗基罗天花板壁画中最奇特耀眼的元素，我们会得出最贴切的答案。这些特质之前几乎没有被数百万的观赏者提及过。但却是寻找米开朗基罗画作真实意图的最强线索——这条线索确认了这本书中的主旨，挖掘出他当时不敢昭示于众的无数信息。

　　让我们用简单而不琐碎的方式揭开谜底。米开朗基罗在西斯廷教堂天花板上的画作是什么名字？如果你认为它不重要，你就错了。一般来说，艺术作品的题目是解读内涵的关键。比如说，数个世纪以来，没人能够发觉蒙娜丽莎的真正身份。但到了 2006 年，专家们终于能够通过这幅画的真正题目揭开迷雾，这幅画原名为《拉·乔康达》（*La Gioconda*），历史学家们原本认为 "Gioconda" 的意思是 "快乐的女人"，因此画作展现了神秘的微笑。但他们后来确切地发现她嫁给了一位有钱的商人乔康达（Giocondo），因此得名。达芬奇在她的新婚之名上玩了个双关。艺术家们在为自己的作品起名时用心良苦。画作题目给读者提供了隐秘的机会去一窥他们的信息和意图。题目是 "我在作画时所有内心想法的凝练之和"。

　　那么米开朗基罗管他的巨大壁画叫什么呢？如果你记不起来不要沮丧，因为这的确难以回答。这个显而易见却令人难以置信的真相是——没有题目。要了解这个事实的重要性，你要知道在当时几乎没有大型画作没有名字。我们只能去看下由米开朗基罗和他同行所作的其他大型艺术作品。在同一间房间，同一个艺术家在圣坛前壁上作画"Giudizio Universale"——英文名为 *"The Last Judgement"*。在离西斯廷教堂几步远的梵蒂冈教廷中有四间著名的拉斐尔房间，其中每一幅壁画都有名字。达·芬奇在米兰最出名的壁画就是"Il Cenacolo"，英文名为 *"The Last Supper"*。罗马第二大天花板壁画在巴贝里尼宫的大沙龙，画家是皮耶罗·达·科尔托纳（Pietro da Cortona）。这幅画自1632年诞生至今延续了一个名字。事实上，这幅画的名字几乎和壁画一样大：《神意的胜利与在教皇乌尔班八世巴尔贝里尼下实现她的目标》。只有知道这个巨长的名字才可以理解夸张的绘画意象中混乱的大杂烩。如果没有标题，就不可能理解这件作品的真正含义。

　　当然，这就有了另一个问题，即为什么经过四年半在天花板壁画上的痛苦煎熬，米开朗基罗却没有给这份超人卓绝的努力成果起一个名字？我们不能说这不是他的一贯作画方式，因为我们知道他的其他作品都有精确的名字：《最后的审判》《多嘴之徒》《摩西》《戴维》《圣保罗的皈依》《圣彼得的殉道》等。在他的其他作品中，他经常留下诗歌和私人信件来传达意图。在他的晚年，他向他的秘书康迪维口述自己的回忆录，为了澄清自己的艺术意图，甚至一些过往经历。但他对西斯廷天花板壁画的名字却保持沉默。没有添加任何标题来帮助我们了解他的意图。

　　为什么？我们如何能够解释这个缺乏信息的巨大天花板画作的内容，通过其他方式理解这位渴望传达内心的艺术家？我们从他给家人和朋友写的私人信件中知道，他痴迷于这个壁画任务，不停地提及它，在工作中也有各种抱怨。然而，他从来没有清楚地透露他想通过这一画作表达什么。不仅如此，天花板壁画任务完成后，他就烧毁了他的笔记和许多草图。

从我们所了解的关于米开朗基罗在西斯廷教堂的秘密任务来看，我们似乎可以明白，他之所以没有为这幅最重要的画作命名，很可能因为他真正想要表达的意图明示出来太过危险，只得选择沉默。正如西塞罗（Cicero）所说，"沉默胜于雄辩。"一项耗时四年半的画作却没有名字，这只能说明米开朗基罗感到他真正的意图若明示出来会置他于死地。没有比一个诚实的名字更能出卖他的新柏拉图主义思想和斐洛犹太信仰了。米开朗基罗不能让教皇法庭或漫不经心的观众了解到隐藏在铺天盖地的画像中的无数秘密信息，他甚至不能暗示作品中的关键信息。因此，他让沉默为他说话。它偷偷地低声说："这里面不能明示于众的东西太多了。"谢天谢地，我们终于有幸破译了米开朗基罗的许多信息。当我们看不到这幅令人惊叹的艺术作品的名字时，我们会同意艾米莉·狄金森深刻名言，即"此时无声胜有声"。

米开朗基罗当初可能会起什么名字

我们只想知道如果米开朗基罗可以将巨幅壁画的名字公之于众的话，那么画作的名字会是什么。如果没有教会恐怖的惩罚，他会用什么词来传达他大胆的视觉下对圣经的真正理解，来传达他的普遍理想主义，来传达他对教会的腐败和罗马教堂道德沦丧的蔑视呢？

米开朗基罗知道，佛罗伦萨建筑师巴乔·蓬泰利与设计犹太神秘哲学大楼的几位不知名设计师们已经创立了一个避难所，连接着耶路撒冷的犹太庙联。在《塔木德经》里，这是描述寺庙的最好隐喻。它被称为"世界之颈"。脖颈连接头部与身体其他部位，连上接下。因此，神庙被认为能连接天地，能连接精神与物质，能连接上帝与人类。原壁画的艺术家们，几乎所有在洛伦佐·德·美第奇领导下的佛罗伦萨画家们都对"连接"的概念兴趣颇深。他们把摩西与耶稣连接起来。这为米开朗基罗进一步发展他对耶稣信仰的犹太教传统铺平了道路。这两者间的关系就像母子式的宗教关系，由此激发出更为包容的观念。这个过程对于这位皮科·德拉·米兰多拉的学生非常重要。米开朗基罗认为脖颈至关重要，因为皮科应该教授过他脖颈在犹太哲学中的意义："脑袋随着脖子转。"这意味着，思想、心灵和智力都随着脖子的方向旋转。神庙是"世界之颈"；其道德义务就是必须要指导人类的智力决策。

如果不是因为它听起来怪怪的，并且与笨拙的意象相关，我们几乎可以想象"世界之颈"是米开朗基罗传达内心的恰当名字。然而，由于他热爱古罗马的简朴和意大利诗歌，所以不大可能取这个名字。幸运的是，有一个更贴切的词，可以表达艺术家的愿望。事实上，这个词在他的西斯廷教堂杰作创作中起到了至关重要的作用。我们知道米开朗基罗对他的壁画期待满满，我们谦虚地建议，如果他敢于给巨幅壁画取一个名字，他可能会称之为"桥"。

桥

有一片生之地，死之地。桥是爱，是唯一的生存，是唯一的意义。
——桑顿·怀尔德，圣路易斯雷大桥

当米开朗基罗成为新一代壁画大师时，他接下了将整个西斯廷教堂联结起来这个几乎不可能完成的任务。为了做到这一点，他不得不设计一个令人惊异的"飞拱"桥支架来创作他的作品。没有人能想到这是怎么做的。他的身后无人能复制他那惊人的功绩。米开朗基罗的桥至今被认为是工程奇迹。对于米开朗基罗来说，在创造信仰之间的桥梁上达成了同样的奇迹，这也许是他杰作的主要信息。

凭借他的天才，米开朗基罗建造了许多精神桥梁。他把天花板壁画与犹太神秘主义图像相结合，反映了犹太神秘主义的道路设计；他把犹太祖先的树与耶稣联系在一起；他把异教哲学和设计与犹太教和基督教联系起来；他把他对男性美的热爱与对上帝的爱结合起来。他从创造开始讲述了整个宇宙的故事，以这种方式让我们认识到人类的共同祖先。

米开朗基罗知道，教会要实现神的意志，就必须成为真正的兄弟情谊的典范。必须架一座桥梁联结富人和穷人、特权之人和受压迫之人、表面信仰上帝和真正需要神助的人。因此，米开朗基罗把他的热爱与义愤这些隐含的信息隐藏在神庙中，还有神的正义与仁慈的神秘符号。对他来说，西斯廷的确是圣地，世界之颈，但更重要的是，它是"桥"——一座联结人类与上帝、人类与同胞，并且，也许最困难的是，人类与其精神上的自我的桥。

整个世界是座狭窄的桥。重要意义在于——没有恐惧。

这是一首古老的希伯来歌曲的歌词。随着时代变迁，这歌词变得越来越经典。差不多五百年前，一个叫米开朗基罗的饱受折磨的灵魂在罗马中部一座教堂中空搭了一座很窄的桥。这催生了一个将永远改变世界艺术的杰作。然而，这不是他的目标。这个孤独的艺术家想做的是建立一座精神的巨桥，跨越不同的信仰、文化、时代与性别。在这本书中，我们谦卑地希望把最后一块放在适当位置，使他的桥、他的信息和他的梦想完整起来。

致　谢

雅各沿着他的道路走，天使之神遇见了他……

——《创世纪》

看哪，我差遣使者在你前面，在路上保护你，领你到我所预备的地方去。

——《出埃及记》

在旅行时，一位传统犹太人会背诵这几句，为旅行者祈祷。在我们进行本书之旅时，也有很多"天使"在沿路给我们提供了帮助。

首先要向坚定地支持我们的机构表示感谢，感谢在此书项目一开始便热情支持我们的唐·加斯特威特（Don Gastwirth），感谢迈克尔·梅德维（Michael Medved）向我们推荐了他，同样感谢休·范·杜森（Hugh Van Dusen）一直作为我们的"认真的牧羊人"。

言语不足以表达我们对 HarperOne 团队深深的感激之情和倾慕之情，多亏他们本书才能顺利出版。我们冥冥中感到，米开朗基罗一定帮我们建立了牢固的连接之线，我们身边才有无可替代的编辑与孜孜不倦的朋友，HarperOne 工作室的罗杰·弗里特（Roger Freet）大师和他的助理克里斯·阿什利（Kris Ashley）、扬·韦德（Jan Weed）；感谢才华惊人的克劳迪娅·布托特（Claudia Boutote）与帕特里夏·罗斯（Patricia Rose），他们持续给我们提供关于此书的重要性和历史意义的消息；感谢特伦·伦纳德（Terri Leonard）、丽莎·祖尼加（Lisa Zuniga）与拉尔夫·福勒（Ralph Fowler）所做的出色的出版与内部设计工作；感谢吉姆·沃纳尔（Jim Warner）与克劳丁·曼苏尔（Claudine Mansour）设计出前无古人的封面，我们相信这个封面一定会成为收藏之品。

真心感谢杰克·佩索（Jack Pesso）把我们聚集一起，感谢米莉（Milly）与威特·艾比博（Vito Arbib）主持了我们第一次重要会议。

罗伊·多利纳想要特别感谢许多提供独特视角的朋友和学者，尤其是拉斐尔·多纳蒂（Raffaele Donati）与西蒙妮·米蒙（Simone Mimun），同样感谢弗朗西斯科·祖弗里达（Francesco Giuffrida）为本书提供了珍贵的技术建议与道义支持。还要感谢大卫·沃尔登（David Walden）、布伦达·博恩（Brenda Bohen）、罗马犹太教文化协会提供的重要支持，感谢卢卡·德·朱迪切（Luca Del Giudice）为我的罗马之行提供住所。感谢梵蒂冈教廷博物馆亲切的员工，感谢哈尔丰、沃茨、巴萨诺家庭的热情款待，使我感觉罗马如同家一样温暖。感谢本书的合作作者，一起写作此书使我感到非常荣幸，充满学习的愉悦。当然，我对两位引导、关爱、支持我的天使玛斯（Martha）与马文·乌斯丁（Marvin Usdin）也感激不已。最后，感谢质疑我的人们，感谢你们提出值得深思的难题。

除此之外，本杰明·布莱克要对加里·克鲁普（Gary Krupp）深表谢意，感谢他为"铺平道路"（Pave the Way）这一组织的创立贡献了想法——他创立的组织是为了"拥抱各种宗教的相似之处，体会差异"，以培养兄弟情谊和所有信仰之间的理解——使我可能出现在罗马，与教皇若望·保禄二世会面，并最终与罗伊一起实现我真正认为是神圣命定的项目。埃德·斯坦伯格博士（Dr. Ed Steinberg）、诺曼·魏斯菲尔德博士（Norman Weisfeld）和吉姆·雷克特博士（Jim Reckert）都是要特别感谢的幕后天使。任何文字都不足以表达我对我的合著者的尊敬、钦佩和友谊；与他一起工作既是一种快乐，也是一种荣幸。最后，我每天都感谢上帝赐予我的妻子作为我的礼物，她的不断鼓励使我所有的成就成为可能，她的爱让我的成就变得有意义。

本杰明·布莱克

罗伊·多利纳

注 释

第二章：已失传的艺术语言

[1] Federico Zeri, *Titian: Sacred and Profane Love* (Rizzoli,1998).

[2] Francesca Marini, *Uffizi* (Rizzoli, 2006), 85.

第三章：叛逆者诞生

[1] Giorgio Vasari, *The Lives of the Artists*, translated with an introduction and notes by Julia Conaway Bondanella and Peter Bondanella (Oxford Univ. Press, 1991).

第四章：极特殊的教育

[1] Roberto G. Salvadori, *The Jews of Florence* (Giuntina Press, 2001), 30.

[2] Matilde Battistini. *Losapevi dell'arte* (book series under the direction of Stefano Zuffi) *Simboli e allegorie-prima parte* (Mondadori Electa, 2002), 6.

[3] Ross King, *Michelangelo and the Pope's Ceiling* (Penguin Books, 2003), 22.

[4] Jack Lang, *Il Magnifico* (Mondadori, 2002).

[5] Ascanio Condivi. *Vita di Michelagnolo Buonarroti* (Giovanni Nencioni, 1998).

[6] Ascanio Condivi. *Vita di Michelagnolo Buonarroti* (Giovanni Nencioni, 1998).

第五章：走出学苑，步入世界

[1] Howard Hibbard, *Michelangelo* (Westview Press, 1974), 16.

第六章：命运的安排

［1］Garabed Eknoyan, "Michelangelo: Art, Anatomy, and the Kidney, " *Kidney International* 57,no.3(2000).

［2］*The Sistine Chapel* (Edizioni Musei Vaticani, 2000), 26.

［3］Wikipedia, s.v."Sistine Chapel."

［4］James M. Saslow, trans., *The Poetry of Michelangelo: An Annotated Translation* (Yale Univ. Press, 1991).

第八章：天穹

［1］Philo, *De Opificio Mundi, in The Works of Philo*, trans. C.D.Yonge (Hendrickson, 1993).

［2］Porphyry, *Life of Plotinus* 2.

第九章：大卫家族

［1］Edward Maeder, "The Costumes Worn by the Ancestors of Christ," in *The Sistine Chapel: A Glorious Restoration* (Abradale Press, 1999), 194-223.

第十二章：中间道路

［1］Gershom Scholem, *On the Kabbalah and Its Symbolism* (Schocken Books, 1965).

结论：那么，西斯廷教堂是什么？

［1］Howard Hibbard, *Michelangelo* (Westview Press, 1974), 105.

参考文献

The Baal Ha-Turim Chumash. Mesorah Publications, 1999–2004.

Battistini, Matilde. *Losapevi dell'arte* (book series under the direction of Stefano Zuffi) *Simboli e allegorie-prima parte*. Mondadori Electa, 2002.

Bruschini, Enrico. *In the Footsteps of Popes*. William Morrow, 2001.

Buranelli, Francesco, and Allen Duston, eds. *The Fifteenth Century Frescoes in the Sistine Chapel*. Edizioni Musei Vaticani, 2003.

Busi, Giulio. *Qabbalah visiva*. Einaurdi, 2005.

Cheung, Luke L. "The Sentences of Pseudo-Phocylides."

Condivi, Ascanio. *Vita di Michelagnolo Buonarroti*. Giovanni Nencioni, 1998.

De Vecchi, Pierluigi, ed. *The Sistine Chapel: A Glorious Restoration*. Harry N. Abrams, 1994.

Eknoyan, Garabed, M.D. "Michelangelo: Art, Anatomy, and the Kidney." *Kidney International* 57, no. 3 (2000).

Forcellino, Antonio. *Michelangelo: una vita inquieta*. Laterza & Figli, 2005.

Gamba, Claudio. *Musei Vaticani*. R.C.S. Libri, 2006.

Garin, Eugenio. *L'umanesimo italiano: filosofia e vita civile nel Rinascimento*. Laterza & Figli, 1993.

Il Giardino dei Melograni: botanica e Kabbalah nei tappeti Samarkanda. Textilia ed. d'Arte, 2004.

Il Giardino di San Marco: maestri e compagni del giovane Michelangelo. Amilcare Pizzi, 1992.

Goldscheider, Ludwig. *Michelangelo*. Phaidon Press, 1953.

Hibbard, Howard. *Michelangelo*. Westview Press, 1974.

King, Ross. *Michelangelo and the Pope's Ceiling*. Penguin Books, 2003.

Lang, Jack. *Il Magnifico*. Mondadori, 2003.

The Last Judgment: A Glorious Restoration. Harry N. Abrams, 1997.

Maeder, Edward. "The Costumes Worn by the Ancestors of Christ," in *The Sistine Chapel: A Glorious Restoration*. Abradale Press, 1999.

Marini, Francesca. *Uffizi*. Rizzoli, 2006.

Martinelli, Nicole. "Michelangelo: Graffiti Artist."

Masci, Edolo. *Tutti i personaggi del Giudizio Universale di Michelangelo*. Rendina, 1998.

Michelangelo pittore. Rizzoli, 1966.

Michelangelo scultore. Rizzoli, 2005.

Nachman Bialik, Chaim, and Y. H. Rawnitzky. *Book of Legends/Sefer Ha-Aggadah: Legends from the Talmud and Midrash*. Schocken Books, 1992.

Pacifici, Riccardo. *Midrashim: fatti e personaggi biblici*. R.C.S. Libri, 1997.

Partridge, Loren. *Michelangelo: la volta della Cappella Sistina*. S.E.I. Torino, 1996.

Pasquinelli, Barbara. *Il gesto e l'espressione*. Mondadori Electa, 2005.

Pocini, Willy. *Le curiosità di Roma*. Newton & Compton, 2005.

Rendina, Claudio. *I papi: storia e segreti*. Newton & Compton, 1983.

Rocke, Michael. *Forbidden Friendships: Homosexuality and Male Culture in Renaissance Florence*. Oxford Univ. Press, 1996.

Roth, Cecil. *The Jews in the Renaissance*. Jewish Publication Society of America, 1959.

Salvadori, Roberto G. *The Jews of Florence*. La Giuntina, 2001.

Salvini, Roberto, with Stefano Zuffi . *Michelangelo*. Mondadori Electa, 2006.

Saslow, James M., trans. *The Poetry of Michelangelo*. Yale Univ. Press, 1991.

Scholem, Gershom. *On the Kabbalah and Its Symbolism*. Schocken Books, 1965.

The Schottenstein Talmud. Mesorah Publications, 1990–2005.

The Sistine Chapel. Edizioni Musei Vaticani, 2000.

Steinsaltz, Rabbi Adin. *Opening the Tanya*. Jossey-Bass, 2003.

Tartuferi, Angelo, with Antonio Paolucci and Fabrizio Mancinelli. *Michelangelo: Painter, Sculptor and Architect*. ATS Italia, 2004.

Tueno, Filippo. *La passione dell'error mio: il carteggio di Michelangelo. Lettere scelte* 1532–1564. Fazi, 2002.

Tusiani, Joseph, trans. *The Complete Poems of Michelangelo*. Noonday Press, 1960.

Vasari, Giorgio. *The Lives of the Artists*. Oxford Univ. Press, 1991.

Yonge, C. D., trans. *The Works of Philo*. Hendrickson, 1993.

Zeri, Federico. *Titian: Sacred and Profane Love*. Rizzoli, 1998.

Zizola, Giancarlo. *Il Conclave: storia e segreti*. Newton & Compton, 1997.